U0217833

机器学习基础

从入门到求职

胡欢武◎编著

电子工业出版社·
Publishing House of Electronics Industry
北京·BEIJING

内 容 简 介

本书是一本机器学习算法方面的理论+实践读物，主要包含机器学习基础理论、线性回归模型、分类模型、聚类模型、降维模型和深度神经网络模型六大部分。机器学习基础理论部分包含第 1、2 章，主要介绍机器学习的理论基础和工程实践基础。第 3 章是线性回归模型部分，主要包括模型的建立、学习策略的确定和优化算法的求解过程，最后结合三种常见的线性回归模型实现了一个房价预测的案例。第 4 至 11 章详细介绍了几种常见的分类模型，包括朴素贝叶斯模型、K 近邻模型、决策树模型、Logistic 回归模型、支持向量机模型、随机森林模型、AdaBoost 模型和提升树模型，每一个模型都给出了较为详细的推导过程和实际应用案例。第 12 章系统介绍了五种常见的聚类模型，包括 K-Means 聚类、层次聚类、密度聚类、谱聚类和高斯混合聚类，每一个模型的原理、优缺点和工程应用实践都给出了较为详细的说明。第 13 章系统介绍了四种常用的降维方式，包括奇异值分解、主成分分析、线性判别分析和局部线性嵌入，同样给出了详细的理论推导和分析。最后两章分别是 Word2Vec 和 Doc2Vec 词向量模型和深度神经网络模型，其中，第 14 章详细介绍了 Word2Vec 和 Doc2Vec 模型的原理推导和应用；第 15 章深度神经网络模型系统介绍了深度学习相关的各类基础知识。

本书适合对人工智能和机器学习感兴趣的学生、求职者和已工作人士，以及想要使用机器学习这一工具的跨行业者（有最基本的高等数学、线性代数、概率基础即可），具体判别方法建议您阅读本书的前言。

图书在版编目（CIP）数据

机器学习基础：从入门到求职 / 胡欢武编著. —北京：电子工业出版社，2019.4
ISBN 978-7-121-35521-9

Ⅰ. ①机… Ⅱ. ①胡… Ⅲ. ①机器学习 Ⅳ.①TP181

中国版本图书馆CIP数据核字(2018)第252505号

责任编辑：安　娜
印　　刷：固安县铭成印刷有限公司
装　　订：固安县铭成印刷有限公司
出版发行：电子工业出版社
　　　　　北京市海淀区万寿路 173 信箱　　邮编：100036
开　　本：787×980　　1/16　　印张：24　　字数：417.7 千字
版　　次：2019 年 4 月第 1 版
印　　次：2025 年 1 月第 11 次印刷
定　　价：89.00 元

凡所购买电子工业出版社图书有缺损问题，请向购买书店调换。若书店售缺，请与本社发行部联系，联系及邮购电话：(010) 88254888，88258888。

质量投诉请发邮件至 zlts@phei.com.cn，盗版侵权举报请发邮件至 dbqq@phei.com.cn。

本书咨询联系方式：010-51260888-819，faq@phei.com.cn。

前言

首先解答读者可能产生的一个疑问：本书的书名是《机器学习基础：从入门到求职》，但本书几乎通篇都在讲机器学习各种模型的原理推导和应用实例，这是为什么呢？其实本书的定位是帮助求职者快速入门并掌握机器学习相关的基础核心知识，降低学习成本，节省更多的时间。

为什么要这样做呢？原因也很简单。机器学习算法相关的岗位待遇比一般的开发岗位要好一些，但要求也变得更多。从目前的行情来看，站在公司招聘的角度，是一个既要、又要、还要的过程，即：既要掌握比较扎实的机器学习理论基础，又要有实践经验、懂业务场景，还要能编码、会计算机算法题。

对求职者来说，要求确实是太高了些。但这个岗位待遇好，有前途，也有"钱途"，因而很多人都报以极高的热情涌入，导致这个行业的招聘水涨船高，毕竟企业永远都是择优而选，优中取优！亲历过这几年求职或招聘的人可能会比较有感触：

2015 年，机器学习在国内市场刚兴起的时候，懂机器学习算法的人不多，那时候企业招聘，只要是懂些皮毛的，可能都有机会去试一试。

2016 年，市场开始火热，只懂些皮毛就不行了，必须还要懂得比较系统一点，要求求职者能够"手推"模型原理，再附加一些业务实践经验和计算机基础知识。

2017 年，招聘的人不仅会问"手推"算法原理，还会细问项目内容及对业务的理解，再附加两道算法题。

2018 年，招聘方希望你既要像算法工程师一样能"手推"模型原理，又要像传统程序员一样会写代码，还要像有工作经验的员工一样，有一些比较拿得出手的项目。

看到这里，如果你被这么多的要求吓到了，那么恭喜你，借这个心理转换过程重新定位自己，你可以学习本书；如果你决定迎难而上，那么也恭喜你，借这个机会赶紧查漏补缺，同样可以阅读本书。但是，如果你是计算机科班出身，已经信心满满，手握重点高校学历，拥有重大科研项目经历及各种大厂实习经验，还有多篇"顶会"论文，那么这本书真的不适合你。

回到关于本书的定位问题上。上面说了既要、又要、还要的过程，也就是理论基础+业务能力+工程实践能力的过程。理论基础就是我们一直所说的机器学习算法理论，业务能力是指相关的项目或者工作经验，工程实践能力就是动手写代码的能力。对于一个想求职机器学习相关岗位的应届生，或者是想将机器学习应用到自己专业领域的人士，再或者是一个有一定编程经验想要转算法岗位的人来说，机器学习理论可能都是第一拦路虎。本书希望可以帮助读者用最短的时间、最少的精力，攻克这最难的一关。所以，再次提醒大家，本书并没有讲述如何面试求职，而是可以带你快速入门并应用机器学习，带你走近机器学习求职的起点，帮你节省一些学习和摸索的时间，本书并不是一本机器学习岗位求职大全，也绝非是你求职准备的终点。

如果看到这里，还不确定是否适合学习本书，那么看看本书的"机器学习求职60 问"吧，这些都是求职过程中可能遇到的高频问题，也是机器学习需要掌握的核心理论基础，而这些问题，在本书中都有较为详细的推导和解答。如果你看了这些问题以后觉得都已经掌握了，那么本书不适合你。如果对一半以上问题觉得没什么概念或者似懂非懂，那么建议你看一看本书，相信你会有所收获！

机器学习求职 60 问

类型一：基础概念类

问题 1：过拟合与欠拟合（定义、产生的原因、解决的方法各是什么）。

问题 2：L1 正则与 L2 正则（有哪些常见的正则化方法？作用各是什么？区别是什么？为什么加正则化项能防止模型过拟合）。

问题 3：模型方差和偏差（能解释一下机器学习中的方差和偏差吗？哪些模型是降低模型方差的？哪些模型是降低模型偏差的？举例说明一下）。

问题 4：奥卡姆剃刀（说一说机器学习中的奥卡姆梯刀原理）。

问题 5：模型评估指标（回归模型和分类模型各有哪些常见的评估指标？各自的含义是什么？解释一下 AUC？你在平时的实践过程中用到过哪些评估指标？为什么要选择这些指标）。

问题 6：风险函数（说一下经验风险和结构风险的含义和异同点）。

问题 7：优化算法（机器学习中常见的优化算法有哪些？梯度下降法和牛顿法的原理推导）。

问题 8：激活函数（神经网络模型中常用的激活函数有哪些？说一下各自的特点）。

问题 9：核函数（核函数的定义和作用是什么？常用的核函数有哪些？你用过哪些核函数？说一下高斯核函数中的参数作用）。

问题 10：梯度消失与梯度爆炸（解释一下梯度消失与梯度爆炸问题，各自有什么解决方案）。

问题 11：有监督学习和无监督学习（说一下有监督学习和无监督学习的特点，

举例说明一下）。

问题 12：生成模型与判别模型（你知道生成模型和判别模型吗？各自的特点是什么？哪些模型是生成模型，哪些模型是判别模型）。

类型二：模型原理类

问题 13：线性回归（线性回归模型的原理、损失函数、正则化项）。

问题 14：KNN 模型（KNN 模型的原理、三要素、优化方案以及模型的优/缺点）。

问题 15：朴素贝叶斯（朴素贝叶斯模型的原理推导，拉普拉斯平滑，后验概率最大化的含义以及模型的优/缺点）。

问题 16：决策树（决策树模型的原理、特征评价指标、剪枝过程和原理、几种常见的决策树模型、各自的优/缺点）。

问题 17：随机森林模型（RF 模型的基本原理，RF 模型的两个"随机"。从偏差和方差角度说一下 RF 模型的优/缺点，以及 RF 模型和梯度提升树模型的区别）。

问题 18：AdaBoost（AdaBoost 模型的原理推导、从偏差和方差角度说一下 AdaBoost、AdaBoost 模型的优/缺点）。

问题 19：梯度提升树模型（GBDT 模型的原理推导、使用 GBDT 模型进行特征组合的过程、GBDT 模型的优/缺点）。

问题 20：XGBoost（XGBoost 模型的基本原理、XGBoost 模型和 GBDT 模型的异同点、XGBoost 模型的优/缺点）。

问题 21：Logistic 回归模型（LR 模型的原理、本质，LR 模型的损失函数，能否使用均方损失、为什么）。

问题 22：支持向量机模型（SVM 模型的原理，什么是"支持向量"？为什么使用拉格朗日对偶性？说一下 KKT 条件、软间隔 SVM 和硬间隔 SVM 的异同点。SVM 怎样实现非线性分类？SVM 常用的核函数有哪些？SVM 模型的优/缺点各是什么）。

问题 23：K-Means 聚类（K-Means 聚类的过程和原理是什么？优化方案有哪些？各自优/缺点是什么）。

问题 24：层次聚类（层次聚类的过程、原理和优/缺点）。

问题 25：密度聚类（密度聚类的基本原理和优/缺点）。

问题 26：谱聚类（谱聚类的基本原理和优/缺点）。

问题 27：高斯混合聚类（高斯混合聚类的原理和优/缺点）。

问题 28：EM 算法（EM 算法的推导过程和应用场景）。

问题 29：特征分解与奇异值分解（特征分解与奇异值分解的原理、异同点、应用场景）。

问题 30：主成分分析（PCA 模型的原理、过程、应用场景）。

问题 31：线性判别分析（LDA 模型的原理、过程、应用场景）。

问题 32：局部线性嵌入（LLE 模型的原理、过程、应用场景）。

问题 33：词向量（Word2Vec 模型和 Doc2Vec 模型的类别，各自原理推导、应用和参数调节）。

问题 34：深度神经网络（深度神经网络模型的原理，反向传播的推导过程，常用的激活函数，梯度消失与梯度爆炸问题怎么解决？说一下深度神经网络中的 Dropout、早停、正则化）。

类型三：模型比较类

类型四：模型技巧类

问题 49：特征筛选（特征筛选有哪几种常见的方式？结合自己的实践经验说一下各自的原理和特点。）

问题 50：模型选择（你一般怎样挑选合适的模型？有实际的例子吗？）

问题 51：模型组合（你知道哪些模型组合方式？除了运用 AdaBoost 和 RF，你自己有使用过 Bagging 和 Embedding 方式组合模型吗？结合实际例子说明一下）。

问题 52：A/B 测试（了解 A/B 测试吗？为什么要使用 A/B 测试）。

问题 53：降维（为什么要使用降维？你知道哪些降维方法？你用过哪些降维方式？结合实际使用说明一下）。

问题 54：项目（你做过哪些相关的项目？挑一个你觉得印象最深刻的说明一下）。

问题 55：踩过的坑（你在使用机器学习模型中踩过哪些坑？最后你是如何解决的）。

类型五：求职技巧类

问题 56：机器学习求职要准备哪些项？各项对应如何准备？

问题 57：机器学习相关的学习内容有哪些？学习路线应该怎么定？有什么推荐的学习资料？

问题 58：机器学习岗位求职的投递方式有哪些？什么时间投递最合适？投递目标应该怎样选择？

问题 59：机器学习岗位求职的简历最好写哪些内容？所做的项目应该如何描述？

问题 60：面试过程中自我介绍如何说比较合适？求职心态应该如何摆正？如果遇到压力该如何面对？面试过程中如何掌握主导权？怎样回答面试官最后的"你还有什么要问我的"问题？怎样面对最后的人力资源面试？

致谢

首先，我要感谢每一位为此书做出贡献的人和每一位读者，你们的认可与鼓励是我坚持写作的源动力，希望本书的内容可以给你们带来一份惊喜！

其次，我要感谢我的妻子彭璐。这些年我们一路从校园恋爱走到今天，过程真的十分不易。谢谢你一路对我的陪伴与付出，你就是我人生中最好的伯乐！

最后，我要感谢我的父母和兄弟。谢谢你们这么多年来对我的付出与支持，不管遇到什么困难，你们总是默默地站在我身后，给了我无穷的动力！

胡欢武

读者服务

轻松注册成为博文视点社区用户（www.broadview.com.cn），扫码直达本书页面。

- **提交勘误**：您对书中内容的修改意见可在 提交勘误 处提交，若被采纳，将获赠博文视点社区积分（在您购买电子书时，积分可用来抵扣相应金额）。
- **交流互动**：在页面下方 读者评论 处留下您的疑问或观点，与我们和其他读者一同学习交流。

页面入口：http://www.broadview.com.cn/35521

目录

## 第 1 章

机器学习概述

本章主要介绍机器学习相关的基本理论，共包含 3 节，即机器学习介绍、机器学习分类和机器学习三要素。1.1 节主要讲解机器学习的基本特点、机器学习的对象和机器学习的应用等。1.2 节主要讲解机器学习常见的分类方式，包括按任务类型分类和按学习方式分类两种。1.3 节主要介绍机器学习模型的三要素，即机器学习=模型+策略+算法。在该节中，我们会通过一个实际的房价预测案例来一步步解释机器学习的三要素。通过对本章的学习，读者会对机器学习的基本概念有较为深刻的理解。

1.1 机器学习介绍

1.1.1 机器学习的特点

在开始介绍机器学习之前，我们先看一下传统编程模式，如图 1-1 所示。

图 1-1　传统编程模式

从图 1-1 可以看出，传统编程其实是基于规则和数据的，目的就是快速得到一个答案。这里的规则一般指的就是我们熟悉的数据结构与算法，是计算机程序的核心。当规则确定好后，将需要处理的数据输入计算机，计算机充分发挥其计算能力的优势，快速得到一个答案输出给用户。一般而言，当规则制定好后，对于每一次输入的数据，计算机程序输出的答案应该也是唯一确定的，这就是传统编程模式的特点。

机器学习模式又是怎样的呢？我们同样用一个基本模型将其表述出来，如图 1-2 所示。

图 1-2　机器学习模式

从图 1-2 可以看出，机器学习模式其实是从已知的数据和答案中寻找出某种规则。也就是说，对机器学习而言，我们输入的是数据及其对应的答案，而寻找的是满足这样一种答案的数据背后的某种规则。

学术一点来讲，机器学习的特点就是：以计算机为工具和平台，以数据为研究对象，以学习方法为中心，是概率论、线性代数、信息论、最优化理论和计算机科学等多个领域的交叉学科。其研究一般包括机器学习方法、机器学习理论、机器学习应用三个方面：

（1）机器学习方法的研究旨在开发新的学习方法。

（2）机器学习理论的研究旨在于探求机器学习方法的有效性和效率。

（3）机器学习应用的研究主要考虑将机器学习模型应用到实际问题中去，解决实际业务问题。

1.1.2　机器学习的对象

机器学习的对象是数据，即从数据出发，提取数据的特征，抽象出数据模型，发现数据中的规律，再回到对新数据的分析和预测中去。下面我们就以一个实际例子来看看机器学习中数据的特点，如表 1-1 所示。

表 1-1　机器学习数据示例

特征 房子	位置	面积（m²）	……	装修	价格（元）
房子 1	上海	100	……	1	300 万
房子 2	北京	120	……	3	480 万
……			……	……	……
房子 M	深圳	80	……	2	260 万

表 1-1 是一份历史房价统计数据，假设该数据一共包含 M 个房子样本，每个样本都统计了"位置""面积""装修"等多个特征的取值情况，最后还给出了这些房子样本对应的价格取值。这其实就是一份最典型的机器学习数据，特征就是上面我们所说的"数据"，而价格标签就是我们所说的"答案"，我们将这份数据应用到某个回归模型进行训练，就可以学习出一个可以预测房价的模型。当然，现实中，我们会进一步将训练数据按比例进行划分（比如按 8∶2 划分），形成训练集和验证集两部分；然后在训练集上训练模型，在验证集上验证模型。如果验证效果较好，则可以将该模型作为我们要寻找的"规则"，对以后每一个新的数据样本（称为测试集），将其对应的数据输入该规则即可得到一个预测的输出值。机器学习的过程如图 1-3 所示。

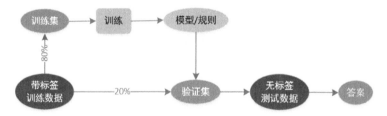

图 1-3　机器学习的过程

另外需要说明的是，在实际业务场景中，机器学习的数据对象可能是多种多样的，比如文本、图像、语音等。一般在做机器学习之前，我们会先把这些数据统一为同一种格式类型，如矩阵的形式。比如给定的是多个文本类型的数据，那么我们可以将各个文本分别进行分词处理，然后统计文本中各个词在全文中出现的频率值，这样就形成一个文档的词频矩阵。再比如给定的是多幅图像数据，那么我们可以将每幅图片当作一个像素矩阵。

1.1.3 机器学习的应用

机器学习的可应用场景比较多，图 1-4 列出了一些机器学习的典型应用场景。从图中可以看出，目前机器学习可应用于自动驾驶、人脸识别、垃圾邮件检测、信用风险预测、工业制造缺陷检测、商品价格预测、语音识别和智能机器人等领域。相信在不久的将来，随着机器学习及其相关技术的进一步发展，其所能应用的场景肯定会越来越多。

图 1-4　机器学习的典型应用场景

这里需要补充说明一下初学者常常容易混淆的几个概念，即深度学习、机器学习和人工智能。实际上，这三者之间是包含与被包含的关系，具体如图 1-5 所示。

图 1-5　深度学习、机器学习、人工智能三者之间的关系

可以看到，深度学习其实是机器学习的一个子集，而机器学习又是人工智能的一个子集。深度学习目前主要指以深度神经网络为基础的一系列模型。近年来，它

们在自然语言处理和计算机视觉等领域取得了本质性的突破，被业界大力推崇。机器学习是一个比深度学习更宽广的概念，除深度学习外，它还包含一系列其他模型，如决策树、支持向量机等，这些模型的核心思想及本质是整个机器学习的核心所在。人工智能的概念则更为宽广，其除了研究机器学习模型算法等核心领域，还扩展到了认知、心理、控制等诸多领域，算是一个综合性和交叉性的学科。

1.2　机器学习分类

机器学习的分类方式有很多种，最常见的方式是按任务类型分类和按学习方式分类。

1.2.1　按任务类型分类

按任务类型分类，机器学习可分为回归问题、分类问题、聚类问题和降维问题等，如图 1-6 所示。

图 1-6　机器学习分类（按任务类型）

1. 回归问题

回归问题其实就是利用数理统计中的回归分析技术，来确定两种或两种以上变量之间依赖关系。如图 1-7 所示，实线表示的是某只股票随时间变量的实际波动情况，而虚线是基于线性回归模型进行回归预测得到的结果。

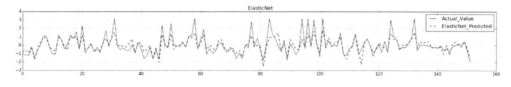

图 1-7　回归问题举例

2. 分类问题

分类问题是机器学习中最常见的一类任务，比如我们常说的图像分类、文本分类等，如图 1-8 所示。

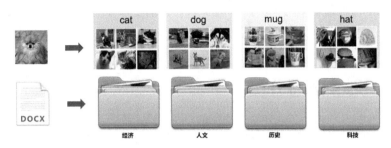

图 1-8　分类问题举例

3. 聚类问题

聚类问题又称群分析，目标是将样本划分为紧密关系的子集或簇。简单来讲就是希望利用模型将样本数据集聚合成几大类，算是分类问题中的一种特殊情况。聚类问题的常见应用（市场细分、社群分析等）如图 1-9 所示。

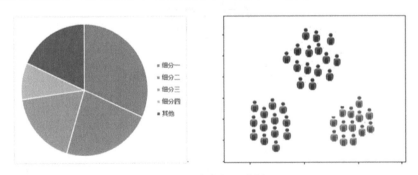

图 1-9　聚类问题举例

4. 降维问题

降维是指采用某种映射方法，将原高维空间中的数据点映射到低维空间。为什么使用降维呢？可能是原始高维空间中包含冗余信息或噪声，需要通过降维将其消除；也可能是某些数据集的特征维度过大，训练过程比较困难，需要通过降维来减少特征的量。

常用的降维模型有主成分分析（PCA）和线性判别分析（LDA）等，在后续章节会详细介绍这两个降维模型。基于 PCA 和基于核化的 PCA 进行降维后的样本数据效果图如图 1-10 所示，可以看到，通过降维，我们让原本非线性可分的数据集转化成线性可分的了。

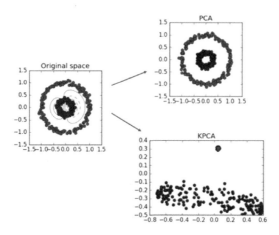

图 1-10　PCA 模型降维实例

1.2.2　按学习方式分类

按学习方式来分类，机器学习可分为有监督学习、无监督学习和强化学习等，如图 1-11 所示。

图 1-11　机器学习分类（按学习方式）

1. 有监督学习

有监督学习（Supervised Learning），简称监督学习，是指基于一组带有结果标注的样本训练模型，然后用该模型对新的未知结果的样本做出预测。通俗点讲就是利用训练数据学习得到一个将输入映射到输出的关系映射函数，然后将该关系映射函数使用在新实例上，得到新实例的预测结果。例如，某商品以往的销售数据可以用来训练商品的销量模型，该模型可以用来预测该商品未来的销量走势。常见的监督学习任务是分类（Classify）和回归（Regression）。

- 分类：当模型被用于预测样本所属类别时，就是一个分类问题，例如，要区别某张给定图片中的对象是猫还是狗。
- 回归：当所要预测的样本结果为连续数值时，就是一个回归问题，例如，要预测某股票未来一周的市场价格。

2. 无监督学习

在无监督学习（Unsupervised Learning）中，训练样本的结果信息是没有被标注的，即训练集的结果标签是未知的。我们的目标是通过对这些无标记训练样本的学习来揭示数据的内在规律，发现隐藏在数据之下的内在模式，为进一步的数据处理提供基础，此类学习任务中比较常用的就是聚类（Clustering）和降维（Dimension Reduction）。

- 聚类：聚类模型试图将整个数据集划分为若干个不相交的子集，每个子集被称为一个簇（Cluster）。通过这样的划分，每个簇可能对应于一些潜在的概念，如一个簇表示一个潜在的类别。聚类问题既可以作为一个单独的过程，用于寻找数据内在的分布结构，又可以作为分类等其他学习任务的前驱过程，用于数据的预处理。假设样本集通过使用某种聚类方法后被划分为几个不同的簇，则一般我们希望不同簇内的样本之间能尽可能不同，而同一簇内的样本能尽可能相似。
- 降维：在实际应用中，我们经常会遇到样本数据的特征维度很高但数据很稀疏，并且一些特征可能还是多余的，对任务目标并没有贡献的情况，这时机器学习任务会面临一个比较严重的障碍，我们称之为维数灾难（Curse of Dimensionality）；维数灾难不仅会导致计算困难，还会对机器学习任务的精度造成不良影响。缓解维数灾难的一个重要途径就是降维，即通过某些数学变换关系，将原始的高维空间映射到另一个低维的子空间，在这个子空间中，样本的密度会大幅提高。一般来说，原始空间的高维样本点映射到这个低维子空间后会更容易进行学习。

3. 强化学习

强化学习（Reinforcement Learning）又称再励学习、评价学习，是从动物学习、参数扰动自适应控制等理论发展而来的。它把学习过程看作一个试探评价过程，强化学习模式如图 1-12 所示。

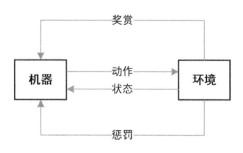

图 1-12　强化学习模式示意图

机器先选择一个初始动作作用于环境，环境接收到该动作后状态发生变化，同时产生一个强化信号（奖赏或惩罚）反馈给机器，机器再根据强化信号和环境当前状态选择下一个动作，选择的原则是使受到正强化（奖赏）的概率增大。通俗地讲就是：让机器自己不断去尝试和探测，采取一种趋利避害的策略，通过不断地试错和调整，最终机器将发现哪种行为能够产生最大的回报，从而学习出其自己的一套较为理想的处理问题的模式，当以后再面临一些问题时，它就可以很自然地采用一种最佳模式去处理和应对。

强化学习是一种重要的机器学习方法，在智能控制机器人及分析预测等领域有许多应用，比如在围棋界打败世界冠军的 AlphaGo 就运用了强化学习。

1.2.3　生成模型与判别模型

这里补充一个比较重要的概念，即生成模型与判别模型。在有监督学习中，学习方法可进一步划分为生成方法和判别方法，所学到的模型对应称为生成模型和判别模型。

1. 生成模型

生成方法是由数据学习训练集的联合概率分布$P(X,Y)$，然后求出条件概率分布$P(Y|X)$作为预测的模型，即做成模型再运用这个模型对测试集数据进行预测，即

$$P(Y|X) = \frac{P(X,Y)}{P(X)}$$

这样的方法之所以被称为生成方法，是因为模型表示了给定输入 X 产生输出 Y 的生成关系。典型的生成模型有：朴素贝叶斯模型和隐马尔科夫模型。

2. 判别模型

判别方法是由数据直接学习决策函数$f(X)$或条件概率$P(Y|X)$作为预测模型，即判别模型。

判别方法关心的是对给定的输入X，应该预测出什么样的输出Y。典型的判别模型包括 K 近邻、感知机、决策树、Logistic 回归、最大熵模型、支持向量机、提升方法、条件随机场等。

3. 生成方法的特点

- 生成方法可以还原出联合概率分布$P(X,Y)$，而判别方法不能。
- 生成方法的学习收敛速度一般更快。
- 当存在隐变量时，生成方法仍可以使用，而判别方法不能。

4. 判别方法的特点

判别方法直接学习条件概率或决策函数，即直接面对预测，往往学习的准确度更高。

由于可以直接学习$P(Y|X)$或$f(X)$，可以对数据进行各种程度的抽象，能定义特征并使用特征，因此可以简化学习问题。

1.3　机器学习方法三要素

机器学习方法都是由模型、策略和算法三要素构成的，可以简单表示为

$$机器学习方法=模型+策略+算法$$

下面进行详细的讲解。

1.3.1　模型

先举个例子来形象地认识一下模型。

假设我们现在要帮助银行建立一个模型用来判别是否可以给某个用户办理信用卡，我们可以获得用户的性别、年龄、学历、工作年限和负债情况等基本信息，如表 1-2 所示。

表 1-2　用户信用模型数据

用户＼特征	性别	年龄	学历	工作年限	负债情况（元）
用户1	男	23	本科	1	10000
用户2	女	25	高中	6	5000
用户3	女	26	硕士	1	0
用户4	男	30	硕士	4	0
……	……	……	……	……	……
用户K	男	35	博士	6	0

如果将用户的各个特征属性数值化（比如性别的男女分别用 1 和 2 来代替，学历特征高中、本科、硕士、博士分别用 1,2,3,4 来代替），然后将每个用户看作一个向量 x_i，其中 $i=1,2,…,K$，向量 x_i 的维度就是第 i 个用户的性别、年龄、学历、工作年限和负债情况等特征，即 $x_i=\left(x_i^{(1)},x_i^{(2)},…,x_i^{(j)},…,x_i^{(N)}\right)$，那么一种简单的判别方法就是对用户的各个维度特征求一个加权和，并且为每一个特征维度赋予一个权重 w_j，当这个加权和超过某一个门限值（threshold）时就判定可以给该用户办理信用卡，低于门限值就拒绝办理，如下：

- 如果 $\sum_{j=1}^{N}w_j x_i^{(j)}>$ threshold，则准予办理信用卡。

- 如果 $\sum_{j=1}^{N} w_j x_i^{(j)} < \text{threshold}$，则拒绝办理信用卡。

进一步，我们将"是"和"否"分别用"+1"和"-1"表示，即

$$f(\boldsymbol{x}_i) = \begin{cases} 1, & \left(\sum_{j=1}^{N} w_j x_i^{(j)} \right) - \text{threshold} > 0 \\ -1, & \left(\sum_{j=1}^{N} w_j x_i^{(j)} \right) - \text{threshold} < 0 \end{cases}$$

上式刚好可以用一个符号函数来表示，即

$$f(\boldsymbol{x}_i) = \text{sign} \left[\left(\sum_{j=1}^{N} w_j x_i^{(j)} \right) - \text{threshold} \right]$$

符号函数的图像如图 1-13 所示。

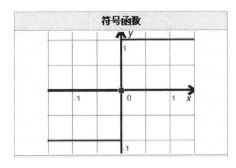

图 1-13　符号函数的图像

$f(\boldsymbol{x}_i)$ 就是我们对上述用户信用卡额度问题建立的一个模型，有了该模型后，每当有一个新的用户来办理信用卡时，我们就可以将其填写的基本信息输入该模型中自动判别是否同意给其办理。

但别高兴得太早，因为其实还有一个问题没有解决：上面模型中有一些未知参数 w_j，如果不知道这些参数的值，我们是无法计算出一个新用户对应的值的。

所以下一步我们的目标就是想办法求解这些未知参数 $w_j, j = 1,2,\dots,N$ 的值，我们采取的方法就是通过训练集（即一批我们已经知道结果的用户数据）将其学习出来。

至于为什么可以由训练集数据学习出来w_j，以及如何学习w_j，就是下面要讲的策略问题。

1.3.2　策略

训练集指的是一批已经知道结果的数据，它具有和预测集相同的特征，只不过它比预测集多了一个已知的结果项。还是以上面的例子为例，它对应的训练集可能如表 1-3 所示。

表 1-3　用户信用模型数据（训练集）

用户＼特征	性别	年龄	学历	工作年限	负债情况（元）	是否同意办卡（0-不同意，1-同意）
用户1	男	24	本科	1	6000	0
用户2	男	28	高中	10	2000	0
用户3	女	26	硕士	1	0	1
用户4	女	33	硕士	7	1000	0
……	……	……	……	……	……	……
用户M	男	35	博士	6	0	1

要由给定结果的训练集中学习出模型的未知参数$w_j, j = 1, 2, …, N$，我们采取的策略是为模型定义一个"损失函数"（Loss Function）（也称作"风险函数"），该损失函数可用来描述每一次预测结果与真实结果之间的差异，下面先介绍损失函数的基本概念，以及机器学习中常用的一些损失函数。

（1）0-1 损失函数

$$L(Y, f(X)) = \begin{cases} 1, & Y \neq f(X) \\ 0, & Y = f(X) \end{cases}$$

0-1 损失函数在朴素贝叶斯模型的推导中会用到。

（2）绝对损失函数

$$L(Y, f(X)) = |Y - f(X)|$$

（3）平方损失函数

$$L(Y, f(X)) = (Y - f(X))^2$$

平方损失函数一般用于回归问题中。

（4）指数损失函数

$$L(Y, f(X)) = e^{-Yf(X)}$$

指数损失函数在 AdaBoost 模型的推导中会用到。

（5）Hinge 损失函数

$$L(Y, f(X)) = \max(0, 1 - Yf(X))$$

Hinge 损失函数是 SVM 模型的基础。

（6）对数损失函数

$$L(Y, P(Y|X)) = -\log P(Y|X)$$

对数损失函数在 Logistic 回归模型的推导中会用到。

对于上面的例子，我们可以采用平方损失函数，即对于训练集中的每一个用户 x_i，我们可以由上面建立的模型对其结果产生一个预测值 $f(x_i) = (y_i - f(x_i))^2$，那么对于训练集中所有 M 个用户，我们得到模型的总体损失函数为

$$L(w, b) = \sum_{i=1}^{M} (y_i - f(x_i))^2$$

上面式子中的 w 指的就是模型中的权重参数向量，b 就是设置的门限值。得到上面关于模型未知参数的损失函数表达式后，很明显，我们的目标就是希望这个损失函数能够最小化。因为损失函数越小，意味着各个预测值与对应真实值之间越接近，所以，求解模型未知参数的问题其实就转化为求解公式：

$$\min L(w, b) = \sum_{i=1}^{M} (y_i - f(x_i))^2$$

1.3.3　算法

通过定义损失函数并采用最小化损失函数策略，我们成功地将上面的问题转化

为一个最优化问题，接下来我们的目标就是求解该最优化问题。

注意： 有些初学者可能会把"机器学习"称为"机器学习算法"，实际上，这是不大妥当的。机器学习理论上来说还是偏模型一些，算法只是模型中用来求解优化问题的。所以准确来说，这里的"算法"其实指的是求解最优化问题的算法。

求解该问题的优化算法很多，最常用的就是梯度下降法。下面介绍优化问题中几种典型的求解算法，这个问题在面试过程中经常会被问到。

1. 梯度下降法

（1）引入

前面讲解数值计算的时候提到过，计算机在运用迭代法做数值计算（比如求解某个方程组的解）时，只要误差能够收敛，计算机经过一定次数的迭代后是可以给出一个跟真实解很接近的结果的。进一步考虑：目标函数按照哪个方向迭代求解时误差的收敛速度会最快呢？答案就是沿梯度方向，这就引入了我们的梯度下降法。

（2）梯度下降法原理

在多元微分学中，梯度就是函数的导数方向。梯度法是求解无约束多元函数极值最早的数值方法，很多机器学习的常用算法都是以它作为算法框架进行改进的，从而导出更为复杂的优化方法。

在求解目标函数$L(w, b)$的最小值时，为求得目标函数的一个凸函数，在最优化方法中被表示为

$$\min L(w, b)$$

根据导数的定义，函数$L(w, b)$的导函数就是目标函数在变量w和b上的变化率。在多元的情况下，目标函数$L(w, b)$在某点的梯度 $\nabla L(w, b) = \left(\frac{\partial L}{\partial w}, \frac{\partial L}{\partial b}\right)$是一个由各个分量的偏导数构成的向量，负梯度方向是$L(w, b)$减小最快的方向。

二维情况下函数$f(x)$的梯度如图 1-14 所示（为了方便，下面推导过程均假设是

在二维情况下）。

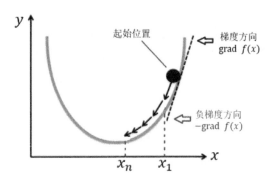

图 1-14 函数 $f(x)$ 的梯度

如图 1-14 所示，当需要求 $f(x)$ 的最小值时，我们就可以先任意选取一个函数的初始点 x_0，让其沿着途中红色箭头（负梯度方向）走，依次到 $x_1, x_2, \ldots, x_n$，这样即可最快到达极小值点。

（3）梯度下降法的推导

先将 $f(x)$ 在 $x = x_k$ 处进行一阶泰勒展开，即

$$f(x) \approx f(x_k) + \nabla f(x_k)(x - x_k)$$

再取 $x = x_{k+1}$，得：

$$f(x_{k+1}) \approx f(x_k) + \nabla f(x_k)(x_{k+1} - x_k)$$

整理得：

$$f(x_{k+1}) - f(x_k) \approx \nabla f(x_k)(x_{k+1} - x_k)$$

又因为要使 $f(x)$ 下降，使得 $f(x_{k+1}) \leqslant f(x_k)$ 恒成立；结合上式即等价于要使 $\nabla f(x_k)(x_{k+1} - x_k) \leqslant 0$ 恒成立。

显然，当我们取

$$x_{k+1} - x_k = -\lambda \nabla f(x_k)$$

即

$$x_{k+1} = x_k - \lambda \cdot \nabla f(x_k)$$

时，上面的等式是恒成立的。

（4）梯度下降法过程

输入：目标函数$f(x)$，每一次的迭代步长为λ，计算精度为ε。

输出：$f(x)$的极小值点x^*。

步骤如下。

第 1 步：任取初始值x_0，即置$k = 0$。

第 2 步：计算$f(x)$在x_k处的函数值$f(x_k)$和$f(x)$在x_k处的梯度值$\nabla f(x)|_{x=x_k} = \nabla f(x_k)$。

第 3 步：若$|\nabla f(x_k)| < \varepsilon$，则停止迭代，极小值点为$x^* = x_k$。

第 4 步：置$x_{k+1} = x_k - \lambda \cdot \nabla f(x_k)$，计算$f(x_{k+1})$。

第 5 步：若$|f(x_{k+1}) - f(x_k)| < \varepsilon$或$|x_{k+1} - x_k| < \varepsilon$时，停止迭代，极小值点为$x^* = x_{k+1}$。

第 6 步：否则，置$k = k + 1$，转到第 2 步。

对于多维情况，如上面的损失函数$L(\boldsymbol{w}, \boldsymbol{b})$，利用梯度下降法求解的步骤也是如此，只不过每次求解时，上述过程中的梯度应换成各自的偏导数。

上面的过程称为批量梯度下降法。

（5）随机梯度下降法

从上述过程可知，在梯度下降法的迭代中，除梯度值本身的影响外，每一次取的步长λ也很关键：步长值取得越大，收敛速度就越快，但是带来的可能后果就是容易越过函数的最优点，导致发散；步长值取得太小时，算法的收敛速度又会明显降低。因此，我们希望找到一种比较好的平衡方法。

另外，当目标函数不是凸函数时，使用梯度下降法求得的结果可能只是某个局部最优点，因此我们还需要一种机制，避免优化过程陷入局部最优。

为解决上述两个问题，引入了随机梯度下降法。随机梯度下降法原理与批量梯度下降法原理相同，只不过做了如下两个小的改进：

- 将固定步长λ改为动态步长λ_k，具体动态步长如何确定可参见下文随机梯度下降法的过程，这样做可保证每次迭代的步长都是最佳的。
- 引入随机样本抽取方式，即每次迭代只是随机取了训练集中的一部分样本数据进行梯度计算；这样做虽然在某种程度上会稍微降低优化过程的收敛速度并导致最后得到的最优点可能只是全局最优点的一个近似，但却可以有效避免陷入局部最优的情况（因为批量梯度下降法每次都使用全部数据，一旦到了某个局部极小值点可能就停止更新了；而随机梯度下降法由于每次都是随机取部分数据，所以就算到了局部极小值点，在下一步也还是可以跳出的）。

两者的关系可以这样理解：随机梯度下降法以损失很小的一部分精确度和增加一定数量的迭代次数为代价，保证了迭代结果的有效性。

（6）随机梯度下降法过程

输入：目标函数$f(x)$，计算精度ε。

输出：$f(x)$的极小值点x^*。

步骤如下。

第 1 步：任取初始值x_0，即置$k = 0$。

第 2 步：计算$f(x)$在x_k处的函数值$f(x_k)$和$f(x)$在x_k处的梯度值$\nabla f(x)|_{x=x_k} = \nabla f(x_k)$。

第 3 步：若$\nabla f(x_k) < \varepsilon$，则停止迭代，极小值点为$x^* = x_k$。

第 4 步：否则求解最优化问题：$\min f(x_k - \lambda_k \cdot \nabla f(x_k))$，得到第$k$轮的迭代步长$\lambda_k$；再置$x_{k+1} = x_k - \lambda_k \cdot \nabla f(x_k)$，计算$f(x_{k+1})$。

第 5 步：当$|f(x_{k+1}) - f(x_k)| < \varepsilon$或$|x_{k+1} - x_k| < \varepsilon$时，停止迭代，极小值点为

$x^* = x_{k+1}$。

第 6 步：否则，置 $k = k + 1$，转到第 2 步。

2. 牛顿法

（1）牛顿法介绍

牛顿法也是求解无约束最优化问题的常用方法，最大的优点是收敛速度快。

（2）牛顿法的推导

将目标函数 $f(x)$ 在 $x = x_k$ 处进行二阶泰勒展开，可得：

$$f(x) \approx f(x_k) + \nabla f(x_k)(x - x_k) + \frac{1}{2}\nabla^2 f(x_k)(x - x_k)^2$$

因为目标函数 $f(x)$ 有极值的必要条件是在极值点处一阶导数为 0，即 $f'(x) = 0$，所以对上面的展开式两边同时求导（注意，x 是变量，x_k 是常量，$f(x_k)$、$\nabla f(x_k)$ 和 $\nabla^2 f(x_k)$ 都是常量），并令 $f'(x) = 0$，可得：

$$f'(x) = \nabla f(x_k) + \nabla^2 f(x_k)(x - x_k) = 0$$

取 $x = x_{k+1}$，可得：

$$\nabla f(x_k) + \nabla^2 f(x_k)(x_{k+1} - x_k) = 0$$

整理后得到：

$$x_{k+1} = x_k - \nabla^2 f(x_k)^{-1} \cdot \nabla f(x_k)$$

上式中，$\nabla f(x)$ 是关于未知变量 $x^{(1)}, x^{(2)}, \dots, x^{(N)}$ 的梯度矩阵表达式，即

$$\nabla f(x) = \begin{bmatrix} \dfrac{\partial f}{\partial x^{(1)}} \\ \dfrac{\partial f}{\partial x^{(2)}} \\ \vdots \\ \dfrac{\partial f}{\partial x^{(N)}} \end{bmatrix}$$

$\nabla^2 f(x)$ 是关于未知变量 $x^{(1)}, x^{(2)}, \dots, x^{(N)}$ 的 Hessen 矩阵表达式，一般记作 $\boldsymbol{H}(f)$，即

$$H(f) = \nabla^2 f(x) = \begin{bmatrix} \dfrac{\partial^2 f}{\partial x^{(1)^2}} & \dfrac{\partial^2 f}{\partial x^{(1)} \partial x^{(2)}} & \cdots & \dfrac{\partial^2 f}{\partial x^{(1)} \partial x^{(N)}} \\ \dfrac{\partial^2 f}{\partial x^{(2)} \partial x^{(1)}} & \dfrac{\partial^2 f}{\partial x^{(2)^2}} & \cdots & \dfrac{\partial^2 f}{\partial x^{(2)} \partial x^{(N)}} \\ \vdots & \vdots & \ddots & \vdots \\ \dfrac{\partial^2 f}{\partial x^{(N)} \partial x^{(1)}} & \dfrac{\partial^2 f}{\partial x^{(N)} \partial x^{(2)}} & \cdots & \dfrac{\partial^2 f}{\partial x^{(N)^2}} \end{bmatrix}$$

（3）牛顿法的过程

输入：目标函数$f(x)$，计算精度ε。

输出：$f(x)$的极小值点x^*。

步骤如下。

第1步：任取初始值x_0，即置$k = 0$。

第2步：计算$f(x)$在x_k处的函数值$f(x_k)$，$f(x)$在x_k处的梯度值$\nabla f(x)|_{x=x_k} = \nabla f(x_k)$，$f(x)$在$x_k$处的 Hessen 矩阵值$\nabla^2 f(x_k)$。

第3步：若$-\nabla^2 f(x_k)^{-1} \cdot \nabla f(x_k) < \varepsilon$，则停止迭代，极小值点为$x^* = x_k$。

第4步：置$x_{k+1} = x_k - \nabla^2 f(x_k)^{-1} \nabla f(x_k)$，计算$f(x_{k+1})$。

第5步：当$|f(x_{k+1}) - f(x_k)| < \varepsilon$或$|x_{k+1} - x_k| < \varepsilon$时，停止迭代，极小值点为$x^* = x_{k+1}$。

第6步：否则，置$k = k + 1$，转到第2步。

现在可以回答开始时的那个问题了，即为什么牛顿法收敛速度比梯度下降法快？

从本质上看，牛顿法是二阶收敛，梯度下降是一阶收敛，所以牛顿法更快。

通俗地讲，比如你想找一条最短的路径走到一个盆地的底部，梯度下降法是每次从你当前所处位置选一个坡度最大的方向走一步，而牛顿法在选择方向时，不仅会考虑坡度是否够大，还会考虑你走了一步之后，坡度是否会变得更大。也就是说，牛顿法比梯度下降法看得更远一点，因此能更快地走到底部。

或者从几何上说，牛顿法就是用一个二次曲面去拟合你当前所处位置的局部曲面，而梯度下降法是用一个平面去拟合当前的局部曲面，通常情况下，二次曲面的拟合会比平面更好，所以牛顿法选择的下降路径更符合真实的最优下降路径。

（4）阻尼牛顿法

但是牛顿法有一个问题：当初始点x_0远离极小值点时，牛顿法可能不收敛。原因之一是牛顿方向$d = -\nabla^2 f(x_k)^{-1} \cdot \nabla f(x_k)$不一定是下降方向，经迭代，目标函数值可能上升。此外，即使目标函数值是下降的，得到的点x_{k+1}也不一定是沿牛顿方向最好的点或极小值点。因此人们提出阻尼牛顿法对牛顿法进行修正。

阻尼牛顿法在牛顿法的基础上增加了动态步长因子λ_k，相当于增加了一个沿牛顿方向的一维搜索。阻尼牛顿法的迭代过程如下。

（5）阻尼牛顿法的过程

输入：目标函数$f(x)$，计算精度ε。

输出：$f(x)$的极小值点x^*。

步骤如下。

第 1 步：任取初始值x_0，即置$k = 0$。

第 2 步：计算$f(x)$在x_k处的函数值$f(x_k)$，$f(x)$在x_k处的梯度值$\nabla f(x)|_{x=x_k} = \nabla f(x_k)$，$f(x)$ 在x_k处的 Hessen 矩阵值$\nabla^2 f(x_k)$。

第 3 步：若$-\nabla^2 f(x_k)^{-1}\nabla f(x_k) < \varepsilon$，则停止迭代，极小值点为$x^* = x_k$。

第 4 步：否则求解最优化问题：$\min f(x_k - \lambda_k \cdot \nabla^2 f(x_k)^{-1}\nabla f(x_k))$，得到第$k$轮的迭代步长$\lambda_k$；再置$x_{k+1} = x_k - \nabla^2 f(x_k)^{-1}\nabla f(x_k)$，计算$f(x_{k+1})$。

第 5 步：当$|f(x_{k+1}) - f(x_k)| < \varepsilon$或$|x_{k+1} - x_k| < \varepsilon$时，停止迭代，极小值点为$x^* = x_{k+1}$。

第 6 步：否则，置$k = k + 1$，转到第 2 步。

3. 拟牛顿法

（1）概述

牛顿法的优势是收敛较快，但是从上面的迭代式中可以看到，每一次迭代都必须计算 Hessen 矩阵的逆矩阵，当函数中含有的未知变量个数较多时，这个计算量是比较大的。为了克服这一缺点，人们提出用一个更简单的式子去近似拟合式子中的 Hessen 矩阵，这就有了拟牛顿法。

（2）拟牛顿法的推导

先将目标函数在 $x = x_{k+1}$ 处展开，得到：

$$f(x) \approx f(x_{k+1}) + \nabla f(x_{k+1})(x - x_{k+1}) + \frac{1}{2}\nabla^2 f(x_{k+1})(x - x_{k+1})^2$$

两边同时取梯度，得：

$$\nabla f(x) = \nabla f(x_{k+1}) + \nabla^2 f(x_{k+1})(x - x_{k+1})$$

取 $x = x_k$，得：

$$\nabla f(x_k) = \nabla f(x_{k+1}) + \nabla^2 f(x_{k+1})(x_k - x_{k+1})$$

即

$$\nabla^2 f(x_{k+1})(x_{k+1} - x_k) = \nabla f(x_{k+1}) - \nabla f(x_k)$$

记：

$$p_k = x_{k+1} - x_k$$

$$q_k = \nabla f(x_{k+1}) - \nabla f(x_k)$$

则有：

$$\nabla^2 f(x_{k+1})p_k = q_k$$

推出：

$$p_k = \nabla^2 f(x_{k+1})^{-1}q_k$$

上面这个式子称为"拟牛顿条件",这样,每次计算出p_k和q_k后,就可以根据上式估计出 Hessen 矩阵的逆矩阵表达式$\nabla^2 f(x_{k+1})^{-1}$。

1.3.4 小结

从上面的过程可以看出,机器学习方法从数学的角度来看其实就是:模型+策略+算法。模型就是对一个实际业务问题进行建模,将其转化为一个可以用数学来量化表达的问题。策略就是定义损失函数来描述预测值与理论值之间的差距,将其转化为一个使损失函数最小化的优化问题。算法指的是求解最优化问题的方法,我们一般将其转化为无约束优化问题,然后利用梯度下降法和牛顿法等进行求解。

## 第 2 章

机器学习工程实践

本章主要介绍机器学习相关的工程实践问题，主要包含三节内容：模型评估指标、模型复杂度度量、特征工程与模型调优。2.1 节主要讲解回归模型、分类模型、聚类模型对应的评估指标，这些对于我们验证模型的有效性是十分重要的。2.2 节介绍模型的复杂度度量方式，重点包含模型的方差和偏差分解及模型的过拟合与正则化两个概念。2.3 节首先介绍一个数据挖掘项目的完整流程，然后重点讲解项目中常常涉及的特征工程和模型调优两个概念。通过对本章的学习，读者会对机器学习项目相关的实际操作有一个比较直观的认识。

2.1　模型评估指标

不同机器学习任务往往需要使用不同的评估指标，下面分别介绍机器学习中回归模型、分类模型和聚类模型的评估指标。

2.1.1　回归模型的评估指标

回归模型任务目标是使得预测值能尽量拟合实际值，因此常用的性能度量方式主要有绝对误差和均方误差两种。

1. 绝对误差（mean_absolute_error）

绝对误差即预测点与真实点之间距离之差的绝对值的平均值，scikit-learn 实现如下：

```
from sklearn.metrics import mean_absolute_error
mean_absolute_error(y_true, y_pred)
```

例 1　绝对误差计算

```
y_true = [[0.5, 1], [-1, 1], [7, -6]]
y_pred = [[0, 2], [-1, 2], [8, -5]]

from sklearn.metrics import mean_absolute_error
mean_absolute_error(y_true, y_pred)
```

输出：

```
0.75
```

2. 均方误差（mean_squared_error）

均方误差即预测点与实际点之间距离之差平方和的均值，scikit-learn 实现如下：

```
from sklearn.metrics import mean_squared_error
mean_squared_error(y_true, y_pred)
```

例 2　均方误差计算

```
y_true = [[0.5, 1], [-1, 1], [7, -6]]
y_pred = [[0, 2], [-1, 2], [8, -5]]

from sklearn.metrics import mean_squared_error
print mean_squared_error(y_true, y_pred)
```

输出：

```
0.708333333333
```

2.1.2　分类模型的评估指标

分类模型的评估指标较多，不同评估指标的侧重点可能不同，有时不同的评估指标彼此之间甚至有可能相互冲突，比如，精度和召回率就是一对矛盾的量，后面会介绍二者各自的含义及相互之间的关系。

1. 准确率（accuracy）

准确率就是用来衡量模型对数据集中样本预测正确的比例，即等于所有预测正确的样本数目与所有参加预测的样本总数目的比：

$$\text{accuracy} = \frac{预测正确的样本数目}{参加预测的样本总数目}$$

scikit-learn 实现如下：

```
from sklearn.metrics import accuracy_score
Accuracy = accuracy_score(y_true, y_pred, normalize=True)
```

其中，y_true 是验证集的实际类别，y_pred 是验证集的预测类别，参数 normalize 选择输出结果的类型（选择 True，输出为准确率；选择 False，输出为验证集被正确分类的数目）。

例 3　准确率计算

```
y_true = [1, 0, 2, 0, 1, 0, 2, 0, 0, 2]
y_pred = [1, 0, 1, 0, 0, 0, 2, 0, 2, 1]

from sklearn.metrics import accuracy_score
Accuracy = accuracy_score(y_true, y_pred, normalize=True)
print Accuracy
```

输出：

```
0.6
```

2. 精度（precision）

精度指的是所有预测为正例的样本（TP + FP）中真正为正例的样本（TP）的比率。一般来说，就是你找出的这些信息中真正是我想要的有多少，又叫"查准率"，即

$$\text{precision} = \frac{TP}{TP + FP}$$

scikit-learn 实现如下：

```
from sklearn.metrics import precision_score
Precision = precision_score(y_true, y_pred, average=None)
```

其中，y_true 是验证集的实际类别，y_pred 是验证集的预测类别；参数 average 有 None、binary、macro、weighted、micro 几种选择，默认选择为 binary，适用于二分类情况。在多分类问题中，不同的参数表示选用不同的计算方式：

- 当选择 None 时，会直接返回各个类别的精度列表。
- 当选择 macro 时，直接计算各个类别的精度值的平均（这在类别不平衡时不是一个好的选择）。
- 当选择 weight 时，可通过对每个类别的 score 进行加权求得。
- 当选择 micro 时，在多标签问题中大类将被忽略。

注意：查准率在购物推荐中比较重要。

例 4　精度计算

```
y_true = [1, 0, 2, 0, 1, 0, 2, 0, 0, 2]
y_pred = [1, 0, 1, 0, 0, 0, 2, 0, 2, 1]

from sklearn.metrics import precision_score
Precision = precision_score(y_true, y_pred, average=None)
print Precision
```

输出：

```
[0.8    0.33333333    0.5]
```

表示类别 0、类别 1、类别 2 的查准率分别为 0.8、0.33333333、0.5。

3. 召回率（recall）

召回率指的是所有为正例的样本（TP + FN）中真的正例（TP）的比率，用来评判你有没有把样本中所有的真的正例全部找出来，所以又叫"查全率"。通俗地讲，就是你有没有把所有我感兴趣的都给找出来，计算公式为

$$\text{recall} = \frac{\text{TP}}{\text{TP} + \text{FN}}$$

scikit-learn 实现如下：

```
from sklearn.metrics import recall_score
Recall = recall_score(y_true, y_pred, average=None)
```

参数与 precision_score 中一样。

注意：查全率在犯罪检索等行为中可能比较重要。

例 5 召回率计算

```
y_true = [1, 0, 2, 0, 1, 0, 2, 0, 0, 2]
y_pred = [1, 0, 1, 0, 0, 0, 2, 0, 2, 1]

from sklearn.metrics import recall_score
Recall = recall_score(y_true, y_pred, average='weighted')
print Recall
```

输出：

```
0.6
```

4. F1 值

在搜索引擎等任务中，用户关注的是"检索出的信息有多少是用户感兴趣的""用户感兴趣的信息有多少被检索出来了"，这时候，查准率和查全率比较适合。

但是一般来说，查准率和查全率是一对相矛盾的量，用 P-R 曲线来展示，如图 2-1 所示。

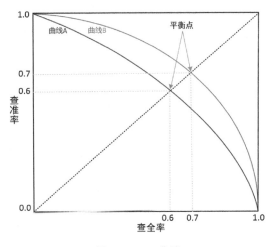

图 2-1　P-R 曲线

图 2-1 中的横轴是"查全率"，纵轴是"查准率"，可以看到曲线的变化趋势：当 recall 值变大时，precision 值会逐渐变小。

图 2-1 中的直线和各个机器学习曲线的交点表示 recall = precision，这个交点就

是 recall 和 precision 的一个"平衡点"，它是另外一种度量方式，即定义 F1 值：

$$F1 = \frac{2 \times P \times R}{P + R}$$

scikit-learn 实现如下：

```
from sklearn.metrics import f1_score
F1 = f1_score(y_true, y_pred, pos_label=1, average=None)
```

参数与 precision_score 中一样。

注意：如果一个机器学习的曲线被另一个机器学习的曲线完全包住，则可断言后者优于前者，如图 2-1 所示，曲线 B 代表的模型就优于曲线 A。

例 6　F1 值计算

```
y_true = [1, 0, 2, 0, 1, 0, 2, 0, 0, 2]
y_pred = [1, 0, 1, 0, 0, 0, 2, 0, 2, 1]

from sklearn.metrics import f1_score
F1 = f1_score(y_true, y_pred, pos_label=1, average='weighted')
print F1
```

输出：

```
0.6
```

以上三者也可以作为一个整体用一个函数 classification_report 进行输出，scikit-learn 实现如下：

```
from sklearn.metrics import classification_report
classification_report(y_true, y_pred, target_names=None)
```

上面结果输出是一个矩阵的形式，矩阵的行是各个类别，列分别是 precision（查准率）、recall（查全率）、f1-score（F1 值）、support（预测的各类别下的样本数目）；y_true 是验证集的实际类别，y_pred 是验证集的预测类别，target_names 是一个字符列表形式，可以用来指定输出类别的名字。

例 7　一次性计算查全率、查准率和 F1 值

```
y_true = [1, 0, 2, 0, 1, 0, 2, 0, 0, 2]
y_pred = [1, 0, 1, 0, 0, 0, 2, 0, 2, 1]

from sklearn.metrics import classification_report
target_names = ['class 0', 'class 1', 'class 2']
print classification_report(y_true, y_pred, target_names=target_names)
```

输出：

```
              precision    recall  f1-score   support

     class 0       0.80      0.80      0.80         5
     class 1       0.33      0.50      0.40         2
     class 2       0.50      0.33      0.40         3

 avg / total       0.62      0.60      0.60        10
```

5. ROC 曲线

很多学习器是为了测试样本产生一个实值或概率，然后将这个预测值与一个分类阈值进行比较，大于阈值就取 1，小于阈值就取 0。在不同应用中，我们可以根据任务需要选取不同的阈值点；ROC 曲线就是从这个角度来研究学习器的泛化性能的。

我们根据学习器预测结果（概率）对样例进行排序，按此顺序逐个把样本作为正例进行预测，每次计算出两个重要的值（纵轴：真正率TP；横轴：假正率FP），分别以它们为横轴和纵轴作图就可得到 ROC 曲线。具体如下：

（1）假如已经得到了所有样本的概率输出 prob 值，我们就可以根据每个测试样本属于正样本的概率值从大到小排序。

（2）接下来，我们从高到低，依次将 prob 值作为阈值（threshold），当测试样本属于正样本的概率大于或等于这个 threshold 时，我们认为它为正样本，否则为负样本。

（3）每次选取一个不同的 threshold，我们就可以得到一组FP和TP，即 ROC 曲线上的一点。这样我们可以得到很多组FP和TP的值，将它们画在 ROC 曲线上的结果如图 2-2 所示。

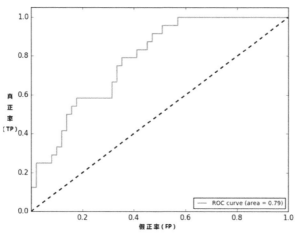

图 2-2　ROC 曲线

scikit-learn 实现如下：

```
from sklearn import metrics
metrics.roc_curve(y_true, y_pred_prob, pos_label=1)
```

其中，参数 y_true 是验证集样本的实际类别，y_pred_prob 是验证集样本的预测概率值；pos_label 是指正例的类别。

注意： 和 P-R 曲线图相似，如果一条曲线完全包裹另一条曲线，则外面曲线的性能更优。

---

6. AUC

当两条 ROC 曲线发生交叉时，谁的性能更优就难以判定了，这时就要根据两条 ROC 曲线下面的面积大小来比较判断，即面积大者相对更优。这个 ROC 曲线下面的面积就是 AUC。

AUC 的 scikit-learn 实现如下：

```
from sklearn.metrics import roc_auc_score
print roc_auc_score(y_true, y_pred_prob)
```

其中，y_true 是验证集样本的实际类别，y_pred_prob 是验证集样本的预测概率值，返回结果为 ROC 曲线下的面积，即 AUC。

注意：此实现仅限于真实值为二分类的情况。

例 8　AUC 计算

```
import numpy as np
from sklearn.metrics import roc_auc_score

y_true = np.array([0, 0, 1, 1])
y_pred_prob = np.array([0.1, 0.4, 0.35, 0.8])

roc_auc_score(y_true, y_pred_prob)
```

输出：

```
0.75
```

7．混淆矩阵

混淆矩阵（Confusion Matrix）是一种评估分类模型好坏的形象化展示工具。例如，有 150 个样本数据，把这些数据平均分成 3 类，每类 50 个。分类结束后得到的混淆矩阵如图 2-3 所示。

	类1	类2	类3
类1	43	5	2
类2	2	45	3
类3	0	1	49

图 2-3　混淆矩阵

每行之和为 50，表示 50 个样本，第一行说明类 1 的 50 个样本有 43 个分类正确，5 个错分为类 2，2 个错分为类 3。

由此可以看出，如果混淆矩阵中非对角线元素全为 0，则表示是一个完美的分类器。

混淆矩阵的 scikit-learn 实现如下：

```
from sklearn.metrics import confusion_matrix
print confusion_matrix(y_true, y_pred, labels=None)
```

其中，y_true 是验证集的实际类别；y_pred 是验证集的预测类别；labels 参数是一个字符类别的形式，可以用来指定各个类别显示的名称，默认为 None。

例 9 混淆矩阵计算

```
y_true = [1, 0, 2, 0, 1, 0, 2, 0, 0, 2]
y_pred = [1, 0, 1, 0, 0, 0, 2, 0, 2, 1]

from sklearn.metrics import confusion_matrix
print confusion_matrix(y_true, y_pred, labels=[0, 1, 2])
```

输出：

```
[[4 0 1]
 [1 1 0]
 [0 2 1]]
```

2.1.3 聚类模型的评估指标

前面说过，聚类是将样本集划分为若干个不相交的子集，即样本簇，同样需要通过某些性能度量方式来评估其聚类结果的好坏。直观上看，我们是希望同一簇内的样本能尽可能相似，而不同簇的样本之间尽可能不同。用机器学习的语言来讲，就是希望簇内相似度高，而簇间相似度低。

实现这一目标主要有外部指标和内部指标两种方式。

1. 外部指标（External Index）

外部指标需提供一个参考模型，然后将聚类结果与该参考模型进行比较得到一个评判值；常用的有 Jaccard 系数、FM 指数、Rand 指数和标准化互信息。

假设给定数据集为 $T = \{x_1, x_2, ..., x_M\}$，其被某个参考划分为 $C^* = \{c_1^*, c_2^*, ..., c_J^*\}$，即被划分为 J 个簇；现采用某种聚类模型后，其实际被划分为 $C = \{c_1, c_2, ..., c_K\}$，即被划分为 K 个簇。相应地，令 λ^* 和 λ 分别表示 C^* 和 C 的簇标记向量。我们将样本两两配对考虑，则定义如下指标。

- SS：同时隶属于 λ_i 和 λ_j^* 的样本对，设对应数目为 a。
- SD：隶属于 λ_i 但不属于 λ_j^* 的样本对，设对应数目为 b。
- DS：隶属于 λ_j^* 但不属于 λ_i 的样本对，设对应数目为 c。
- DD：既不隶属于 λ_i，又不隶属于 λ_j^* 的样本对，设对应数目为 d。

假设现在有 5 个样本$\{x_1, x_2, x_3, x_4, x_5\}$，它们的实际聚类结果和用聚类算法预测的聚类结果分别如下所示：

```
labels_true = [0, 0, 0, 1, 1]
labels_pred = [0, 0, 1, 1, 2]
```

根据上面的定义，可知λ_i取值为 0 或 1，λ_j^*取值为 0 或 1 或 2，可以得到如表 2-1 所示聚类结果。

表 2-1　聚类结果

样本对	在 labels_true 中的情况	在 labels_pred 中的情况	对应的统计标签
x_1, x_2	0, 0	0, 0	a
x_1, x_3	0, 0	0, 1	c
x_1, x_4	0, 1	0, 1	d
x_1, x_5	0, 1	0, 2	d
x_2, x_3	0, 0	0, 1	c
x_2, x_4	0, 1	0, 1	d
x_2, x_5	0, 1	0, 2	d
x_3, x_4	0, 1	1, 1	b
x_3, x_5	0, 1	1, 2	d
x_4, x_5	1, 1	1, 2	c

说明：样本对x_1, x_2在 labels_pred 中对应的是 0,0，属于同一类别；在 labels_true 中对应的是 0,0，也属于同一类别，所以数目a计一分。样本对x_1, x_3在 labels_pred 中对应的是 0,1，不属于同一类别；在 labels_true 中对应的是 0,0，属于同一类别，相当于样本对x_1, x_3隶属于λ_j^*但不属于λ_i，所以数目c计一分。依次类推，可以统计出所有样本对的标签，最后求得a, b, c, d的值。

（1）Jaccard 系数（Jaccard Coefficient，JC）

$$JC = \frac{a}{a+b+c}$$

（2）FM 指数（Fowlkes and Mallows Index，FMI）

$$FMI = \sqrt{\frac{a}{a+b}\frac{a}{a+c}}$$

（3）Rand 指数（Rand Index，RI）

$$RI = \frac{2(a + b)}{M(M - 1)}$$

其中，M是样本总数，$\frac{M(M-1)}{2}$表示N个样本可组成的两两配对数。a表示在C与K中都是同类别的元素对数，b表示在C与K中都是不同类别的元素对数；RI 的取值范围为[0,1]，值越大意味着聚类结果与真实情况越吻合。

另外，在聚类结果随机产生的情况下，为了使结果值尽量接近于零，进一步提出调整的兰德指数（Adjusted Rand Index，ARI），它比兰德指数具有更高的区分度，定义如下：

$$ARI = \frac{RI - (RI)_E}{\max(RI) - (RI)_E}$$

其中，$(RI)_E$是随机聚类时对应的兰德指数。ARI 的取值范围为[-1,1]，值越大意味着聚类结果与真实情况越吻合。从广义的角度来讲，ARI 衡量的是两个数据分布的吻合程度。

ARI 的 scikit-learn 实现如下：

```
from sklearn import metrics
metrics.adjusted_rand_score(labels_true, labels_pred)
```

（4）标准化互信息（Normalized Mutual Information，NMI）

标准化互信息是信息论里一种有用的信息度量方式，它可以看成是一个随机变量中包含的关于另一个随机变量的信息量，或者说是一个随机变量由于已知另一个随机变量而减少的不肯定性，用$I(X,Y)$表示，表达式如下：

$$I(X,Y) = \sum_{x \in X} \sum_{y \in Y} p(x,y) \log \frac{p(x,y)}{p(x)p(y)}$$

实际上，互信息就是后面决策树中要讲到的信息增益（Information Gain），其值等于随机变量Y的熵$H(Y)$与Y的条件熵$H(Y|X)$之差，即

$$I(X,Y) = H(Y) - H(Y|X)$$

NMI 的 scikit-learn 实现如下：

```
from sklearn import metrics
metrics.adjusted_mutual_info_score(labels_true, labels_pred)
```

2. 内部指标（Internal Index）

内部指标不需要有外部参考模型，可直接通过考察聚类结果得到，常用的有 DB 指数和 Dunn 指数。假设给定数据集为 $T = \{x_1, x_2, \ldots, x_M\}$，被某种聚类模型划分为 $C = \{c_1, c_2, \ldots, c_K\}$ 个簇，则定义

- $\mathrm{avg}(c_k)$：簇 c_k 中每对样本之间的平均距离。
- $\mathrm{diam}(c_k)$：簇 c_k 中距离最远的两个点之间的距离。
- $d_{\min}(c_k, c_l)$：簇 c_k 和簇 c_l 之间最近点的距离。
- $d_{\mathrm{cen}}(c_k, c_l)$：簇 c_k 和簇 c_l 中心点之间的距离。

（1）DB 指数（Davies-Bouldin Index，DBI）

$$\mathrm{DBI} = \frac{1}{K} \sum_{k=1}^{K} \max_{k \neq l} \left(\frac{\mathrm{avg}(c_k) + \mathrm{avg}(c_l)}{d_{\mathrm{cen}}(c_k, c_l)} \right)$$

即给定两个不同簇，先计算这两个簇样本之间的平均距离之和与这两个簇中心点之间的距离的比值，然后再取所有簇的该值的平均值，就是 DBI。显然，每个簇样本之间的平均距离越小（表示相同簇内的样本距离越近），簇间中心点距离越大（表示不同簇样本相隔越远），DBI 值就越小，所以 DBI 值可以较好地衡量簇间样本距离和簇内样本距离的关系，其值越小越好。

（2）Dunn 指数（Dunn Index，DI）

$$\mathrm{DI} = \frac{\min\limits_{k \neq l} d_{\min}(c_k, c_l)}{\max\limits_{k} \mathrm{diam}(c_k)}$$

即用任意两个簇之间最近距离的最小值除以任意一个簇内距离最远的两个点的距离的最大值就是 DI。显然，任意两个不同簇之间的最近距离越大（表示不同簇样本相隔越远），任意一个簇内距离最远的两个点之间的距离越小（表示相同簇内的样本距离越近），DI 值就越大；所以 DI 值也可以较好地衡量簇间样本距离和簇内样本

距离的关系，其值越大越好。

3. 轮廓系数

轮廓系数适用于训练样本类别信息未知的情况。假设某个样本点与它同类别的群内点的平均距离为a，与它距离最近的非同类别的群外点的平均距离为b，则轮廓系数定义为

$$s = \frac{b - a}{\max(a, b)}$$

对于一个样本集合，它的轮廓系数是所有样本轮廓系数的平均值。

轮廓系数的取值范围是$[-1,1]$，同类别样本点的距离越近，且不同类别的样本点距离越远，则得到的轮廓系数的值就越大。

轮廓系数的 scikit-learn 实现如下：

```
sklearn.metrics.silhouette_score(X,
                                 labels,
                                 metric='euclidean',
                                 sample_size=None)
```

其中，X 是样本特征矩阵；labels 是每个样本的预测类别标签；metric 是计算距离选用的度量方式，默认是 euclidean，表示欧氏距离；sample_size 是设定计算轮廓系数时采用的样本数，相当于对数据做一个采样，默认是 None，表示不进行采样。

2.1.4　常用距离公式

上面讲轮廓系数时提到了欧氏距离，实际上，除欧氏距离外，在机器学习中还可能用到各种其他类型的距离度量方式，所以这里补充讲解一下常用的几种距离公式的 Python 实现。

设有两个n维向量$\boldsymbol{A} = (x_{11}, x_{12}, \ldots, x_{1n})$和$\boldsymbol{B} = (x_{21}, x_{22}, \ldots, x_{2n})$。

1. 曼哈顿距离

曼哈顿距离也称为城市街区距离，数学表达式为

$$d_{12} = \sum_{i=1}^{n} |x_{1i} - x_{2i}|$$

Python 实现：

```
from numpy import *
vector1 = mat([2.1, 2.5, 3.8])
vector2 = mat([1.0, 1.7, 6.6])
print sum(abs(vector1-vector2))
```

2. 欧氏距离

欧氏距离就是我们熟悉的 L2 范数，数学表达式为

$$d_{12} = \sqrt{\sum_{i=1}^{n} (x_{1i} - x_{2i})^2}$$

Python 实现：

```
from numpy import *
vector1 = mat([2.1, 2.5, 3.8])
vector2 = mat([1.0, 1.7, 6.6])
print sqrt((vector1-vector2)*(vector1-vector2).T)
```

3. 闵可夫斯基距离

闵可夫斯基距离可以看作欧氏距离的一种推广，数学表达式为

$$d_{12} = \sqrt[p]{\sum_{i=1}^{n} (x_{1i} - x_{2i})^p}$$

可以看到，当 p 值取 1 时，闵可夫斯基距离就是曼哈顿距离；当 p 值取 2 时，闵可夫斯基距离就是欧氏距离。

4. 切比雪夫距离

切比雪夫距离就是无穷级数，即

$$d_{12} = \max(|x_{1i} - x_{2i}|)$$

Python 实现：

```
from numpy import *
vector1 = mat([2.1, 2.5, 3.8])
vector2 = mat([1.0, 1.7, 6.6])
print abs(vector1-vector2).max
```

5. 夹角余弦

夹角余弦的取值范围为[-1,1]，可以用来衡量两个向量方向的差异。夹角余弦越大，表示两个向量的夹角越小。当两个向量的方向重合时，夹角余弦取最大值 1；当两个向量的方向完全相反时，夹角余弦取最小值-1。机器学习中用这一概念来衡量样本向量之间的差异，其数学表达式为

$$\cos \theta = \frac{\boldsymbol{A} \cdot \boldsymbol{B}}{|\boldsymbol{A}| \cdot |\boldsymbol{B}|} = \frac{\sum_{i=1}^{n} x_{1i} \cdot x_{2i}}{\sqrt{\sum_{i=1}^{n} {x_{1i}}^2} \cdot \sqrt{\sum_{i=1}^{n} {x_{2i}}^2}}$$

Python 实现：

```
import numpy as np
vector1 = np.array([2.1, 2.5, 3.8])
vector2 = np.array([1.0, 1.7, 6.6])
print vector1.dot(vector2)/(np.linalg.norm(vector1)*np.linalg.norm(vector2))
```

6. 汉明距离

汉明距离定义的是两个字符串中不相同位数的数目。例如，字符串'1111'与'1001'之间的汉明距离为 2。

7. 杰卡德相似系数

两个集合 A 和 B 的交集元素在 A 和 B 的并集中所占的比例称为两个集合的杰卡德相似系数，用符号 $J(A,B)$ 表示，数学表达式为

$$J(A,B) = \frac{|A \cap B|}{|A \cup B|}$$

杰卡德相似系数是衡量两个集合相似度的一种指标，一般可以将其用在衡量样

本的相似度上，在聚类问题中会用到。

8. 杰卡德距离

与杰卡德相似系数相反的概念是杰卡德距离，其数学表达式为

$$J_\sigma = 1 - J(A, B) = \frac{|A \cup B| - |A \cap B|}{|A \cup B|}$$

2.2　模型复杂度度量

2.2.1　偏差与方差

偏差—方差分解是解释学习模型泛化能力的一种重要工具。

对训练集 T 中的测试样本 $\boldsymbol{x}$，设 y 为 $\boldsymbol{x}$ 的真实结果，$\hat{y}$ 为 $\boldsymbol{x}$ 的观测结果，观测结果与真实结果之间的观测误差为 $y - \hat{y} = \epsilon$，$f_T(\boldsymbol{x})$ 为在训练集 T 上学得模型 f 对 $\boldsymbol{x}$ 的预测输出，则：

- 噪声的方差为 $\mathrm{var}(\epsilon) = E[(y - \hat{y})^2]$。
- 模型在训练集 T 上预测期望为 $\bar{f}(\boldsymbol{x}) = E(f_T(\boldsymbol{x}))$。
- 模型在训练集 T 上预测方差为 $\mathrm{var}(\boldsymbol{x}) = E\left[\left(f_T(\boldsymbol{x}) - \bar{f}(\boldsymbol{x})\right)^2\right]$。
- 模型在训练集 T 上预测偏差为 $\mathrm{bias}^2 = E\left[\left(y - \bar{f}(\boldsymbol{x})\right)^2\right]$。

由上可得模型在训练集 T 上泛化误差期望为

$$\begin{aligned}
&E[(f_T(\boldsymbol{x}) - \hat{y})^2] \\
&= E\left[\left(f_T(\boldsymbol{x}) - \bar{f}(\boldsymbol{x}) + \bar{f}(\boldsymbol{x}) - \hat{y}\right)^2\right] \\
&= E\left[\left(f_T(\boldsymbol{x}) - \bar{f}(\boldsymbol{x}) + \bar{f}(\boldsymbol{x}) - \hat{y}\right)^2\right] \\
&= E\left[\left(f_T(\boldsymbol{x}) - \bar{f}(\boldsymbol{x})\right)^2 + \left(\bar{f}(\boldsymbol{x}) - \hat{y}\right)^2 + 2\left(f_T(\boldsymbol{x}) - \bar{f}(\boldsymbol{x})\right)\left(\bar{f}(\boldsymbol{x}) - \hat{y}\right)\right] \\
&= E\left[\left(f_T(\boldsymbol{x}) - \bar{f}(\boldsymbol{x})\right)^2\right] + E\left[\left(\bar{f}(\boldsymbol{x}) - \hat{y}\right)^2\right] + 2E\left[\left(f_T(\boldsymbol{x}) - \bar{f}(\boldsymbol{x})\right)\left(\bar{f}(\boldsymbol{x}) - \hat{y}\right)\right] \\
&= \mathrm{var}(\boldsymbol{x}) + E\left[\left(\bar{f}(\boldsymbol{x}) - y + y - \hat{y}\right)^2\right]
\end{aligned}$$

$$= \text{var}(\boldsymbol{x}) + E\left[\left(\bar{f}(\boldsymbol{x}) - y\right)^2\right] + E[(y - \hat{y})^2] + 2E\left[\left(\bar{f}(\boldsymbol{x}) - y\right)(y - \hat{y})\right]$$

$$= \text{var}(\boldsymbol{x}) + \text{bias}^2 + \text{var}(\epsilon)$$

从上可知，模型的泛化误差可以分解为偏差+方差+噪声，其中：

- 偏差bias²度量了学习算法的预测期望$\bar{f}(\boldsymbol{x})$与真实结果y的偏离程度，即刻画了算法本身的拟合能力。
- 方差var($\boldsymbol{x}$)度量了同样大小的训练集的变动所导致的学习性能的变化，即刻画了数据扰动所造成的影响。
- 噪声var(ϵ)表达了当前任务上任何学习算法所能达到的期望泛化误差下界，即刻画了学习问题本身的难度。

偏差—方差分解说明，泛化性能是由所用模型的能力、数据的充分性及学习任务本身的难度共同决定的。给定学习任务，为了取得好的预测性能，则需使模型偏差较小；而为了能够充分利用数据，则需使方差较小，如图 2-4 所示。

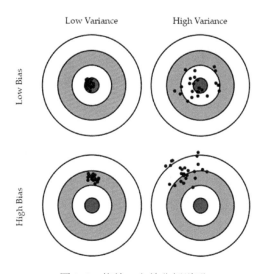

图 2-4 偏差—方差分解说明

- 圆心为完美预测的模型，点代表某个模型的学习结果（离靶心越远，准确率越低）。
- Low Bias 表示离圆心近，High Bias 表示离圆心远。
- High Variance 表示学习结果分散，Low Variance 表示学习结果集中。

一般来说，偏差和方差是有冲突的，偏差随着模型复杂度的增加而降低，而方差随着模型复杂度的增加而增加，如图 2-5 所示。

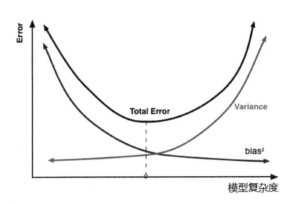

图 2-5　偏差、方差与模型复杂度的关系

方差和偏差加起来最优的点就是模型错误率最小的点，对应的位置就是最佳模型复杂度。

2.2.2　过拟合与正则化

1. 过拟合与欠拟合

我们把模型的实际预测输出与样本的真实输出之间的差异称为"误差"；把模型在训练集上的误差称为"训练误差"或"经验误差"；把模型在新样本上的误差称为"测试误差"或"泛化误差"。很明显，我们最终希望得到泛化误差小的学习器，但我们事先并不知道新样本是什么样的，所以只能先努力使经验误差最小化，如图 2-6 所示。

过拟合是指模型对已知数据（即训练集中的数据）预测得很好，但是对未知数据（即测试集数据）预测得很差的现象。举一个简单的例子来说明，如图 2-7 所示。

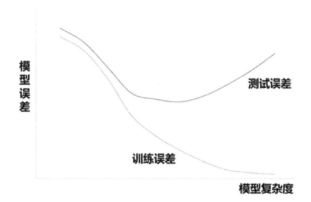

图 2-6　训练误差、测试误差与模型复杂度的关系

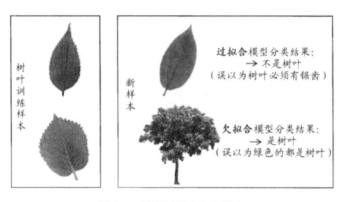

图 2-7　模型过拟合与欠拟合

假设我们现在要训练一个模型来识别树叶,给定的数据集是图 2-7 左图中的两片叶子,则图 2-7 右图中上下两种情况可分别形象地表示为过拟合现象和欠拟合现象。

(1) 过拟合现象

左边两片树叶的共同点是都有锯齿,所以我们的模型完全记忆下了这一特征,以为树叶一定是锯齿状的,结果将右上图中的叶子判别为不是树叶,因为该叶子没有锯齿特征。

(2) 欠拟合现象

左边两片树叶都是绿色的,我们的模型学习不到位,将绿色这一粗略特征作为树叶的充分必要条件,因此将图 2-7 右图中的一棵绿树判别为树叶。

造成过拟合的原因如下：

- 样本的特征数量较多而训练样本数目较少。
- 样本噪声过大。
- 模型参数太多，复杂度过高。

解决过拟合的方法如下：

- 获取额外数据进行交叉验证。
- 重新清洗数据。
- 加入正则化项。

2. 经验风险与结构风险

一般来说，机器学习模型学习过程采用的策略就是使损失函数最小化，这其实就是一个最小化误差的过程。也就是说，最小化误差可通过最小化损失函数达成，这个损失我们称之为"经验损失"。

规则化模型参数的目标是防止模型过拟合，这个可通过限制模型的复杂度来达成。根据奥卡姆剃刀（Occam's Razor）原理：在模型能够较好地匹配已知数据的前提下，模型越简单越好。而模型的"简单"程度可通过模型的参数情况来度量，所以一般采用在经验损失的基础上加上一项关于模型参数复杂度的规则化函数$J(\boldsymbol{w})$来平衡。加上约束项的模型我们称之为"结构风险"，至此，我们的目标由原来的最小化经验损失变成最小化结构损失，即

$$\min \ \frac{1}{M}\sum_{i=1}^{M} L\big(y_i, f(\boldsymbol{x}_i; \boldsymbol{w}, \boldsymbol{b})\big) + \lambda J(\boldsymbol{w})$$

其中，第一项$\frac{1}{M}\sum_{i=1}^{M} L\big(y_i, f(\boldsymbol{x}_i)\big)$就是经验风险函数，一般由前面提到的各种损失函数组成；第二项$J(\boldsymbol{w})$称为正则化函数，一般是一个关于模型待求权重向量$\boldsymbol{w}$的函数，其值随模型复杂度单调递增。

所以，正则化函数项的作用是选择经验风险与模型复杂度同时较小的模型，对应结构风险最小化。

3. 正则化

和经验损失函数一样，正则化函数也有很多种选择，不同的选择对权重向量**w**的约束不同，取得的效果也不同，常用的有L0范数、L1范数和L2范数三种。

（1）L0范数

权重向量**w**的p范数的定义为

$$||\boldsymbol{w}||_p = \left(\sum_{j=1}^{N} |W_j|^p \right)^{\frac{1}{p}}$$

这里，$\boldsymbol{x}_i = \left(x_i^{(1)}, x_i^{(2)}, ..., x_i^{(N)} \right)$ 表示的是一个含有N个特征的样本向量，而 $\boldsymbol{w} = (w_1, w_2, ..., w_N)$ 表示的是与样本向量N个特征相对应的特征权重向量。

L0范数的物理意义可以理解为向量中非 0 元素的个数。如果我们用L0范数来规则化权重向量**w**，就是希望**w**中的大部分元素都是 0；换句话说，就是让权重向量**w**是稀疏的。

这里解释一下为什么我们想要稀疏。

稀疏其实能够实现特征的自动选择。在训练我们的机器学习模型时，为了获得较小的训练误差，我们可能会利用$\boldsymbol{x}_i$中的每一个特征，但实际上，$x_i^{(1)}, x_i^{(2)}, ..., x_i^{(N)}$这全部特征中，有一些特征并不重要，如果把这样一部分并不重要的特征全部加入模型构建，反而会干扰对样本$\boldsymbol{x}_i$结果的预测。针对这一事实，我们引入了稀疏规则化算子，它会学习怎样去掉这些没有信息的特征（即把这些特征对应的权重系数W_j置为 0）。

实际中，我们并不使用L0范数，而是用L1范数去代替。主要原因是：一方面，L0范数是个NP问题，很难优化求解；另一方面，L1范数其实是L0范数的最优凸近似，而且它比L0范数要容易优化求解得多。一句话总结就是：L0范数和L1范数都可以实现稀疏，但L1具有比L0更好的优化求解特性，所以大家就把目光转向了L1范数。

（2）L1范数

L1范数是指向量中各个元素绝对值之和，即

$$||\boldsymbol{w}||_1 = \sum_{j=1}^{N} |w_j|$$

为什么L1范数也会使权重稀疏呢？举个例子说明。

假设原来的风险函数为L0，现在加一个L1正则化项，变为结构风险函数L，即

$$L = L_0 + |\boldsymbol{w}|$$

对$\boldsymbol{w}$中的各个元素w_j，$j = 1, 2, \dots, N$依次求偏导，得：

$$\frac{\partial L}{\partial w_j} = \frac{\partial L_0}{\partial w_j} + \text{sign}(w_j)$$

所以，根据梯度下降法，$\boldsymbol{w}$的权重更新公式为

$$w_j = w_j - \eta \left(\frac{\partial L_0}{\partial w_j} + \text{sign}(w_j) \right) = w_j - \eta \frac{\partial L_0}{\partial w_j} - \eta \text{sign}(w_j)$$

效果：

当w_j为正时，每次更新时相较于不加正则化项会使w_j变小。

当w_j为负时，每次更新时相较于不加正则化项会使w_j变大。

所以整体的效果就是让w_j尽量往 0 处靠近，使第j个特征对应的权重尽可能为 0，这里$j = 1, 2, \dots, N$。

注意： 上面没有提到一个问题，就是当w_j等于 0 时，$|w_j|$是不可导的，这时候我们只能按照原始的未经正则化的方法更新w_j，即去掉$\text{sign}(w_j)$这一项；所以我们可以规定$\text{sign}(0) = 0$（即在编程的时候，令$\text{sign}(w_j = 0) = 0, \text{sign}(w_j > 0) = 1, \text{sign}(w_j < 0) = -1$），这样就可以把$w_j = 0$的情况也统一进来了。

（3）L2范数

除了L1范数，还有一种更受欢迎的正则化范数，那就是L2范数$||\boldsymbol{w}||_2$。L2范数是指向量各元素的平方和的开方，即

$$||\boldsymbol{w}||_2 = \left(\sum_{j=1}^{N} |w_j|^2 \right)^{\frac{1}{2}}$$

与 L1 正则类似，加 L2 正则后的结构损失变为

$$L = L_0 + \frac{1}{2}||\boldsymbol{w}||^2$$

对 $\boldsymbol{w}$ 中的各个元素 $w_j, j = 1,2,\dots,N$，依次求偏导，得：

$$\frac{\partial L}{\partial w_j} = \frac{\partial L_0}{\partial w_j} + w_j$$

根据梯度下降法，w_j 的权重更新公式为

$$w_j = w_j - \eta \left(\frac{\partial L_0}{\partial w_j} + w_j \right) = (1-\eta)w_j - \eta \frac{\partial L_0}{\partial w_j}$$

效果：

与没有加正则化项相比，在添加了 L2 正则后，第 j 个特征对应权重 w_j 由原来的 w_j 变成了 $(1-\eta)w_j$；由于 η 都是正数，所以 $1-\eta \leqslant 1$，因此它的效果就是减小 w_j，这就是所谓的权重衰减。

2.3　特征工程与模型调优

前面已经学习了机器学习的常用工具 Pandas 和 scikit-learn、模型的评估指标与复杂度度量，下面接着介绍机器学习项目中的特征工程、模型选择与模型调优问题。在此之前，我们先来了解一个数据挖掘项目的完整流程。

2.3.1　数据挖掘项目流程

一个完整的数据挖掘项目流程主要包含六大部分，分别是业务理解、数据分析、特征工程、模型选择、模型评估、项目落地，如图 2-8 所示。

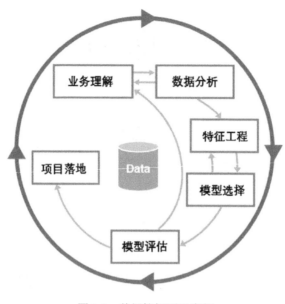

图 2-8　数据挖掘项目流程

1. 业务理解

拿到一个数据挖掘任务后，先不要急着一头钻进去，而是先要准确地理解该业务问题，即你需要弄明白你要干一件什么事情，比如是做分类问题还是聚类问题；要达到什么效果，比如预测准确率达到什么级别；项目规模有多大，比如是否需要大数据分布式平台处理；是否要求实时性等。建议大家在做数据挖掘项目时，可以至顶向下去考虑，这样不只是对于该问题的解决比较有帮助，同时还可以锻炼你的架构思维，这对于一个优秀的数据工程师是很有必要的。

2. 数据分析

准确理解业务问题后，接下来需要做的就是数据分析。数据挖掘项目终归还是面向数据的，因此在正式使用模型之前，我们需要进一步了解数据情况。具体来讲，一般包括：

- 数据规模有多大？即考虑：样本数目有多少，特征维度有多大，需要什么级别的数据处理平台？
- 特征数据的类型有哪些？比如最常见的数值型和类别型。

- 各样本特征的取值是否存在缺失,如果有缺失,那么缺失规模各自有多大?
- 各特征取值的分布情况,比如类别型特征一共包含多少个类别,每个类别占比多少?数值型特征的分布情况怎样,是否满足高斯分布等?

3. 特征工程

做好基本的数据分析后,就可以开始结合实际业务逻辑做一些特征工程了。这里记住一句话:特征决定你最后结果的上限,模型所做的其实是尽可能地逼近这一上限。由此可见特征工程的重要性。

什么是特征工程呢?特征工程其实是一个比较宽广的概念,最基本的如特征数据清洗、归一化/标准化处理、特征交互、特征映射等都属于特征工程的范畴。

怎样做特征工程呢?这一点会在后面详细介绍。

4. 模型选择

做好特征工程后,就需要为我们的数据选择合适的模型了。这里模型的选择一般还是需要借助经验来挑选,没有万能的模型,不同的模型适用的范围是不同的;也没有最好的模型,只有最适合的模型。大家不要迷信某一类模型,比如有的使用者可能觉得深度学习模型一定比普通机器学习模型效果更佳。其实未必,比如在数据规模较小时,深度学习模型很容易发生过拟合,而有的普通模型,比如最简单的KNN,反而在这时候表现得还可以,这是完全有可能的。具体选择什么样的模型,一方面要结合具体的业务场景,另一方面要求我们熟悉各个模型的原理与特点,这在后续专门介绍各个模型的章节中会详细介绍。

这里补充说明一下,模型选择和特征工程这两步可能需要反复进行。因为不同的模型,其对特征的提取能力不同,比如 Logistic 回归模型是一个线性模型,只能进行线性分类;而决策树模型是一个非线性模型,其本身可以进行线性划分。所以,如果你要使用 Logistic 回归模型,但又希望其具有非线性划分能力,那么你可以采用的办法就是去做一些人工交互特征,再把它用在新的数据上。

5. 模型评估

选择好我们认为合适的模型并将其应用于处理好的数据上之后，我们需要使用一些评估方法来检测我们的选择是否合理。最基本的评估方法就是前面介绍的回归问题、分类问题、聚类问题等各自对应的评估指标。但一个有经验的工程师应该想到，模型评估的本质其实还是根植于我们的业务场景当中的。通俗地讲就是：一切有利于提高实际业务场景目标的评估指标都可以作为我们模型的评估指标，所以有时候你可能会看到，在有些项目中，我们会直接使用损失函数的值作为评估指标，而并非一定要使用前面我们介绍的种种固定的评估指标。

6. 项目落地

模型训练好后，工作其实并没有结束，因为还有一个很重要的环节需要考虑，那就是项目落地。如果一个数据挖掘项目在理论阶段验证得很好，但是却没法实践，比如实际场景需要进行实时推荐，而你的模型每次训练和预测就要几个小时甚至更长时间，这时候是不是很尴尬？所以，在项目的设计之初，在中途模型选型之时，我们就需要考虑到后续的落地实践是否可行。

2.3.2 特征工程

1. 数据清洗

数据清洗主要是对原始给定的数据进行规整化，目的是得到一份适合机器学习模型处理的基本数据集。

从某网页中提取的原始数据如图 2-9 所示。

```
<a href="http://down.51cto.com/data/2447132" target="_blank" style="text-decoration:none;">人工智能+区块链的发展趋势及应用调研报告</a><br/>
<p>随着互联网产品规模的爆发式增长，大型分布式系统的监控复杂性也日益显现。工程师们发现：监控遗漏导致宕机的黑天鹅现象频繁发生；出现故障时很难从海量监控指标中迅速找到故障根因；报警风暴极大地干扰了工程师定位问题的速度；故障恢复速度基本依赖于工程师的操作速度。由此，我们尝试建立一个智能运维监控系统，希望用智能化的手段去帮助工程师解决这些问题。</p>
```

图 2-9　原始网页数据示例

可以看到，网页中除含有文本数据外，还含有一些我们不需要的标签数据，这时我们就应该进行数据清洗工作，清洗后的数据示例如图 2-10 所示。

id	title	content
http://down.51cto.com/data/2447132	人工智能+区块链的发展趋势及应用调研报告	随着互联网产品规模的爆发式增长，大型分布式系统的监控复杂性也日益显现，工程师们发现：监控遗漏导致宕机的黑天鹅现象频繁发生；出现故障时很难从海量监控指标中迅速找到故障根因；报警风暴极大地干扰了工程师定位问题的速度；故障恢复速度基本依赖于工程师的操作速度。由此，我们尝试建立一个智能运维监控系统，希望用智能化的手段去帮助工程师解决这些问题。

图 2-10　清洗后的数据示例

当然，这只是一个基本的例子，实际的数据清洗过程往往复杂得多。比如，不同类型的数据（如文本、图像）、不同格式的数据（如 .txt、.csv、.json、. html、.jpg）等，一般来说，首先我们需要理解业务目标，然后借助各种工具（如各种 Python 库、数据库等）去进行解析和处理，最终得到一份或多份比较规整的结构化数据表。

一般在实际业务场景下，我们获得的数据或多或少存在缺失的情况，缺失数据如图 2-11 所示。

id	date	f1	f2	f3	f4	f5	f6	f7	...	f288	f289	f290	f291	f292	f293	f294
0	20171103	0	0	0	0	100807.0	0	5	...	301.0	312.0	328.0	85.0	302.0	201.0	203.0
1	20170917	0	1	1	1	NaN	1	5	...	302.0	324.0	391.0	13.0	302.0	160.0	160.0
2	20171022	0	0	1	0	100102.0	0	6	...	NaN	NaN	NaN	NaN	NaN	NaN	NaN
3	20171029	0	0	0	1	NaN	1	4	...	302.0	322.0	341.0	57.0	251.0	175.0	176.0
4	20171002	1	1	0	1	100805.0	1	5	...	302.0	301.0	301.0	74.0	302.0	182.0	181.0

图 2-11　缺失数据

大部分机器学习模型并不能自动处理数据含有缺失的情况，所以在正式开始模型训练前，必不可少的就是确定各个特征所含缺失值的情况，以及制定相应的处理方式。假设原始数据标定名称是 data，已经转化成 Pandas 熟悉的 DataFrame 格式；填充后得到的新数据为 data_new，也是 DataFrame 格式，下面演示几种常用的缺失值处理方式。

（1）直接删除缺失数据

当数据量比较大而缺失情况又不是很严重时，可以考虑直接删除训练集中含有缺失值样本的数据（即含有缺失值的行）。

```
# 删除含有缺失值的行
data_new = data.dropna(axis=0)
```

直接删除缺失数据的好处是可以降低数据中的噪声，毕竟对一个缺失值进行填充不可能做到百分之百准确，而不准确的填充会给数据带来额外的噪声。坏处也很明显，首先，这会减少我们的训练数据，在数据量本来就不多的情况下可能会造成比较坏的影响；其次，测试集中的样本你是不能删除的，这样可能造成测试集和训练集数据分布不一致，而很多时候，数据分布对模型训练和预测是有比较大的影响的。

（2）固定值填充

固定值填充是一种很简单的方式，比如直接用"0"填充缺失值。

```
# 用固定值填充（如0）
data_new = data.fillna(0)
```

使用固定值填充也不是一种科学的方法，特别是当缺失比例较大时，如果强行用固定值去填充，给数据带来的噪声是非常大的，很容易造成模型的过拟合。简单来说，模型是从数据中去寻找规律的，如果强行改变数据中的某些值，其实就是在诱导模型将注意力转移到那个错误的方向。

（3）均值/中位数填充

使用均值和中位数填充算是固定值填充的一个优化方案。

```
# 使用平均数或者其他描述性统计量来代替NaN
data_new = data.fillna(data.mean())
```

对于各个特征来说，其本质上还是使用固定值填充，只不过这个固定值（各个特征的均值/中位数）可能离实际情况更接近一些，毕竟大部分数据取值的分布还是服从高斯分布的，而高斯分布的中间部分是占据了整体取值情况的大部分的。

（4）相邻值填充

使用相邻值填充也算是固定值填充的一个改进方案，比如使用缺失位置前面或后面的值进行缺失值的填充。

```
# 用前一个数据代替NaN: method='pad'；与pad相反，bfill表示用后一个数据代替NaN
data_new = data.fillna(method='pad')
```

这种方式的优点是填充的值来源于特征取值的某个真实情况，并且不同缺失位置填充的是不同的值，数据的扰动比直接使用固定值或均值填充要好，因而模型可能不那么容易过拟合。缺点也比较明显，那就是采用相邻值代替时，偶然性比较大，即有可能某个缺失值正好跟它相邻位置的取值是接近的，但也有可能相差很大；当相差很大时，这种方式的填充肯定是不如均值填充的。

（5）模型预测填充

还有一种方式是使用模型来预测进行填充。还是以图 2-11 为例，例子中的特征 f1、f2、f3、f4、f6 和 f7 不存在缺失，假设现在要用模型预测填充 f5 的缺失部分，则处理方式为：先将不含缺失的特征（f1,f2,f3,f4,f6,f7）和待填充的特征（f5）取出来，然后按 f5 特征是否缺失将数据集分为测试集和训练集两部分，如上例中就是将样本（0,1,2,4）作为训练集，样本（1,3）作为测试集；在训练集上训练某个回归模型后对测试集进行预测，再用预测值代替原来的缺失值即可。

这样做的好处是在尽量保证填充准确度的同时增加数据扰动，理论上来说会比前面的方法要好一些。但根据个人的实践来看，有时候直接使用均值/中位数填充得到的效果更好一些。可能的原因是，一般用来做训练集特征的数目（即不含缺失值的特征数目）还是比较少的，在它们的基础上训练得到的模型很明显会存在欠拟合。

综合来讲，具体问题还是需要具体分析和对待，没有哪种方式是万能的，也没有一个绝对的指导方针。特征工程本来就是一个考验耐心的工作，需要我们去多尝试、多理解和多积累经验。

2. 特征处理

特征处理的主要目的是结合我们后续所使用模型的特点（不同模型对输入数据类型的要求可能不一样），将清洗后的数据进行相应的转化。比如，数值型特征一般需要进行归一化、标准化、离散化等处理，类别型特征一般可以进行 one-hot 编码处理。

（1）归一化

一般我们需要将不同特征取值的量纲统一，这在有些情况下极其重要。图 2-12

是从某个数据项目中取出的 5 个样本对应特征的实际数据，可以看到，f5 和 f288 这两个特征的取值完全不在一个量级上。

id	date	f1	f2	f3	f4	f5	f6	f7	f8	...	f288	f289	f290	f291
0	20180120	0	0	1	1	100809.0	1	3	2	...	302.0	302.0	302.0	134.0
1	20180105	1	1	0	0	100808.0	1	5	2	...	39.0	40.0	40.0	39.0
2	20180109	0	0	0	0	100803.0	0	6	1	...	2.0	2.0	2.0	2.0
3	20180118	1	1	1	1	100808.0	0	3	2	...	301.0	301.0	302.0	122.0
4	20180109	1	1	1	1	100809.0	0	2	2	...	301.0	302.0	302.0	118.0

图 2-12　不同量级的特征取值

这时候假设我们直接用它来训练一个线性回归模型，最终会得到一个表达式

$$h(x) = w_1 x^{(1)} + \cdots + w_N x^{(N)} + b$$

式中，$x^{(j)}, j = 1,2,...,N$，表示样本数据中的 N 个特征，即图 2-12 中的 date, f1, f2, …, f291 等；w_j 是特征 $x^{(j)}$ 对应的权重系数。

由于 f5 和 f288 这两个特征的量纲不一样，因此会导致 f5 和 f288 这两个特征对应的权重系数的量纲也不一样，而在很多情况下，特征对应的权重系数值大小是可以直接反映对应特征在模型中的重要性的。所以对于上述例子中的情况，如果我们不先将 f5 和 f288 特征的量纲进行统一化，而直接比较这两个特征的权重系数是没有意义的，或者说是错误的。

特征归一化的原理为

$$x' = \frac{x - x_{\min}}{x_{\max} - x_{\min}}$$

式中，x 表示某个特征的原始取值，x' 表示该特征被归一化处理后对应的取值，$x_{\min}$ 和 $x_{\max}$ 分别表示该特征原始取值中的最小值和最大值。

可以看到，将特征数据进行归一化处理后，该特征的所有取值都将被压缩至[0,1]这个区间。所以，如果我们分别对训练集和测试集数据中的所有特征进行归一化处理，就可以得到一个统一量纲的特征数据集了。

（2）标准化

标准化是另外一种统一特征量纲的方法，表达式为

$$x' = \frac{x - \mu}{\sigma}$$

式中，μ 是某个特征的原始取值的均值，σ 是对应标准差。

注意：进行特征标准化处理后，特征数据的取值范围并不在[0,1]区间，这点和归一化不同。实际上，特征标准化就是将原始的特征数据转化成一个标准的正太分布，所以它的前提其实假设了原始特征数据的取值分布服从正太分布。

至于什么时候使用归一化，什么时候使用标准化，则要看实际情况，一个基本的指导原则是：特征标准化不会改变特征取值的分布，而特征归一化会改变特征取值的分布。

（3）离散化

数值型特征除直接使用外，还有一种更精细的处理方法，那就是离散化。离散化的方式比较灵活，最简单的，你可以直接将某个数值型特征根据其取值大小做均分，比如 1~100 被均分成 10 等份，即 1~10 对应类别"1"，11~20 对应类别"2"……91~100 对应类别"10"。

但实际情况下，我们一般会根据实际的业务特征或者数据的分布情况来决定离散化的划分区间。比如数据集中年龄的取值为 1~80 岁，那么一种可能的划分为：0~18 为类别"1"，表示未成年人；19~36 为类别"2"，表示青壮年；37~48 为类别"3"，表示中年……以此类推。具体划分为多少个等级可以根据实际的业务场景来决定，比如你需要建立用户的血糖预测模型，那么将年龄按照上述阶段划分就比较有意义（不同年龄段的血糖特性是不一样的，如图 2-13 所示）。

id	年龄	性别	血糖		id	年龄	性别	血糖
1	41	男	6.06	→	1	3	男	6.06
2	41	男	5.39		2	3	男	5.39

图 2-13　年龄特征离散化

（4）one-hot 编码

对于类别型特征，有些模型是无法处理的。比如在线性回归模型或者 Logistic 回归模型中，模型的基本原理是赋予各个特征一个权重系数，即用该特征的取值乘以它对应权重系数得到的结果作为该特征在模型中的贡献值。很明显，对于类别型特征（比如性别的"男"和"女"），你无法直接将其视为一个具体的数值，且要求该数值能代表该特征的重要性大小。这种情况下一般就需要使用 one-hot 编码。

对类别型特征进行 one-hot 编码的过程如图 2-14 所示。例子中有性别特征（取值为"男"和"女"两种）和年龄特征（取值为 1~7 共七个级别）；所以，对于第一个样本，它的原始类别是"年龄-3""性别-男"，因此它进行 one-hot 编码后对应的向量就是[0,1,0,0,1,0,0,0,0]，即只有对应类别型的数值为"1"，其他均为"0"。

id	性别	年龄	血糖		id	性别_女	性别_男	年龄_1	年龄_2	年龄_3	年龄_4	年龄_5	年龄_6	年龄_7	血糖
1	男	3	6.06	→	1	0	1	0	0	1	0	0	0	0	6.06
2	男	3	5.39		2	0	1	0	0	1	0	0	0	0	5.39

图 2-14　对类别型特征进行 one-hot 编码

3. 特征交互

特征交互就是人为的或者通过构造模型自动将两个或两个以上的特征进行交互，常用的交互方式有求和、最差、相乘、取对数等。假设原始特征为 f1 和 f2，则这两个特征之间的交互可以是 $f1 + f2$、$f1 - f2$ 或 $f1 \times f2$ 等。scikit-learn 中有实现做特征交互的功能，在 preprocessing 模块下。下面的例子是对原始特征数据 train_matrix 中的所有特征做二阶的多项式交互。

scikit-learn 实现如下：

```
# 原始特征
train_matrix = X.as_matrix()
```

```
train_array = np.squeeze(np.asarray(train_matrix))

# 交互特征
from sklearn.preprocessing import PolynomialFeatures
poly = PolynomialFeatures(2)
train_array2 = poly.fit_transform(train_array)

# 特征拼接
import numpy as np
train_array3 = np.hstack((train_array,train_array2))
```

4. 特征映射

特征映射是一个比特征交互更高级的问题，一般使用某些机器学习模型来实现，比如后面讲树模型及其集成学习模型后，我们会专门介绍基于梯度提升树（GBDT）的高阶特征映射，所以这里先不进行详细展开。

2.3.3　模型选择与模型调优

1. 模型选择

模型选择的典型方法是正则化（Regularization）和交叉验证（Cross Validation），其中正则化方式上面应介绍过，所以这里介绍基于交叉验证的模型选择方法。顺便说一下，二者进行模型选择的思路是不同的：正则化进行模型选择是从模型的角度来考虑的，而交叉验证其实是从数据层面来考虑的。

在有监督学习问题中，一般会给定两部分数据集，即训练集（Training Set）和测试集（Test Set）。训练集是已知结果标签的数据集，主要用来训练模型；测试集是结果标签未知的数据集，一般就是我们需要预测结果标签的数据集。在进行模型选择时，我们一般将原始的训练集按比例（如 8∶2）分为两部分，一部分作为训练集，另一部分作为验证集。我们利用训练集数据训练模型，并在验证集上进行验证，最后把在验证集上表现较好的模型当作我们最终的模型，然后使用该模型在原始的全量训练集上再重新训练后对测试集进行预测输出，如图 2-15 所示。

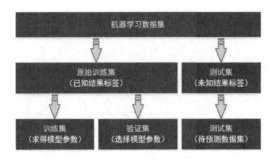

图 2-15　训练集和测试集

另一种更为可靠的方法是 S 折交叉验证（S-fold Cross Validation），其基本操作是：首先随机地将原始训练集划分为 S 个相互无交集的数据子集，然后每次利用其中的 S-1 个子集数据作为训练集，剩下的那 1 个子集作为验证集，将模型的训练和验证过程在这可能的 S 种数据组合中重复进行，最后选择 S 次评测中平均测试误差最小的模型，如图 2-16 所示。

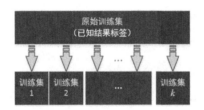

图 2-16　S 折交叉验证

数据集切分和交叉验证在 scikit-learn 中均有完整实现，具体如下。

（1）数据集切分

使用 cross_validation 类中的 train_test_split 函数可以很容易地将原始数据按照指定比例切成训练集（train）和验证集（test），如下：

```
from sklearn.cross_validation import train_test_split
x_train,x_test,y_train,y_test =
cross_validation.train_test_split(x,y,test_size=0.3)
```

上面的程序就表示将原始数据按照 7∶3 划分成训练集和验证集，其中参数 x 和参数 y 分别表示原始数据中的样本特征和样本标签，x_train 和 x_test 分别表示训练集和验证集的样本特征，y_train 和 y_test 分别表示训练集和验证集的样本标签。

（2）交叉验证

使用 cross_validation 类中的 cross_val_score 函数可以很容易地实现 S 折交叉验证，如下：

```
from sklearn.cross_validation import cross_val_score
scores = cross_validation.cross_val_score(clf, x, y, cv=5,
    scoring=None)
```

其中，clf 是指定的模型类别；x 和 y 分别表示原始数据中的样本特征和样本标签；cv 参数指定 S 折中交叉验证中的 S 值，默认为 5；scoring 指定模型采用的评估标准，默认为 None。

注意：从 scikit-learn 0.18 版本开始，上面的 cross_validation 类将被 model_selection 类替代，所以读者在使用过程中请注意查看自己的 scikit-learn 版本号。

---

2. 模型调优

前面说过，在模型选定后，一般还需进行模型的参数调优工作。各个模型对应的参数在后续章节中将陆续进行讲解，这里先简单介绍使用 scikit-learn 进行模型调优的两种基本方式：网格搜索寻优（GridSearchCV）和随机搜索寻优（RandomizedSearchCV）。

（1）网格搜索寻优

网格搜索寻优其实是一种暴力寻优方法，它的做法就是将模型的某些参数放在一个网格中，然后通过遍历的方式，用交叉验证对参数空间进行求解，寻找最佳的参数。scikit-learn 中的 GridSearchCV 类实现了该功能，下面介绍该类的参数、属性和方法。

scikit-learn 实现如下：

```
class sklearn.model_selection.GridSearchCV(estimator,
                                           param_grid,
                                           scoring=None,
                                           n_jobs=1,
```

```
                                          iid=True,
                                          cv=None)
```

参数

- estimator：指定需要调优的基学习器模型。
- param_grid：给出学习器要优化的参数（以字典形式），字典的每个键放基学习器的一个参数，字典的值用列表形式给出该参数对应的候选值。
- scoring：指定模型采用的评估标准，如 scoring='roc_auc'就表示寻优过程使用 AUC 值来评估，具体使用哪种评估标准可以根据前面讲解的模型评估标准确定。
- cv：确定 S 折交叉验证的 S 值，默认为 3。
- iid：可选 True 或 False。如果为 True，则表示数据是独立同分布的，默认是 True。
- n_jobs：指定计算机运行使用的 CPU 核数，默认为–1，表示使用所有可用的 CPU 核。

属性

- grid_scores_：列表形式，列表中的每个元素对应一个参数组合的测试得分。
- best_params_：最佳参数组合（字典形式）。
- best_score_：最佳学习器的评估分数。

方法

- fit(X_train,y_train)：在训练集(X_train,y_train)上训练模型。
- score(X_test,y_test)：返回模型在测试集(X_test,y_test)上的预测准确率。
- predict(X)：用训练好的模型来预测待预测数据集 X，返回数据为预测集对应的结果标签 y。
- predict_proba(X)：返回一个数组，数组的元素依次是预测集 X 属于各个类别的概率。
- predict_log_proba(X)：返回一个数组，数组的元素依次是预测集 X 属于各个类别的对数概率。

例 10　网格搜索寻优

```
# 超参数搜索
from sklearn import cross_validation, metrics
from sklearn.grid_search import GridSearchCV

param_test1 = {'n_estimators':range(10,71,10)}

gsearch1 = GridSearchCV(estimator = RandomForestClassifier(min_samples_split=100,
                                                           min_samples_leaf=20,
                                                           max_depth=8,
                                                           max_features='sqrt',
                                                           random_state=10),
                        param_grid = param_test1, scoring='roc_auc', cv=5)

gsearch1.fit(X_train, y_train)
gsearch1.grid_scores_, gsearch1.best_params_, gsearch1.best_score_
```

输出：

```
([mean: 0.46646, std: 0.16129, params: {'n_estimators': 10},
  mean: 0.48124, std: 0.16795, params: {'n_estimators': 20},
  mean: 0.48667, std: 0.16659, params: {'n_estimators': 30},
  mean: 0.47780, std: 0.17706, params: {'n_estimators': 40},
  mean: 0.49271, std: 0.17208, params: {'n_estimators': 50},
  mean: 0.49114, std: 0.17310, params: {'n_estimators': 60},
  mean: 0.49520, std: 0.17629, params: {'n_estimators': 70}],
 {'n_estimators': 70},
 0.69520474361986105)
```

（2）随机搜索寻优

在参数较少时，采用暴力寻优是可以的；但是当参数过多，或者当参数为连续取值时，暴力寻优明显不大可取，所以提出随机搜索寻优的方式，其做法是：对这些连续值做一个采样，从中挑选出一些值作为代表。scikit-learn 中的 RandomizedSearchCV 类实现了该功能，下面介绍该类的参数、属性和方法。

scikit-learn 实现如下：

```
class sklearn.grid_search.RandomizedSearchCV(estimator,
                                             param_distributions,
                                             n_iter=10,
                                             scoring=None,
                                             cv=None,
                                             iid=True,
```

```
                                              refit=True,
                                              n_jobs=1)
```

参数中的大部分与网格搜索寻优的相同，下面仅列出不同之处。

- param_distributions：给出学习器要优化的参数（以字典形式），字典的每个键放基学习器的一个参数，字典的值用列表形式给出该参数对应的候选值。
- n_iter：一个整数，指定参数采样的数量，默认是 10。
- refit：可选 True 或 False，默认为 True，表示在参数优化之后使用整个数据集来重新训练该最优的 estimator。

属性和方法与网格搜索寻优的相同，这里不再赘述。

第 3 章

线性回归

3.1 问题引入

回归分析是一种预测性建模技术，主要用来研究因变量（y_i）和自变量（x_i）之间的关系，通常被用于预测分析、时间序列等。

简单来说，回归分析就是使用曲线（直线是曲线的特例）或曲面来拟合某些已知的数据点，使数据点离曲线或曲面的距离差异达到最小。有了这样的回归曲线或者曲面后，我们就可以对新的自变量进行预测，即每次输入一个自变量后，根据该回归曲线或曲面，我们就可以得到一个对应的因变量，从而达到预测的目的。

以二维数据为例，假设有一个房价数据如表 3-1 所示。

表 3-1 房价数据

编　　号	面积（m²）	售价（万元）
1	85	300
2	100	380
3	120	450
4	125	500
5	150	600
……	……	……

将上面的数据可视化后可以得到图 3-1。

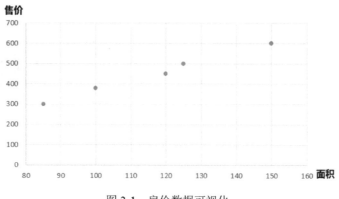

图 3-1 房价数据可视化

假设特征（横轴）和结果（纵轴）满足线性关系，则线性回归的目标就是用一条线去拟合这些样本点。有了这条趋势线后，当新的样本数据进来时（即给定横轴值），我们就可以很快定位到它的结果值（即给定的横轴值在预测直线上对应的纵轴值），从而实现对样本点的预测，如图 3-2 所示。

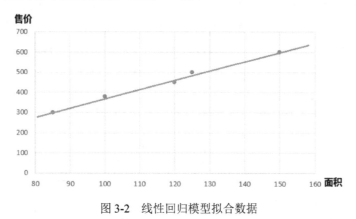

图 3-2 线性回归模型拟合数据

3.2 线性回归模型

3.2.1 模型建立

假设我们用 $x^{(1)}, x^{(2)}, ..., x^{(N)}$ 去代表影响房子价格的各个因素。例如，$x^{(1)}$ 代表房间的面积，$x^{(2)}$ 代表房间的朝向……，$x^{(N)}$ 代表地理位置，房子的价格为 $h(x)$；显然，房子价格$h(x)$是一个由变量$x^{(1)}, x^{(2)}, ..., x^{(N)}$共同决定的函数，而这些不同因素对一套房子价格的影响是不同的，所以我们可以给每项影响因素$x^{(j)}$赋予一个对应的权重w_j，由此我们可以得到因变量$h(x)$关于自变量$x^{(1)}, x^{(2)}, ..., x^{(N)}$的函数表达式：

$$h(x) = w_1 x^{(1)} + w_2 x^{(2)} + \cdots + w_j x^{(j)} + \cdots + w_N x^{(N)} + b$$

写成矩阵的形式，即向量$w = (w_1, w_2, ..., w_N)$是由各个特征权重组成的；向量$x = (x^{(1)}, x^{(2)}, ..., x^{(N)})$是某个样本数据的特征向量；$b$为偏置常数，则：

$$h(x) = w \cdot x + b$$

得到该表达式后，以后每当要预测一个新的房子的价格时，我们只需拿到房子对应的那些特征即可。比如某套房子x_i（对于不同房子的样本，我们用不同的下标i来表示，这里$i = 1,2,3, ..., M$），其特征为$x_i^{(1)}, x_i^{(2)}, ..., x_i^{(N)}$，那么我们利用上面得到的回归模型就可以很快预测出该套房子大概的售价应该为

$$h(x_i) = w \cdot x_i + b = \sum_{j=1}^{M} w_j x_j^{(j)} + b$$

这种从一个实际问题出发得到表达式的过程就是我们常说的建立模型，也是机器学习的第一步"模型"。

细心的读者应该发现了一个问题，那就是上面式子中的权重系数$w_j, j = 1,2, ..., N$和偏置常数b不是还没确定吗？是的，所谓机器学习，实际上就是从过去的经验中学习出这些权重系数w_j和偏置常数b各自取多少时可以使得该回归模型对后面的房子售价的预测准确度更高。在该场景下，"过去的经验"指的就是过去的房屋的交易数据。怎样从过去的数据中学习出模型中的未知参数就是下面要讲的"策略"。

3.2.2 策略确定

假设我们现在拥有一份数据，该数据包含了N套房子过去的交易情况，如下：

$$T = \{(x_1, y_1), (x_2, y_2), ..., (x_M, y_M)\}$$

其中的$x_i, i = 1,2, ..., M$表示第i套房子，每套房子包含N项特征$x_i^{(1)}, x_i^{(2)}, ..., x_i^{(N)}$，

对应的价格为y_i, $i = 1,2,\ldots,M$。

对于回归问题，我们采用的策略是使用最小均方误差损失来描述模型的好坏，即

$$L(\boldsymbol{w}, b) = \frac{1}{2}\sum_{i=1}^{M}[h(\boldsymbol{x_i}; \boldsymbol{w}; b) - y_i]^2$$

其中，$h(\boldsymbol{x_i}; \boldsymbol{w}; b)$是对样本数据$\boldsymbol{x_i}$的预测值；$y_i$是样本数据$\boldsymbol{x_i}$的实际值；样本总数为$M$；$\boldsymbol{w} = (w_1, w_2, \ldots, w_N)$是各个特征权重组成的向量，$b$为偏置常数。当上面的损失函数$L(\boldsymbol{w}, b)$取最小值时意味着所有样本的预测值与实际值之间的差距是最小的，这时候相当于我们模型的预测效果是最好的。

所以我们的策略就是最小化上面的损失函数$L(\boldsymbol{w}, b)$，即

$$\min_{\boldsymbol{w},b} L(\boldsymbol{w}, b) = \min_{\boldsymbol{w}} \frac{1}{2}\sum_{i=1}^{M}[h(\boldsymbol{x_i}; \boldsymbol{w}; b) - y_i]^2$$

通过求解上面的最优化问题，我们可以得到其中的待定参数w_j, $j = 1,2,\ldots,N$和偏置常数$\boldsymbol{b}$的值。而求解的过程就是下文要介绍的"算法"。

3.2.3 算法求解

对于上面的优化问题，可以使用最常用的梯度下降法求解，对损失函数求偏导数，公式为

$$\begin{aligned}
\frac{\partial}{\partial \boldsymbol{w}}L(\boldsymbol{w}, b) &= \frac{\partial}{\partial \boldsymbol{w}}\left[\frac{1}{2}\sum_{i=1}^{M}[h(\boldsymbol{x_i}; \boldsymbol{w}; b) - y_i]^2\right] \\
&= \sum_{i=1}^{M}[h(\boldsymbol{x_i}; \boldsymbol{w}; b) - y_i]\frac{\partial}{\partial \boldsymbol{w}}[h(\boldsymbol{x_i}; \boldsymbol{w}; b) - y_i] \\
&= \sum_{i=1}^{M}(\boldsymbol{w}\cdot\boldsymbol{x_i} + b - y_i)\frac{\partial}{\partial \boldsymbol{w}}(\boldsymbol{w}\cdot\boldsymbol{x_i} + b - y_i) \\
&= \sum_{i=1}^{M}(\boldsymbol{w}\cdot\boldsymbol{x_i} + b - y_i)\boldsymbol{x_i}
\end{aligned}$$

$$\frac{\partial}{\partial b}L(\boldsymbol{w},b) = \frac{\partial}{\partial b}\left[\frac{1}{2}\sum_{i=1}^{M}[h(\boldsymbol{x_i};\boldsymbol{w};b) - y_i]^2\right]$$

$$= \sum_{i=1}^{M}[h(\boldsymbol{x_i};\boldsymbol{w};b) - y_i]\frac{\partial}{\partial b}[h(\boldsymbol{x_i};\boldsymbol{w};b) - y_i]$$

$$= \sum_{i=1}^{M}(\boldsymbol{w}\cdot\boldsymbol{x_i} + b - y_i)\frac{\partial}{\partial b}(\boldsymbol{w}\cdot\boldsymbol{x_i} + b - y_i)$$

$$= \sum_{i=1}^{M}(\boldsymbol{w}\cdot\boldsymbol{x_i} + b - y_i)$$

实际中，一般每次随机选取一组数据$(\boldsymbol{x_i},y_i)$进行更新，所以可得到权重系数向量$\boldsymbol{w}$和偏置常数b的更新式为：

$$\boldsymbol{w} \leftarrow \boldsymbol{w} - \eta\cdot\frac{\partial}{\partial\boldsymbol{w}}L(\boldsymbol{w},b) = \boldsymbol{w} - \eta(\boldsymbol{w}\cdot\boldsymbol{x_i} + b - y_i)\boldsymbol{x_i}$$

$$b \leftarrow b - \eta\cdot\frac{\partial}{\partial b}L(\boldsymbol{w},b) = b - \eta(\boldsymbol{w}\cdot\boldsymbol{x_i} + b - y_i)$$

其中，$0 < \eta \leqslant 1$是学习率，即学习的步长。这样，通过迭代可以使损失函数$L(\boldsymbol{w},b)$以较快的速度不断减小，直至满足要求。

3.2.4　线性回归模型流程

输入：训练集$T = \{(\boldsymbol{x_1},y_1),(\boldsymbol{x_2},y_2),\dots,(\boldsymbol{x_N},y_N)\}$，学习率$\eta$。

输出：线性回归模型$h(\boldsymbol{x}) = \boldsymbol{w}\cdot\boldsymbol{x_i} + b$。

步骤如下。

第1步：选取初值向量$\boldsymbol{w}$和偏置常数b。

第2步：在训练集中随机选取数据$(\boldsymbol{x_i},y_i)$，进行更新。

$$\boldsymbol{w} \leftarrow \boldsymbol{w} - \eta(\boldsymbol{w}\cdot\boldsymbol{x_i} + b - y_i)\boldsymbol{x_i}$$

$$b \leftarrow b - \eta(\boldsymbol{w}\cdot\boldsymbol{x_i} + b - y_i)$$

第3步：重复第2步，直至模型满足训练要求。

3.3 线性回归的 scikit-learn 实现

在 scikit-learn 中，线性回归模型对应的是 linear_model.LinearRegression 类；除此之外，还有基于L1正则化的 Lasso 回归（Lasso Regression），基于L2正则化的线性回归（Ridge Regression），以及基于L1和L2正则化融合的 Lasso CNet 回归（ElasticNet Regression）；在 scikit-learn 中对应的分别是 linear_model.Lasso 类、linear_model.Ridge 类和 linear_model.ElasticNet 类，下面逐一介绍。

3.3.1 普通线性回归

普通线性回归的原理如上面所述，在 scikit-learn 中通过 linear_model.LinearRegression 类进行了实现，下面介绍该类的主要参数和方法。

scikit-learn 实现如下：

```
class sklearn.linear_model.LinearRegression(fit_intercept=True,
                                            normalize=False, n_jobs=1)
```

参数

- fit_intercept：选择是否计算偏置常数b，默认是 True，表示计算。
- normalize：选择在拟合数据前是否对其进行归一化，默认为 False，表示不进行归一化。
- n_jobs：指定计算机并行工作时的 CPU 核数，默认是 1。如果选择-1，则表示使用所有可用的 CPU 核。

属性

- coef_：用于输出线性回归模型的权重向量w。
- intercept_：用于输出线性回归模型的偏置常数b。

方法

- fit(X_train,y_train)：在训练集(X_train,y_train)上训练模型。
- score(X_test,y_test)：返回模型在测试集(X_test, y_test)上的预测准确率，计算公式为

$$score = 1 - \frac{\sum(y_i - \hat{y}_i)^2}{\sum(y_i - \hat{y})^2}$$

上述计算在测试集上进行，其中，y_i表示测试集样本$\boldsymbol{x}_i$对应的真值，$\hat{y}_i$为测试集样本$\boldsymbol{x}_i$对应的预测值，$\hat{y}$为测试集中所有样本对应的真值y_i的平均；score是一个小于 1 的值，也可能为负值，其值越大表示模型预测性能越好。

- predict(*X*)：用训练好的模型来预测待预测数据集 *X*，返回数据为预测集对应的预测结果$\hat{y}$。

3.3.2　Lasso 回归

Lasso 回归就是在基本的线性回归的基础上加上一个L1正则化项。前面讲过，L1正则化的主要作用是使各个特征的权重w_j尽量接近0，从而在某种程度上达到一种特征变量选择的效果。

$$\alpha||\boldsymbol{w}||_1，\ \alpha \geqslant 0$$

Lasso 回归在 scikit-learn 中是通过 linear_model.Lasso 类实现的，下面介绍该类的主要参数和方法。

scikit-learn 实现如下：

```
class sklearn.linear_model.Lasso(alpha=1.0,
                                 fit_intercept=True,
                                 normalize=False,
                                 precompute=False,
                                 max_iter=1000,
                                 tol=0.0001,
                                 warm_start=False,
                                 positive=False,
                                 selection='cyclic')
```

参数

- alpha：L1正则化项前面带的常数调节因子。
- fit_intercept：选择是否计算偏置常数 *b*，默认为 True，表示计算。
- normalize：选择在拟合数据前是否对其进行归一化，默认为 False，表示不进行归一化。

- precompute：选择是否使用预先计算的 Gram 矩阵来加快计算，默认为 False。
- max_iter：设定最大迭代次数，默认为 1000。
- tol：设定判断迭代收敛的阈值，默认为 0.0001。
- warm_start：设定是否使用前一次训练的结果继续训练，默认为 False，表示每次从头开始训练。
- positive：默认为 False；如果为 True，则表示强制所有权重系数为正值。
- selection：每轮迭代时选择哪个权重系数进行更新，默认为 cycle，表示从前往后依次选择；如果设定为 random，则表示每次随机选择一个权重系数进行更新。

属性

- coef_：用于输出线性回归模型的权重向量$\boldsymbol{w}$。
- intercept_：用于输出线性回归模型的偏置常数$\boldsymbol{b}$。
- n_iter_：用于输出实际迭代的次数。

方法

- fit(X_train,y_train)：在训练集(X_train,y_train)上训练模型。
- score(X_test,y_test)：返回模型在测试集(X_test,y_test)上的预测准确率。
- predict(X)：用训练好的模型来预测待预测数据集 X，返回数据为预测集对应的预测结果$\hat{y}$。

3.3.3 岭回归

岭回归就是在基本的线性回归的基础上加上一个L2正则化项。前面讲过，L2正则化的主要作用是使各个特征的权重w_i尽量衰减，从而在某种程度上达到一种特征变量选择的效果。

$$\alpha||\boldsymbol{w}||_2^2, \ \alpha \geqslant 0$$

岭回归在 scikit-learn 中是通过 linear_model. Ridge 类实现的，下面介绍该类的主要参数和方法。

scikit-learn 实现如下：

```
class sklearn.linear_model.Ridge(alpha=1.0,
                                 fit_intercept=True,
                                 normalize=False,
                                 max_iter=None,
                                 tol=0.001,
                                 solver='auto')
```

参数

- alpha：L2正则化项前面带的常数调节因子。
- fit_intercept：选择是否计算偏置常数 b，默认为 True，表示计算。
- normalize：选择在拟合数据前是否对其进行归一化，默认为 False，表示不进行归一化。
- max_iter：设定最大迭代次数，默认为 1000。
- tol：设定判断迭代收敛的阈值，默认为 0.0001。
- solver：指定求解最优化问题的算法，默认为 auto，表示自动选择，其他可选项如下。

   svd：使用奇异值分解来计算回归系数。

   cholesky：使用标准的 scipy.linalg.solve 函数来求解。

   sparse_cg：使用 scipy.sparse.linalg.cg 中的共轭梯度求解器求解。

   lsqr：使用专门的正则化最小二乘法 scipy.sparse.linalg.lsqr，速度是最快的。

   sag：使用随机平均梯度下降法求解。

属性

- coef_：用于输出线性回归模型的权重向量 w。
- intercept_：用于输出线性回归模型的偏置常数 b。
- n_iter_：用于输出实际迭代的次数。

方法

- fit(X_train,y_train)：在训练集(X_train,y_train)上训练模型。
- score(X_test,y_test)：返回模型在测试集(X_test,y_test)上的预测准确率。
- predict(X)：用训练好的模型来预测待预测数据集 X，返回数据为预测集对应的预测结果 $\hat{y}$。

3.3.4 ElasticNet 回归

ElasticNet 回归（弹性网络回归）是将L1和L2正则化进行融合，即在基本的线性回归中加入下面的混合正则化项：

$$\alpha\rho\|\boldsymbol{w}\|_1 + \frac{\alpha(1-\rho)}{2}\|\boldsymbol{w}\|_2^2, \qquad \alpha\geqslant 0, 1\geqslant\rho\geqslant 0$$

scikit-learn 实现如下：

```
class sklearn.linear_model.ElasticNet(alpha=1.0,
                                      l1_ratio=0.5,
                                      fit_intercept=True,
                                      normalize=False,
                                      precompute=False,
                                      max_iter=1000,
                                      tol=0.0001,
                                      warm_start=False,
                                      positive=False,
                                      selection='cyclic')
```

参数

- alpha：L1 正则化项前面带的常数调节因子。
- l1_ratio：l1_ratio 参数就是上式中的ρ值，默认为 0.5。
- fit_intercept：选择是否计算偏置常数 $\boldsymbol{b}$，默认为 True，表示计算。
- normalize：选择在拟合数据前是否对其进行归一化，默认为 False，表示不进行归一化。
- precompute：选择是否使用预先计算的 Gram 矩阵来加快计算，默认为 False。
- max_iter：设定最大迭代次数，默认为 1000。
- tol：设定判断迭代收敛的阈值，默认为 0.0001。
- warm_start：设定是否使用前一次训练的结果继续训练，默认为 False，表示每次从头开始训练。
- positive：默认为 False；如果为 True，则表示强制所有权重系数为正值。
- selection：每轮迭代时选择哪个权重系数进行更新，默认为 cycle，表示从前往后依次选择；如果设定为 random，则表示每次随机选择一个权重系数进行更新。

属性

- coef_：用于输出线性回归模型的权重向量**w**。
- intercept_：用于输出线性回归模型的偏置常数**b**。
- n_iter_：用于输出实际迭代的次数。

方法

- fit(X_train,y_train)：在训练集(X_train,y_train)上训练模型。
- score(X_test,y_test)：返回模型在测试集(X_test,y_test)上的预测准确率。
- predict(X)：用训练好的模型来预测待预测数据集 X，返回数据为预测集对应的预测结果$\hat{y}$。

3.4 线性回归实例

下面使用波士顿房价预测来展示线性回归模型的应用。波士顿房价数据于 1978 年开始统计，共包含 506 个样本数据点，每个样本都涵盖房屋的 13 种特征信息和对应的房屋价格，特征情况如表 3-2 所示。

表 3-2 特征情况

特征名	特征说明
ZN	住宅用地所占比例
INDUS	城镇中非商业用地所占比例
NOX	环保指标
RM	每栋住宅的房间数
AGE	1940 年以前建成的自住单位比例
RAD	距离高速公路的便利指数
TAX	每一万美元的不动产税率
LSTAT	房东属于低收入阶层的比例
MEDV	自住房屋房价的中位数
……	……

程序如下：

```
# 1. 波士顿房价数据
from sklearn.datasets import load_boston
boston = load_boston()
X = boston.data
y = boston.target
print X.shape
print y.shape

# 2. 划分数据集
from sklearn.cross_validation import train_test_split
X_train, X_test, y_train, y_test = train_test_split(X, y,
    train_size=0.7)

# 3. 数据标准化
from sklearn import preprocessing
standard_X = preprocessing.StandardScaler()
X_train = standard_X.fit_transform(X_train)
X_test = standard_X.transform(X_test)

standard_y = preprocessing.StandardScaler()
y_train = standard_y.fit_transform(y_train.reshape(-1, 1))
y_test = standard_y.transform(y_test.reshape(-1, 1))

# 4. 运用ElasticNet回归模型训练和预测
from sklearn.linear_model import ElasticNet
ElasticNet_clf = ElasticNet(alpha=0.1, l1_ratio=0.71)
ElasticNet_clf.fit(X_train,y_train.ravel())
ElasticNet_clf_score = ElasticNet_clf.score(X_test,y_test.ravel())
print 'lasso模型得分：',ElasticNet_clf_score
print '特征权重:',ElasticNet_clf.coef_
print '偏置值:',ElasticNet_clf.intercept_
print '迭代次数:',ElasticNet_clf.n_iter_

# 5. 画图
import matplotlib.pyplot as plt
fig = plt.figure(figsize=(20, 3))
axes = fig.add_subplot(1, 1, 1)
line1, = axes.plot(range(len(y_test)), y_test,
    'b',label='Actual_Value')
ElasticNet_clf_result = ElasticNet_clf.predict(X_test)
line2, = axes.plot(range(len(ElasticNet_clf_result)),ElasticNet_
    clf_result,'r--',label='ElasticNet_Predicted',linewidth=2)
```

```
axes.grid()
fig.tight_layout()
plt.legend(handles=[line1,line2])
plt.title('ElasticNet')
plt.show()
```

结果如下：

ElasticNet 模型得分：0.704890476332

特征权重：

```
[-0.02835506  0.  -0.  0.05034107 -0.  0.25862581 -0.  -0.  -0.
 -0.  -0.15906209  0.06060331  -0.40741361]
```

偏置值：1.31392467426e-15

迭代次数：12

在验证集 152 个样本点上的房价预测值（图中虚线）和对应的房价真实值（图中实线）的比较如图 3-3 所示。

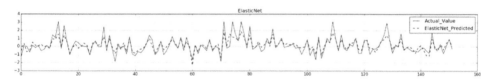

图 3-3　房价预测值和房价真实值的比较

3.5　小结

本章详细介绍了线性回归模型的基本原理和过程，展示了线性回归模型的 scikit-learn 实现，包括：普通线性回归、基于 L1 正则化的线性回归、基于 L2 正则化的岭回归、基于 L1 和 L2 正则化融合的 ElasticNet 回归四种，最后基于 ElasticNet Regression 在波士顿房价数据集上进行了实践展示，从结果来看，ElasticNet 回归对房价的预测值和房价的真实值基本吻合。

这里说明一下，上面例子主要展示的是线性回归对于不同样本的结果值的预测能力，本章开头说过，回归技术比较适合用于序列预测问题，比如常见的股市走势问题。对于序列预测问题，我们的特征可以是各个样本在不同时间点的情况，比如每只股票为一个样本，每小时采集一下各只股票的价格信息，最后得到某一段时间内各股票的价格信息。这些数据就可以作为一个训练集数据来训练回归模型，用于预测各只股票随时间的走势情况。

当然，对于股票走势这种时间序列数据，也可以采用上面的房价预测方法来做：我们知道，股票的涨跌其实是很受外界环境因素影响的，比如新出台的政策、金融市场状况、突发事件等。如果我们可以找到影响股市变化的一些关键因素，将其作为样本集的特征，然后采集各股票在某个时间点上这些关键因素的情况，将其作为特征的取值，并记录此时各股票对应的实时价格，将其作为结果标签值，那么同样可以得到一个用于预测股票价格的训练集。

注意：这种情况下，同一只股票在不同时刻的特征取值情况将作为不同的样本处理。

实际应用中，还有很多模型可以处理回归问题，比如后面要学的 CART 回归树及基于回归树的一些集成模型。这些模型往往既可以处理分类问题，又可以处理回归问题，并且在实际中可能会取得比线性回归更好的效果。后面在讲到这些模型时会进行一个较为详细的比较，这里先不展开。

## 第 4 章

朴素贝叶斯

4.1 概述

朴素贝叶斯是一个基于贝叶斯定理和特征条件独立假设的分类方法，属于生成模型。对于给定训练集 $T = \{(\boldsymbol{x}_1, y_1), (\boldsymbol{x}_2, y_2), \dots, (\boldsymbol{x}_N, y_N)\}$，特征的条件独立假设指的是：假设训练集第 i 个样本 $\boldsymbol{x}_i$ 的 M 个特征 $x_i^{(1)}, x_i^{(2)}, \dots, x_i^{(M)}$ 彼此之间相互独立，这里 $i = 1, 2, \dots, N$。如此，我们便可以基于条件独立假设求出输入—输出的联合概率 $P(\boldsymbol{X}, Y)$，然后对于新的输入 $\boldsymbol{x}_i$，利用贝叶斯定理求出后验概率 $P(y_i|\boldsymbol{x}_i)$，即该对象属于某一类的概率，然后选择具有最大后验概率的类作为该对象所属的类别，达到分类预测的目的。

4.2 相关原理

4.2.1 朴素贝叶斯基本原理

要想掌握朴素贝叶斯，需要先理解几个基本概念，这里结合机器学习中的实际样本数据特征，即通过给定训练集 $T = \{(\boldsymbol{x}_1, y_1), (\boldsymbol{x}_2, y_2), \dots, (\boldsymbol{x}_N, y_N)\}$，我们可以知道分类结果 y_i 的种类。假设一共有 K 种，用 $c_1, c_2, \dots, c_k, \dots, c_K$ 表示，则先验概率分布 $P(Y = c_k)$ 和 $P(\boldsymbol{X} = x_i | Y = c_k)$ 是可以先求出来的，现在我们的目标是求出后验概率分布 $P(Y = c_k | \boldsymbol{X} = \boldsymbol{x}_i)$

1. 条件概率公式

$$P(Y = c_k | \boldsymbol{X} = \boldsymbol{x}_i) = \frac{P(\boldsymbol{X} = \boldsymbol{x}_i, Y = c_k)}{P(\boldsymbol{X} = \boldsymbol{x}_i)}$$

这就是我们所希望求得的结果概率值，但是它的表达式中含有两个我们未知的概率分布，即$P(\boldsymbol{X} = \boldsymbol{x}_i, Y = c_k)$和$P(\boldsymbol{X} = \boldsymbol{x}_i)$，所以下面需要进一步想办法对其进行转化。

2. 乘法公式

$$P(\boldsymbol{X} = \boldsymbol{x}_i, Y = c_k) = P(\boldsymbol{X} = \boldsymbol{x}_i | Y = c_k) \times P(Y = c_k)$$

通过乘法公式，可以解决上面式子中的$P(\boldsymbol{X} = \boldsymbol{x}_i, Y = c_k)$概率问题，可以看到，我们将其转化为求$P(\boldsymbol{X} = \boldsymbol{x}_i | Y = c_k)$和$P(Y = c_k)$，这是两个先验概率，可以直接由训练集样本数据统计得到。

3. 全概率公式

$$P(\boldsymbol{X} = \boldsymbol{x}_i) = \sum_{k=1}^{K} P(\boldsymbol{X} = \boldsymbol{x}_i | Y = c_k) \times P(Y = c_k)$$

通过全概率公式，可以解决上面式子中的$P(\boldsymbol{X} = \boldsymbol{x}_i)$概率问题。

4. 贝叶斯定理

$$P(Y = c_k | \boldsymbol{X} = \boldsymbol{x}_i) = \frac{P(\boldsymbol{X} = \boldsymbol{x}_i | Y = c_k) \times P(Y = c_k)}{\sum_{k=1}^{K} P(\boldsymbol{X} = \boldsymbol{x}_i | Y = c_k) \times P(Y = c_k)}$$

由上面三步可以得到上面的$P(Y = c_k | \boldsymbol{X} = \boldsymbol{x}_i)$的表达式，这就是贝叶斯定理；也就是说，通过上述三步我们相当于自己推导出了贝叶斯定理。

5. 特征条件独立假设

得到贝叶斯定理后，我们再考虑特征条件独立假设，即假设样本中各个特征之间是相互独立的，则我们可以将其展开为

$$P(\boldsymbol{X} = \boldsymbol{x}_i | Y = c_k)$$
$$= P\left(X^{(1)} = x_i^{(1)}, X^{(2)} = x_i^{(2)}, \dots, X^{(N)} = x_i^{(N)} \middle| Y = c_k\right)$$
$$= P\left(X^{(1)} = x_i^{(1)} | Y = c_k\right) \cdot P\left(X^{(2)} = x_i^{(2)} | Y = c_k\right) \cdot \dots \cdot P\left(X^{(N)} = x_i^{(N)} | Y = c_k\right)$$
$$= \prod_{j=1}^{N} P\left(X^{(j)} = x_i^{(j)} | Y = c_k\right)$$

最终，由贝叶斯定理和特征条件独立假设可以得到所求概率 $P(Y = c_k | \boldsymbol{X} = \boldsymbol{x}_i)$ 的完整表达式为

$$P(Y = c_k | \boldsymbol{X} = \boldsymbol{x}_i) = \frac{P(Y = c_k) \cdot \prod_{j=1}^{N} P\left(X^{(j)} = x_i^{(j)} | Y = c_k\right)}{\sum_{k=1}^{K} \left[P(Y = c_k) \cdot \prod_{j=1}^{N} P\left(X^{(j)} = x_i^{(j)} | Y = c_k\right)\right]}$$

上式就是朴素贝叶斯分类的基本公式，当需要判定输入样本 $\boldsymbol{x}_i$ 的分类类别时，只需依次计算在样本 $\boldsymbol{x}_i$ 条件下 y_i 属于各类别 $c_1, c_2, \dots, c_k, \dots, c_K$ 的条件概率 $P(Y = c_k | \boldsymbol{X} = \boldsymbol{x}_i), k = 1, 2, \dots, K$ 的大小，然后选择该条件概率最大的一个所对应的类别 c_k 作为我们预测的 y_i 的类别。

需要注意的是，对于不同类别，上式的分母 $\sum_{k=1}^{K} \left[P(Y = c_k) \cdot \prod_{j=1}^{N} P\left(X^{(j)} = x_i^{(j)} | Y = c_k\right)\right]$ 其实是一个固定的量，也就是说，上式的分母其实对于 $\boldsymbol{x}_i$ 属于各个类别 $c_k, k = 1, 2, \dots, K$ 的影响是相同的。因此，我们可以通过直接比较上式分子的大小来进行判定。

4.2.2 原理的进一步阐述

仅用公式推导还是不太好理解，下面我们就用一个实际的例子来进一步阐述上面所求的 $P(Y = c_k | \boldsymbol{X} = \boldsymbol{x}_i)$。在实际应用中，上面的 $\boldsymbol{X} = \boldsymbol{x}_i$ 就代表"具有某些特征"，而 $Y = c_k$ 则代表"属于某类别"。我们求 $P(Y = c_k | \boldsymbol{X} = \boldsymbol{x}_i)$，即已知某个样本具有某些特征的情况下，求具有这些特征的该样本属于各个类别的概率，公式为

$$P\Big(\text{"属于某类别"} \mid \text{"具有某些特征"}\Big)$$

利用贝叶斯公式，上式可转化为

$$P\Big(\text{"属于某类别"} \mid \text{"具有某些特征"}\Big)$$

$$= \frac{P\Big(\text{"具有某些特征"} \mid \text{"属于某类别"}\Big)P\Big(\text{"属于某类别"}\Big)}{P\Big(\text{"具有某些特征"}\Big)}$$

假设样本具有多个特征，如特征1,特征2,...,特征N，则基于特征的条件独立假设为

$$P\Big(\text{"具有某些特征"} \mid \text{"属于某类别"}\Big) = \prod_{j=1}^{N} P\Big(\text{"特征} j\text{"} \mid \text{"属于某类别"}\Big)$$

所以：

$$P\Big(\text{"属于某类别"} \mid \text{"具有某些特征"}\Big)$$
$$= \frac{P\Big(\text{"属于某类别"}\Big)\prod_{j=1}^{N} P\Big(\text{"特征} j\text{"} \mid \text{"属于某类别"}\Big)}{P\Big(\text{"具有某些特征"}\Big)}$$

而某类别的概率 P("属于某类别")和特征j在各个类别下的概率 P("特征j" | "属于某类别")属于先验概率，可以由已知的训练集样本数据统计出来。另外，一旦某个样本给定时，对该样本来说，其具有的特征 P("具有某些特征")已经固定。所以，要想确定该样本属于某类别，只需找出该样本的 P("属于某类别")$\prod_{j=1}^{N} P$("特征j" | "属于某类别")最大者，则对应的类别就是样本最有可能的类别。

下面以常见的垃圾邮件识别为例。假设我们现在有 10000 封邮件，这些邮件是我们已经标记好的，即我们已经人为地将其分为"垃圾邮件"和"非垃圾邮件"两类，其中垃圾邮件有 3000 封，非垃圾邮件有 7000 封，则现在一共有垃圾邮件和非垃圾邮件两个类别，对应的概率分别为

$$P\Big(\text{"垃圾邮件"}\Big) = 0.3$$
$$P\Big(\text{"非垃圾邮件"}\Big) = 0.7$$

现在我们就将这些数据应用于朴素贝叶斯模型，操作过程如下。

第1步 分词

把训练集中的每一封邮件文本都以词或短语为单位进行切分（可以利用专门的分词工具，比如 Python 中自带的 jieba 分词）。假设一封需要预测的邮件的内容为"我

司开设机器学习系统课程，并可办理各种正规发票"，那么分词后可能就是："我司""开设""机器学习""系统课程""并可""办理""各种""正规""发票"。分好的词按类别混合放在一起，我们称之为"词袋"。

第 2 步　统计

统计词袋中各个词在各个类别下出现的概率为

$$P\Big("我司" \mid "垃圾邮件"\Big),\ P\Big("我司" \mid "非垃圾邮件"\Big)$$
$$P\Big("开设" \mid "垃圾邮件"\Big),\ P\Big("开设" \mid "非垃圾邮件"\Big)$$
$$P\Big("机器学习" \mid "垃圾邮件"\Big),\ P\Big("机器去学习" \mid "非垃圾邮件"\Big)$$
$$P\Big("系统课程" \mid "垃圾邮件"\Big),\ P\Big("系统课程" \mid "非垃圾邮件"\Big)$$
$$P\Big("并可" \mid "垃圾邮件"\Big),\ P\Big("并可" \mid "非垃圾邮件"\Big)$$

....

比如：

$$P\Big("我司" \mid "垃圾邮件"\Big) = \frac{N_{kj}}{N_k}$$

其中，N_k 表示类别 c_k 中包含的总邮件文本数目；N_{kj} 表示类别 c_k 中包含"我司"这个词的邮件文本数目。

第 3 步　计算预测

假设现在出现一封新的邮件："机器学习精英计划系统课程直播答疑"，分词后为"机器学习""精英计划""系统课程""直播""答疑"。要判断该邮件是否为垃圾邮件，则进行以下计算：

$$P\Big("垃圾邮件" \mid "机器学习","精英计划","系统课程","直播","答疑"\Big)$$
$$= \frac{P\Big("机器学习","精英计划","系统课程","直播","答疑" \mid "垃圾邮件"\Big) \times P\Big("垃圾邮件"\Big)}{P\Big("机器学习","精英计划","系统课程","直播","答疑"\Big)}$$

$$P\Big("非垃圾邮件" \mid "机器学习","精英计划","系统课程","直播","答疑"\Big)$$
$$= \frac{P\Big("机器学习","精英计划","系统课程","直播","答疑" \mid "非垃圾邮件"\Big) \times P\Big("非垃圾邮件"\Big)}{P\Big("机器学习","精英计划","系统课程","直播","答疑"\Big)}$$

可以看到，在计算中，分母始终是一致的，因此直接将分母当作固定值，在计算时不予考虑，即

$$P\Big(\text{“垃圾邮件”}\mid\text{“机器学习”},\text{“精英计划”},\text{“系统课程”},\text{“直播”},\text{“答疑”}\Big)$$
$$\approx P\Big(\text{“机器学习”},\text{“精英计划”},\text{“系统课程”},\text{“直播”},\text{“答疑”}\mid\text{“垃圾邮件”}\Big)\times P\Big(\text{“垃圾邮件”}\Big)$$

$$P\Big(\text{“非垃圾邮件”}\mid\text{“机器学习”},\text{“精英计划”},\text{“系统课程”},\text{“直播”},\text{“答疑”}\Big)$$
$$\approx P\Big(\text{“机器学习”},\text{“精英计划”},\text{“系统课程”},\text{“直播”},\text{“答疑”}\mid\text{“非垃圾邮件”}\Big)\times P\Big(\text{“非垃圾邮件”}\Big)$$

进一步利用特征条件独立假设，这里即假设各个词之间是相互独立的，则有：

$$P\Big(\text{“机器学习”},\text{“精英计划”},\text{“系统课程”},\text{“直播”},\text{“答疑”}\mid\text{“垃圾邮件”}\Big)\times P\Big(\text{“垃圾邮件”}\Big)$$
$$=P\Big(\text{“机器学习”}\mid\text{“垃圾邮件”}\Big)\cdots\times P\Big(\text{“答疑”}\mid\text{“垃圾邮件”}\Big)\times P\Big(\text{“垃圾邮件”}\Big)$$

$$P\Big(\text{“机器学习”},\text{“精英计划”},\text{“系统课程”},\text{“直播”},\text{“答疑”}\mid\text{“非垃圾邮件”}\Big)\times P\Big(\text{“非垃圾邮件”}\Big)$$
$$=P\Big(\text{“机器学习”}\mid\text{“非垃圾邮件”}\Big)\times\cdots\times P\Big(\text{“答疑”}\mid\text{“非垃圾邮件”}\Big)\times P\Big(\text{“非垃圾邮件”}\Big)$$

将之前从词袋中统计的各个特征词的条件概率 $P(\text{“机器学习”}\mid\text{“垃圾邮件”})$、$P(\text{“机器学习”}\mid\text{“非垃圾邮件”})$ …… 和先验概率 $P(\text{“垃圾邮件”})$、$P(\text{“非垃圾邮件”})$ 等分别代入上面两式并比较两式值的大小，如果垃圾邮件的概率大就判断该邮件为垃圾邮件，否则判断为非垃圾邮件。

上述过程基本可以实现垃圾邮件的分类了，实际上还可以增加一些细节处理，比如分词后一般会先进行一些去停用词等过程后再进行统计，而统计过程可能也会用更高级的词频—逆文档频率（TF-IDF）来替代。另外，更一般的基于朴素贝叶斯的中文文本分类与这个过程是完全一致的。

4.2.3　后验概率最大化的含义

从上面的原理分析可知，朴素贝叶斯其实是将实例 $\boldsymbol{x}_i$ 分到了后验概率 $P(Y=c_k\mid\boldsymbol{X}=\boldsymbol{x}_i)$ 最大的类中。其实这与风险函数最小化是一致的，下面进行证明。

取 0-1 损失函数：

$$L\big(Y, f(\boldsymbol{X})\big) = \begin{cases} 1, & Y \neq f(\boldsymbol{X}) \\ 0, & Y = f(\boldsymbol{X}) \end{cases}$$

式中的 $f(\boldsymbol{X})$ 指的是分类决策函数，Y 是实例所属的实际类别值。这时的期望风险函数为

$$\begin{aligned} R(f) &= E\big[L\big(Y, f(\boldsymbol{X})\big)\big] \\ &= \sum_{k=1}^{K} L\big(Y, f(\boldsymbol{X})\big) \cdot P(Y = c_k | \boldsymbol{X} = \boldsymbol{x}_i) \\ &= \sum_{k=1}^{K} P(Y \neq c_k | \boldsymbol{X} = \boldsymbol{x}_i) \\ &= \sum_{k=1}^{K} [1 - P(Y = c_k | \boldsymbol{X} = \boldsymbol{x}_i)] \end{aligned}$$

所以：

$$\min R(f) = \min \sum_{k=1}^{K} [1 - P(Y = c_k | \boldsymbol{X} = \boldsymbol{x}_i)] = \max \sum_{k=1}^{K} P(Y = c_k | \boldsymbol{X} = \boldsymbol{x}_i)$$

即当取 0-1 损失函数时，朴素贝叶斯的最大化后验概率其实相当于最小化期望风险原则，这进一步验证了朴素贝叶斯方法的合理性。

4.2.4　拉普拉斯平滑

上面的计算过程存在一个小缺陷，那就是在计算先验概率 $\prod_{j=1}^{N} P\big(X^{(j)} = x_i^{(j)} | Y = c_k\big)$ 的过程中可能出现计算不合法的问题。

从上面的例子我们知道，$P\big(X^{(j)} = x_i^{(j)} | Y = c_k\big)$ 表示样本 $\boldsymbol{x}_i$ 中各个特征 $x_i^{(j)}$ 在各个类别 c_k 下出现的概率，比如，$P(\text{“机器学习”} | \text{“垃圾邮件”})$，其值就等于所有包含"机器学习"特征词的邮件数目除以所有垃圾邮件的总数目，但是，如果整个训练集样本中都没有出现过"机器学习"这个词呢？那就相当于 $P(\text{“机器学习”} | \text{“垃圾邮件”}) = 0$，这样，不管样本 $\boldsymbol{x}_i$ 中其他特征词在多少垃圾邮件中出现，最终 $\prod_{j=1}^{N} P\big(X^{(j)} = x_i^{(j)} | Y = c_k\big)$ 的值均为 0，即该邮件在垃圾邮件这一类别下的概率始终都为 0，这明显不合理。

为了避免这一问题，朴素贝叶斯需要加入一个平滑因子，即在计算每个 $P\left(X^{(j)} = x_i^{(j)}|Y = c_k\right)$ 时，在分母和分子当中同时增加一个较小的值，一般分子当中加入平滑因子 α，在分母中对应加入一个 $K\alpha$，即

$$P\left(X^{(j)} = x_i^{(j)}|Y = c_k\right) = \frac{N_{kj} + \alpha}{N_k + K\alpha}$$

这里 K 表示训练集中类别 c_k 的总数，如上面垃圾邮件的例子中就是 $K = 2$。当我们取 $\alpha = 1$ 时，对应的平滑就称为"拉普拉斯平滑"。

4.3　朴素贝叶斯的三种形式及 scikit-learn 实现

朴素贝叶斯有三种形式，即高斯型、多项式型、伯努利型。上面阐述的其实就是多项式型，另外两种形式的基本原理总体来讲基本一致，即都需要假设特征条件独立，然后利用先验概率去预测后验概率，其区别主要是假设 $P\left(X^{(j)} = x_i^{(j)}|Y = c_k\right)$ 具有不同分布，下面具体介绍。

4.3.1　高斯型

高斯型朴素贝叶斯分类器假设特征的条件概率服从高斯分布，即

$$P\left(X^{(j)} = x_i^{(j)}|Y = c_k\right) \sim N(\mu_k, \sigma_k^2)$$

写成表达式为

$$P\left(X^{(j)} = x_i^{(j)}|Y = c_k\right) = \frac{1}{\sqrt{2\pi\sigma_k^2}} \exp\left[-\frac{\left(X^{(j)} - \mu_k\right)^2}{2\sigma_k^2}\right]$$

其中，μ_k 和 σ_k^2 分别为第 k 类别上各个特征的均值和方差。

scikit-learn 实现如下：

```
class sklearn.naive_bayes.GaussianNB( )
```

高斯型朴素贝叶斯分类器没有输入参数。

属性

- class_prior_：数组形式，存放训练集数据中各个类别的概率$P(Y = c_k)$。
- class_count_：数组形式，存放训练集数据中各个类别包含的训练样本数目。
- theta_：各个类别上各个特征的均值μ_k。
- sigma_：各个类别上各个特征的标准差σ_k。

方法

- fit(X_train,y_train)：在训练集(X_train,y_train)上训练模型。
- partial_fit(X_train,y_train)：当训练数据集规模较大时，可以将其划分为多个小数据集，然后在这些小数据集上连续调用该方法来多次训练模型。
- score(X_test,y_test)：返回模型在测试集(X_test,y_test)上的预测准确率。
- predict(X)：用训练好的模型来预测待预测数据集X，返回数据为预测集对应的结果标签y。
- predict_proba(X)：返回一个数组，数组的元素依次是预测集X属于各个类别的概率。
- predict_log_proba(X)：返回一个数组，数组的元素依次是预测集X属于各个类别的对数概率。

4.3.2　多项式型

多项式型朴素贝叶斯分类器假设特征的条件概率分布满足多项式分布，即

$$P\left(X^{(j)} = x_i^{(j)}|Y = c_k\right) = \frac{N_{kj} + \alpha}{N_k + K\alpha}$$

其中，N_k表示类别c_k包含的样本数量；N_{kj}表示属于类别c_k且特征等于$x_i^{(j)}$的样本数量；K是训练集中样本类别总数；α是人为设置的平滑因子。

与高斯型不同，多项式型只适用于处理特征离散的情况。

scikit-learn 实现如下：

```
class sklearn.naive_bayes.MultinomialNB(alpha=0.01, fit_prior=True)
```

参数

- alpha：指定平滑因子α的值，如$\alpha = 0.01$。
- fit_prior：指定是否计算$P(Y = c_k)$，默认为 True，表示不计算$P(Y = c_k)$，而直接用均匀分布代替；如果为 False，则表示计算实际的$P(Y = c_k)$。

属性

- class_count_：数组形式，存放训练集数据中各个类别包含的训练样本数目。
- feature_count_：数组形式，存放训练集数据中各个特征包含的训练样本数目。

方法与高斯型相同，不再赘述。

4.3.3 伯努利型

伯努利型朴素贝叶斯分类器假设特征的条件概率分布满足二项分布，即

$$P\left(X^{(j)} = x_i^{(j)}|Y = c_k\right) = px_i^{(j)} + (1-p)\left(1 - x_i^{(j)}\right)$$

其中，特征$x_i^{(j)}$的取值只能是 0 或 1，$P\left(X^{(j)} = 1|Y = c_k\right) = P$。

与多项式型一样，伯努利型也只适用于处理特征离散的情况，并且更进一步，只能是特征为 0 或 1 的情形。当特征为非二值型时，可以为模型里面的参数 binarize 设置一个门限值来让模型自己将特征二值化，但实际上最好先自己对各个不同特征进行不同的二值化，然后再使用该模型。

scikit-learn 实现如下：

```
class sklearn.naive_bayes.BernoulliNB(alpha=0.01, binarize=0.0,
fit_prior=True)
```

参数

- alpha：指定平滑因子α的值，如$\alpha = 0.01$。
- binarize：默认为一个浮点数 0.0，表示以该数值为界，将特征取值大于它的编码为 1，小于它的编码为 0，从而实现对数据集的二值化。当使用 binarize=None 时，模型会假定你已经先将数据集二值化了。

- fit_prior：指定是否计算$P(Y = c_k)$，默认为 True，表示不计算$P(Y = c_k)$，而直接用均匀分布代替；如果为 False，则表示计算实际的$P(Y = c_k)$。

属性与多项式型相同，不再赘述。

方法与高斯型相同，不再赘述。

4.4　中文文本分类项目

4.4.1　项目简介

中文文本分类是文本处理中的一个基本问题，后面涉及的文本情感分析、利用文本内容进行用户画像等更高层次的项目都可以转化成一个文本分类项目。

文本分类有多种方式可以做（后面会介绍），既可以是有监督的，又可以是无监督的。本节我们主要介绍基于朴素贝叶斯模型的中文文本分类，因此用的是一种有监督模型。

4.4.2　项目过程

第 1 步　训练集文本预处理

通常，我们拿到的文本数据是含有很多噪声的，比如我们用爬虫从网上爬取的文本数据，可能会包含一些 HTML 标签和特殊符号等噪声，因此一般在进行分词之前，需要对其进行预处理。

由于本节主要目标是讲解用朴素贝叶斯做文本分类项目的整个过程，因此暂时不考虑数据预处理的事情，后期的综合项目中我们再来详细讲解。这里先使用别人已经处理好的训练集语料库。

网上比较好的中文文本分类语料是搜狗新闻分类语料库，但是因完整版数据量过大，所以这里使用"复旦大学计算机信息与技术系国际数据库中心自然语言处理小组"提供的小样本中文文本分类语料，语料包和程序可直接在本书相关的 GitHub 上下载。

第 2 步　中文文本分词

中文分词一般可以使用 Python 中的 jieba 分词，jieba 分词有三种分词模型：默认切分模式、全切分模式和搜索引擎分词模式，如下例所示。

程序如下：

```
# -*- coding:utf-8 -*-

import sys
import os
import jieba

# 设置 UTF-8 环境
reload(sys)
sys.setdefaultencoding('utf-8')

content = "中文文本分类是文本处理中的一个基本问题。"

seg_list1 = jieba.cut(content, cut_all=False)
print '默认切分模式：'
print " ".join(seg_list1)

seg_list2 = jieba.cut(content, cut_all=True)
print '全切分模式：'
print " ".join(seg_list2)

seg_list3 = jieba.cut_for_search(content)
print '搜索引擎分词模式：'
print " ".join(seg_list3)
```

输出如下：

```
默认切分模式：
中文 文本 分类 是 文本处理 中 的 一个 基本 问题 。

全切分模式：
中文 文文 文本 本分 分类 是 文本 文本处理 本处 处理 中 的 一个 基本 问题。

搜索引擎分词模式：
中文 文本 分类 是 文本 本处 处理 文本处理 中 的 一个 基本 问题 。
```

实际应用中可根据具体的业务情况选择分词模式，本书涉及的分词，采用的都是默认切分模式。

第 3 步　统计文本词频并计算 TF-IDF

通过分词，中文文本实现了基本的结构化，下一步就是统计文档词频矩阵并转化为 TF-IDF 矩阵的形式。

1. TF-IDF 的概念

TF-IDF 全称为"词频—逆文档频率"，实际上由两部分组成，即词频（Term Frequency，TF）和逆文档频率（Inverse Document Frequency，IDF）。

TF 指的是某一给定词语在该文件中出现的频率。假设第 i 篇文档中共含有 K 个不同的词，其中，第 j 个词在该文档中出现的次数为 n_{ij}，则该词的 TF 值就等于该词在本文档中出现的次数 n_{ij} 除以本文档中所有词出现的总数，即

$$TF_{ij} = \frac{n_{ij}}{\sum_{j=1}^{K} n_{ij}}$$

IDF 指的是含有某一给定词的文档在整个文档集合中出现的频率的倒数再取对数。假设整个训练集文档集合一共由 N 篇文档组成，其中包含某个给定词语的文档数为 M，则该给定词的 IDF 值为

$$IDF = \log \frac{N}{M}$$

而某个词的 TF-IDF 值就等于它的 TF 值和 IDF 值的乘积。

采用词的 TF 值来衡量一个词在文档中的重要性很容易理解：一个词在某个文档中出现的频次越高，其在该文档中可能越重要；那为什么还要加上一个 IDF 值呢？

实际上，IDF 值反映的是一个词语普遍重要性的程度，即如果一个词语仅在某一些文档中出现得比较频繁，而在其他文档中出现得比较少，那我们就说该词具有较好的分类特征，应该受到更多的重视（如词语"导弹"明显在军事类文章中出现的频次会更高，而在经济类和文化类文章中出现的频次要低得多，因此该词应该是一个很好反映文章自身类别的词，理应获得较高的 IDF）；而如果一个词虽然在这篇文

档中出现频次极高，但它在其他各类别文章中出现的频次也都很高，那么这个词明显不应该被特别对待（如词语"的"虽然在各类文章中出现的频次均很高，但它的 IDF 值依然较低）。

所以综合来看，一个词的 TF 值反映了该词在某一篇文档中的重要性，而它的 IDF 值则反映了它在整个文档集中的重要程度。二者的乘积（TF-IDF）相当于取 TF 和 IDF 的交集，其值理论上可以较好地反映各个词的分类特征。

2. scikit-learn 实现

scikit-learn 中的 CountVectorizer 类和 TfidfTransformer 类可以实现文本词频的统计和 TF-IDF 的转换。其中，CountVectorizer 类负责将文档集合转化为词频矩阵；TfidfTransformer 类负责将词频矩阵转化为归一化 TF 或 TF-IDF 表示。

（1）CountVectorizer 类

```
CountVectorizer(input=u'content',
                decode_error=u'strict',
                stop_words=None,
                max_df=1.0,
                min_df=1,
                vocabulary=None)
```

参数

- input：输入文本内容。
- decode_error：默认为 strict，遇到不能解码的字符将报 UnicodeDecodeError 错误。若设为 ignore，将会忽略解码错误。
- stop_words：设置停用词，若设为 English，将使用内置的英语停用词；可使用列表自定义停用词。
- max_df：默认为 1.0，可设置为一个范围在[0.0,1.0]的浮点数，该参数的作用是作为一个阈值，当构造语料库的关键词集时，如果某个词的 document frequence 大于 max_df，则该词不会被当作关键词。
- min_df：类似于 max_df，不同之处在于，它是当某个词的 document frequence 小于 min_df 时，则不将该词当作关键词。
- vocabulary：指定词袋中特征词的选取数目，默认为 None，表示由输入文档确定。

上述参数就是 CountVectorizer 类的基本参数，其他参数一般选择默认即可。

属性

- vocabulary_：该属性可以查看词袋中的特征词数目。注意，在对预测集数据进行处理时，一定要记得使用该属性，即在预测集的 CountVectorizer 类中指定参数值 vocabulary= vectorizer.vocabulary_ （这里的 vectorizer =CountVectorizer()，表示训练集的词频统计类名称），否则会出现预测集特征词维度和训练集特征词维度不一致的错误。

方法

- fit_transform（corpus）：将文本转为词频矩阵（矩阵的每一行表示一个文档，每一列表示一个词，所以该矩阵中存放的就是每篇文档中各个词对应的词频）；方法中传入的参数 corpus 是各个文档组成的列表形式，列表中的每个元素均存放一篇文档内容（已分词的文档）。
- get_feature_names()：获取 corpus 中所有有效词的名称。

（2）TfidfTransformer 类

```
TfidfTransformer(norm ='l2',
                 use_idf = True,
                 smooth_idf = True,
                 sublinear_tf = False)
```

参数

- norm：用于归一化向量，可选 'l1' 和 'l2'，分别表示 L1 范数和 L2 范数，默认为 'l2'。
- use_idf：选择是否计算IDF值，默认为 True；如果选择 False，则表示只使用TF。
- smooth_idf：选择是否在计算IDF值时加入一个平滑因子，默认为 True，表示增加。
- sublinear_tf：选择是否应用子线性TF缩放，即用$1 + \log(TF)$替换TF，默认为 False。

方法

fit_transform（**X**）：将词频矩阵 **X** 转换为归一化 TF 或 TF-IDF 表示。

3. 程序

```
# -*- coding:utf-8 -*-

from sklearn.feature_extraction.text import CountVectorizer
from sklearn.feature_extraction.text import TfidfTransformer

# 分词后的语料，放在一个列表中，列表的每一个元素代表一篇文档
corpus = ["中文 文本 分类 是 自然语言 处理 中 的 一个 基本 问题",
          "我 爱 自然语言 处理",
          "这 是 一个 问题 以前 我 从来 没有 遇到 过"]

vectorizer = CountVectorizer()          # 该类会将文本中的词语转换为词频矩阵
transformer = TfidfTransformer()        # 该类会统计每个词语的 TF-IDF 值

# 第一个 fit_transform 是计算 TF-IDF，第二个 fit_transform 是将文本转为词频
# 矩阵
tfidf = transformer.fit_transform(vectorizer.fit_transform(corpus))

# 获取词袋模型中的所有词语
word = vectorizer.get_feature_names()
for i in range(len(word)):
    print word[i]

# 查看所有文档形成的 TF-IDF 矩阵，矩阵的每一行表示一篇文档，每一列表示一个词语
weight = tfidf.toarray()
print weight

# 打印每类文本的 TF-IDF 词语及其权重（第一个 for 遍历所有文本，第二个 for 遍历某
# 一类文本下的词语权重）
for i in range(len(weight)):
    print u"第", i+1 ,u"篇文档的词语 tf-idf 权重："
    for j in range(len(word)):
        print word[j],weight[i][j]
```

4. 输出

上面三个 print 分别输出训练集词袋中的所有有效词和各个文档语料形成的

TF-IDF 矩阵，以及打印的每篇文档中的各个词在该词袋中对应的 TF-IDF 值。为了方便理解，这里稍微加工一下，将上面的输出整理成表格的形式，如表 4-1 所示。

表 4-1 整理成表格

	一个	中文	从来	以前	分类	基本	处理	文本	没有	自然语言	遇到	问题
文档1	0.302674	0.39798	0	0	0.39798	0.39798	0.302674	0.39798	0	0.302674	0	0.302674
文档2	0	0	0	0	0	0	0.707107	0	0	0.707107	0	0
文档3	0.334907	0	0.440362	0.440362	0	0	0	0	0.440362	0	0.440362	0.334907

从表 4-1 可以清晰地看出整个训练集词袋中所包含的词语情况及其所对应的 TF-IDF 值，后期的模型训练就是基于这一文档的 TF-IDF 矩阵来进行的。

第 4 步 模型训练和模型评估

得到训练集文档集合的 TF-IDF 矩阵后，我们就可以很容易地调用 scikit-learn 中的各个模型来进行训练和预测了，以朴素贝叶斯模型为例。

假设经过上面几步的处理，我们得到了 M 个训练集文本整体的 TF-IDF 矩阵 X。X 的每一行是一个文档，分别为 $x_1, x_2, ..., x_M$，且这 M 个训练集文本对应的类别标签分别为 $y_1, y_2, ..., y_M$。整个训练集文档集合在分词后得到的有效词语个数为 N，即矩阵 X 的列数。矩阵的各个元素就是各列对应词语在整个训练集文本集合中的 TF-IDF 值。对于训练集 $\{X, y\}$，有：

```python
# -*- coding:utf-8 -*-

# 导入样本集划分函数
from sklearn.cross_validation import train_test_split

# 原训练集按 7∶3 划分为训练集和测试集
X_train, X_test, y_train, y_test = train_test_split(X, y,
    test_size=0.3)

# 导入朴素贝叶斯模型
from sklearn.naive_bayes import MultinomialNB

# 导入交叉验证
from sklearn import metrics
```

```
# 训练模型
bayes_clf = MultinomialNB(alpha=0.01, fit_prior=True)
bayes_clf.fit(X_train, y_train)

# 得到模型对测试集的预测结果
y_pred = bayes_clf.predict(X_test)                    # 预测类别
y_predprob = bayes_clf.predict_proba(X_test)[:,1]     # 预测属于各类别的概率

# 用测试集测试模型
precision = metrics.precision_score(y_test, y_pred)
recall = metrics.recall_score(y_test, y_pred)
F1 = metrics.f1_score(y_test, y_pred)

# 引入交叉验证
from sklearn.cross_validation import cross_val_score
cross_result = cross_val_score(bayes_clf, X_test, y_test, cv=5)

print '模型在测试集上的预测情况如下：'
print ' 准确率：%0.6f'% cross_result
print ' 查全率：%0.6f'%precision
print ' 查准率：%0.6f'%recall
print ' F1 值：%0.6f'%F1
```

4.4.3 完整程序实现

下面在复旦大学语料集上演示文本分类的完整流程，训练集语料的目录结构如图 4-1 所示。

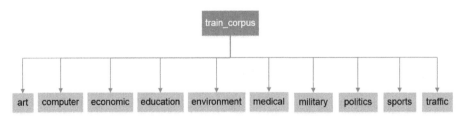

图 4-1 训练集语料的目录结构

可以看出，训练集语料均存放在母文件夹 train_corpus 中，该母文件夹下一共包含 art 等 10 个类别子文件夹，每个类别子文件夹中存放 250 篇左右该类别下的 TXT 文档，其中一篇文档内容如图 4-2 所示。

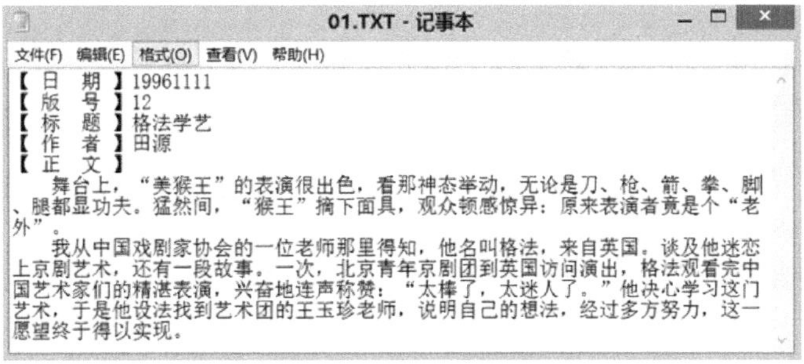

图 4-2　文档内容示例

下面演示一个完整的文本处理和模型训练过程，感兴趣的读者可以下载语料在自己机器上跑一遍（下文中的程序是可运行的完整程序，读者只需下载语料到本地，并将程序中涉及的所有文件路径改成自己存放语料的对应路径即可，例如，笔者的 train_corpus 存放在"D:/workspace/Wenben_classify/"下）。

1. 利用训练集语料训练模型

```python
# -*- coding: utf-8 -*-

import os
import sys
import jieba
from sklearn.feature_extraction.text import CountVectorizer
from sklearn.feature_extraction.text import TfidfTransformer

# 配置 UTF-8 输出环境
reload(sys)
sys.setdefaultencoding('utf-8')

# 定义读取文件内容的函数
def readfile(path):
    fp = open(path, 'rb')
    content = fp.read()
    fp.close()
    return content

# 定义一个存放训练集分词后各文档内容的列表
train_corpus = []
```

```
# 定义一个存放训练集各文档类别标签的列表
train_label = []

# 未分词的语料库路径
corpus_path = 'D:/workspace/Wenben_classify/train_corpus/'

# 获取未分词的语料库下的所有子目录列表 cate_list
# cate_list 的内容为
# ['art','computer','economic', …… ,'politics','sports','traffic']
# cate_list = os.listdir(corpus_path)

# 获取每个子目录下的所有文件
for mydir in cate_list:
class_path = corpus_path + mydir + '/'     # 训练集文本某类别目录路径
file_list = os.listdir(class_path)         # 获取类别目录下的所有文件列表
                                           # file_list

    for file_path in file_list:                    # 遍历 file_list
        fullname = class_path + file_path          # 拼出文件名全路径
        content = readfile(fullname).strip()       # 读取文件内容
        content = content.replace('\r\n', '').strip()
        # 删除换行和多余的空格
        # 为文件的内容分词，并将分词后的文档存入 train_corpus 列表（列表的每一
        # 个元素存储一篇文档的内容）
        content_seg = jieba.cut(content)
        train_corpus.append(' '.join(content_seg))
        train_label.append(mydir)                  # 保存当前文件的分类标签

print '文本分词结束！！！'

# 读取停用词
stopword_path = 'D:/workspace/Wenben_classify/hlt_stop_words.txt'
stpwrdlst = readfile(stopword_path).splitlines()

# 该类会将文本中的词语转换为词频矩阵
vectorizer = CountVectorizer(stop_words=stpwrdlst, max_df=0.5)
# 该类会统计每个词语的 TF-IDF 权重
transformer = TfidfTransformer()

# 第一个 fit_transform 用来计算 TF-IDF，第二个 fit_transform 用来将文本转为
# 词频矩阵
```

```
tfidf = transformer.fit_transform(vectorizer.fit_transform(train_
corpus))

# 查看所有文档形成的 TF-IDF 矩阵，矩阵的每一行表示一篇文档，每一列表示一个词语
weight = tfidf.toarray()
print weight
print '生成 TF-IDF 矩阵结束！！！'

# 导入样本集划分函数
from sklearn.cross_validation import train_test_split

# 原训练集按 7：3 划分为训练集和验证集
X_train, X_test, y_train, y_test = train_test_split(tfidf, train_
    label, test_size=0.3)

# 导入结果评估包
from sklearn import metrics

# 导入多项式贝叶斯算法包
from sklearn.naive_bayes import MultinomialNB

# 训练模型
bayes_clf = MultinomialNB(alpha=0.01, fit_prior=True)
bayes_clf.fit(X_train, y_train)

# 得到模型对验证集的预测结果
y_pred = bayes_clf.predict(X_test)      # 预测类别

# 用验证集验证模型
print '模型训练结束！！！在验证集上的预测情况如下：'
print '交叉验证结果：'
from sklearn.cross_validation import cross_val_score
print cross_val_score(bayes_clf, X_test, y_test, cv=5)

print '查准率、查全率、F1 值：'
from sklearn.metrics import classification_report
print classification_report(y_test, y_pred, target_names=None)

print '混淆矩阵：'
from sklearn.metrics import confusion_matrix
print confusion_matrix(y_test, y_pred)
```

2. 输出结果

交叉验证结果：

```
[0.8908046   0.95294118   0.86904762   0.89221557   0.93975904]
```

查准率、查全率、F1 值：

	precision	recall	f1-score	support
art	0.96	1.00	0.98	80
computer	0.98	1.00	0.99	60
economic	0.92	0.96	0.94	113
education	0.84	0.92	0.88	64
environment	0.93	0.89	0.91	56
medical	1.00	0.87	0.93	67
military	0.90	0.74	0.81	76
politics	0.84	0.96	0.90	136
sports	0.98	0.95	0.97	127
traffic	0.97	0.91	0.94	66
avg / total	0.93	0.93	0.92	845

混淆矩阵：

```
[[80   0   0   0   0   0   0   0   0   0]
 [ 0  60   0   0   0   0   0   0   0   0]
 [ 0   0 108   2   0   0   0   3   0   0]
 [ 1   0   2  59   0   0   1   0   1   0]
 [ 0   0   3   1  50   0   0   1   0   1]
 [ 0   0   1   5   1  58   0   2   0   0]
 [ 0   0   1   2   1   0  56  16   0   0]
 [ 0   0   1   0   0   0   4 130   1   0]
 [ 2   1   0   1   0   0   0   1 121   1]
 [ 0   0   2   0   2   0   1   1   0  60]]
```

说明：classification_report(y_test, y_pred, target_names=None)可以一次性输出验证集中各个类别的 precision、recall 和 f1-score 情况，由此我们可以清楚地看到模型对验证集中各个类别的预测情况。

confusion_matrix(y_test, y_pred)输出模型在验证集上的混淆矩阵，通过混淆矩阵可以清晰地看到各个类别被预测正确的情况（看矩阵对角线）和被预测为其他类别的情况。

3. 利用训练好的模型对新的文本进行预测

从上面可以看到，通过在训练集文本上训练，我们得到的朴素贝叶斯模型 bayes_clf 在验证集上的 precision 达到 0.93 左右。如果你对这个准确率比较满意，那么接下来就可以用 bayes_clf 模型对新的未知类别的文本进行分类预测了。

但是预测之前，你需要先用处理训练集文本同样的步骤处理好测试集文本，即先进行文本预处理再分词，统计词频计算得到 TF-IDF 矩阵。假设得到的测试集文档的 TF-IDF 矩阵为 test_tfidf，则调用上面得到的朴素贝叶斯模型 bayes_clf 进行预测，程序如下：

```python
# 定义一个存放预测集文档名称的列表
test_corpus_file_name = []

# 定义一个存放测试集分词后各文档内容的列表
test_corpus = []

# 未分词的语料库路径
test_corpus_path = 'D:/workspace/Wenben_classify/test_corpus/'

# 测试集文档列表
test_file_list = os.listdir(test_corpus_path)

for test_file_path in test_file_list:          # 遍历 test_file_list
    full_name = test_corpus_path + test_file_path   # 拼出文件名全路径
    test_content = readfile(full_name).strip()      # 读取文件内容
    test_content = test_content.replace('\r\n', '').strip()
    # 删除换行和多余的空格

    # 为文件的内容分词，并将分词后的文档存入 test_corpus 列表（列表的每一个元素
    # 存储一篇文档的内容）
    test_content_seg = jieba.cut(test_content)
    test_corpus.append(' '.join(test_content_seg))

    # 将预测集文档的文件名存入列表
    test_corpus_file_name.append(test_file_path)

# 该类会将文本中的词语转换为词频矩阵（注意，设置 vocabulary 参数与训练集一致，
# 否则会出现特征维度不一致错误）
test_vectorizer = CountVectorizer(stop_words=stpwrdlst, max_df=0.5,
```

```
vocabulary=vectorizer.vocabulary_)
# 该类会统计每个词语的 TF-IDF 权重
test_transformer = TfidfTransformer()

# 第一个 fit_transform 用于计算 TF-IDF，第二个 fit_transform 用于将文本转为
# 词频矩阵
test_tfidf = test_transformer.fit_transform(test_vectorizer.fit_
    transform(test_corpus))

# 调用训练好的模型进行类别预测
predicted = bayes_clf.predict(test_tfidf)

# 将预测的结果和其对应文档的名字对应起来（使用字典的方式创建一个 DataFrame）
import pandas as pd
result = pd.DataFrame({'file_name':test_corpus_file_name,
    'cate_predicted':predicted})

# 将预测结果写入 CSV 文件进行保存
result.to_csv(r'D:/workspace/Wenben_classify/result.csv',
    encoding='utf-8', index=False)
```

说明：将这里的预测程序段加到之前的模型训练程序后面一起运行，就可以一次性完成模型的训练和预测过程了，至此，一个完整的文本分类项目就已经基本完成了。

感兴趣的读者在后期学习完机器学习的模型调参后，可以回过头来再对上面模型的相关参数（如平滑因子 alpha 的值，max_df 和 min_df 的值）进行优化。另外，也可以采用更大的数据集（如前面提到的搜狗新闻语料）来训练模型，还可以对该模型进行进一步扩展（如增加一个根据文档的预测类别对文档进行自动化归整的功能）。

4.5 小结

1. 优点

（1）过程简单且速度较快，因为它的预测过程实际就是进行概率的乘积（实际中还可转换成 log 域，把乘法转换成加法，进一步加快速度）。

（2）对于多分类问题也很有效，计算复杂度不会有大幅度的上升。

（3）对于类别型特征变量，在分布独立这个假设成立的情况下，效果可能优于 Logistics 回归，且需要的样本更少。

2. 缺点

（1）朴素贝叶斯模型基于特征独立的假设前提在现实中往往很难满足。

（2）对于连续数值型变量特征，要求它服从正太分布。

3. 应用场景

（1）垃圾识别。

（2）文本分类。

（3）情感识别（一般可以转换成文本分类）。

（4）多分类实时预测（因为速度快）。

（5）推荐系统（朴素贝叶斯和协同过滤是一对好搭档，因为协同过滤是强相关性的，而泛化能力弱，所以朴素贝叶斯和其一起可以增强推荐的覆盖度和效果）。

4. 注意点

（1）在处理特征时，尽量把相关特征去掉。

（2）一般其他模型（如 SVM、LR）做完之后都可以尝试利用 Bagging 或者 Boosting 做一下集成，但这对朴素贝叶斯模型并没有什么作用，因为朴素贝叶斯模型实在是太稳定了，导致它已经没有很大的可提升空间。

## 第 5 章

K 近邻

5.1 概述

K近邻（K-Nearest Neighber，KNN）可以说是机器学习中最好理解的方法。

对于给定训练集 $T = \{(x_1, y_1), (x_2, y_2), \dots, (x_M, y_M)\}$，假设训练集第 i 个样本 x_i 的 N 个特征为 $x_i^{(1)}, x_i^{(2)}, \dots, x_i^{(N)}$，$i = 1, 2, \dots, M$，则每一个样本都可以看成是一个向量，向量的维度为 N。我们知道，N 维向量也可以看成是 N 维空间的一个点，这样，我们就可以把训练集中的 M 个样本当作 N 维空间的 M 个样本点，每个样本点 x_i 对应的输出 y_i 表示该样本点的类别标签。

K 近邻的思想就是：对于任意一个新的样本点，我们可以在这 M 个已知类别标签的样本点中选取 K 个与其距离最接近的点作为它的最近邻点，然后统计这 K 个最近邻点的类别标签，采取多数投票表决的方式，即把这 K 个最近邻点中占绝大多数类别的点所对应的类别拿来当作要预测点的类别。

5.2 K 近邻分类原理

通过上面的描述我们可以看出，K近邻模型主要有三个要素，即 K 值的选择、距离度量方法、分类决策规则。当三要素确定后，对任何新的输入样本实例它所属的类别都可以利用 K 近邻确定。下面进一步阐述这三要素。

5.2.1　K 值的选择

K 值的选择会对 K 近邻法的结果产生较大的影响：

如果 K 值选得太小，相当于使用一个比较小的邻域中的训练实例来训练模型。这种情况下得到的模型，只有与训练实例比较靠近的实例才会对预测结果起作用，理论上来说，学习的近似误差会比较小。这种方式的缺点是模型估计误差比较大，预测结果对少部分邻近的实例点十分敏感（我们不能保证邻近的实例点会不会正好是噪声点，如果是噪声点，那么模型的预测结果就会出现较大偏差）。

如果 K 值选得太大，相当于使用一个比较大的邻域中的训练实例来训练模型。这种情况下得到的模型的优点是可以降低学习的估计误差，缺点是学习的近似误差会增大，因为这这种情况下与输入较远的训练实例（不相似的）也会对预测起作用。

实际上，对于一个给定的包含 M 个样本的训练集，利用 K 近邻模型相当于先对这 M 个样本组成的特征空间进行划分，而 K 值的选取决定了这个特征空间被划分成的子空间数量。所以，当 K 值较大时，相当于对特征空间进行了较为复杂的划分，因而相应的模型自然会变得更加复杂，从而更容易发生过拟合。当 K 值较小时，对特征空间只是进行简单的划分，模型的复杂度降低，从而容易产生欠拟合。实际中，一般采用交叉验证来选取合适的 K 值。

5.2.2　距离度量

前面讲过，距离度量方式有多种，一般使用较多的是欧氏距离。假设现在我们有两个 N 维的向量 $\boldsymbol{x}_i$ 和 $\boldsymbol{x}_j$，如下：

$$\boldsymbol{x}_i = \left(x_i^{(1)}, x_i^{(2)}, \ldots, x_i^{(N)}\right)$$

$$\boldsymbol{x}_j = \left(x_j^{(1)}, x_j^{(2)}, \ldots, x_j^{(N)}\right)$$

则它们之间的闵可夫斯基距离为

$$L_p(\boldsymbol{x}_i, \boldsymbol{x}_j) = \sqrt[p]{\sum_{n=1}^{N} \left(x_i^{(n)} - x_j^{(n)}\right)^p}$$

当$p = 1$时，上面的距离就是曼哈顿距离；当$p = 2$时，上面的距离就是欧氏距离。

当然，我们还可以用其他距离，具体选什么距离可以根据实际的数据类型去抉择。比如，欧氏距离比较适合连续型变量，但当样本数据被处理成 0-1 二值编码时，使用汉明距离可能更方便。

汉明距离定义的是两个字符串中不相同位数的数目。例如，字符串 '1111' 与 '1001' 之间的汉明距离为 2。所以，如果我们先把向量x_i和x_j中的N个特征进行 one-hot 编码，就可以很方便地使用汉明距离了。

另外，需要注意的是，在使用距离度量之前，一般应先对数据做归一化处理，因为每个样本x_i都有多个特征参数，每一个特征参数都有自己的取值范围，不同参数之间的大小差别可能会很大（比如特征参数$x_i^{(1)} = 1$，而$x_i^{(2)} = 666$），不同范围的特征参数取值对距离计算的影响是不一样的，如果不先做归一化处理，那些取值较小但实际比较重要的特征参数的作用可能就会被掩盖掉。

5.2.3　分类决策规则

前面说过，K 近邻中主要使用多数表决规则。具体如下。

与朴素贝叶斯一样，可以使用 0-1 损失函数来衡量，误分类的概率为

$$P\big(Y \neq f(\boldsymbol{X})\big) = 1 - P\big(Y = f(\boldsymbol{X})\big)$$

其中，$f(\boldsymbol{X})$就是分类决策函数。

对于给定的预测样本实例x_j，假设最后预测它的分类为c_r（c_r为所有训练集类别中的某一个），即$f(x_j) = c_r$。再假设x_j最近邻的K个训练样本实例x_i，（$i = 1,2,...,K$），构成的集合为N_k（训练样本实例x_i对应的类别标签为y_i），则误分类率为

$$L = \frac{1}{K} \sum_{x_i \in N_k} I(y_i \neq c_r) = 1 - \frac{1}{K} \sum_{x_i \in N_k} I(y_i = c_r)$$

这里I为指示函数，即$I(\text{true}) = 1$，$I(\text{False}) = 0$。

显然我们的目标就是使误分类率L最小化，即

$$\min \ \frac{1}{K} \sum_{x_i \in N_k} I(y_i \neq c_r)$$

即

$$\min \left[1 - \frac{1}{K} \sum_{x_i \in N_k} I(y_i = c_r) \right]$$

等价于：

$$\max \ \frac{1}{K} \sum_{x_i \in N_k} I(y_i = c_r)$$

从上面的式子可以看出：使误分类率最小等价于使预测样本实例x_j选定的K个最近邻训练样本实例x_i $(i = 1,2,\dots,K)$的类别标签y_i尽可能多的和预测样本实例x_j的预测类别c_r相同。而实际情况是训练样本实例x_i的类别y_i是已知的，而预测样本实例x_j的类别c_r是未知的，所以，要想获得预测样本实例x_j的类别c_r，只需选取训练样本实例x_i，$(i = 1,2,\dots,K)$中所属类别最多的一类。

另外，误分类率就是训练数据的要想，所以 K 近邻里面的多数表决规则等价于使训练数据的经验风险最小化。

5.2.4　K 近邻分类算法过程

输入：训练集$T = \{(x_1,y_1),(x_2,y_2),\dots,(x_M,y_M)\}$，其中$x_i = \left(x_i^{(1)},x_i^{(2)},\dots,x_i^{(N)}\right)$为第$i$个训练样本实例，$y_i \in \{c_1,c_2,\dots,c_R\}$为$x_i$对应的类别标签选定的$K$值，这里$i = 1,2,\dots,M$。

输出：待预测实例x_j所属的类别y_j。

步骤如下。

第 1 步：根据选定的 K 值，选择合适的距离度量方式，在训练集 T 中找出待预测实例 $\boldsymbol{x}_j$ 的 K 个最近邻点 $\boldsymbol{x}_i$，$i = 1,2,\dots,K$，这 K 个训练样本实例构成的集合记为 N_k。

第 2 步：根据多数表决规则决定待预测实例 $\boldsymbol{x}_j$ 所属的类别 y_j，即

$$y_j = \arg\ \max_{c_r} \frac{1}{K} \sum_{\boldsymbol{x}_i \in N_k} I(y_i = c_r)$$

这里 $i = 1,2,\dots,K$；$r = 1,2,\dots,R$。

5.3 K 近邻回归原理

其实 K 近邻不仅可以用于分类，还可以用于回归。当用于回归时，基本原理和分类是一致的，仍然是三要素：K 值的选择、距离度量方法、回归决策规则。前面两个完全一样，最后一点是将分类决策规则改成回归决策规则，下面具体说明。

5.3.1 回归决策规则

在找到待预测实例 $\boldsymbol{x}_j$ 的 K 个最近邻训练样本实例 $\boldsymbol{x}_i$ $(i = 1,2,\dots,K)$ 后，分类问题采取的决策规则是统计这 K 个训练样本点的类别情况，然后选择其中占实例数最多的类别为待预测实例 $\boldsymbol{x}_j$ 的类别。回归问题其实只是稍加变化，即把这 K 个最近邻训练样本实例 $\boldsymbol{x}_i$ 的输出值 y_i 的平均作为待预测实例 $\boldsymbol{x}_j$ 的值，表达式为

$$y_j = \frac{1}{K} \sum_{i=1}^{K} y_i$$

5.3.2 K 近邻回归算法过程

输入：训练集 $T = \{(\boldsymbol{x}_1, y_1),(\boldsymbol{x}_2, y_2),\dots,(\boldsymbol{x}_M, y_M)\}$，其中 $\boldsymbol{x}_i = \left(x_i^{(1)}, x_i^{(2)}, \dots, x_i^{(N)}\right)$ 为第 i 个训练样本实例，y_i 为 $\boldsymbol{x}_i$ 对应的值选定的 K 值，这里 $i = 1,2,\dots,M$。

输出：待预测实例 $\boldsymbol{x}_j$ 的值 y_j。

步骤如下。

第 1 步：根据选定的K值，选择合适的距离度量方式，在训练集T中找出待预测实例$\boldsymbol{x}_j$的K个最近邻点$\boldsymbol{x}_i$，$i = 1,2,\ldots,K$，这K个训练样本实例构成的集合记为N_k。

第 2 步：根据取平均规则决定待预测实例$\boldsymbol{x}_j$所属的输出值y_j，即

$$y_j = \frac{1}{K}\sum_{i=1}^{K} y_i$$

5.4　搜索优化——KD 树

上面只是从原理上讲解了 K 近邻的流程，但在实际实现K近邻法时，还需考虑计算过程优化问题。比如，在训练数据量较多或特征空间的维数较大时，如果直接采用暴力计算的方式去遍历所有点来确定K个最近邻点，则明显计算开销是过大的。

为了提高计算效率，可以考虑使用特殊的数据结构来组织和存储训练数据。KD 树方法就是其中的一种。

5.4.1　构造 KD 树

简单来说，KD 树就是一种特殊的二叉树数据结构，其思路是对K维空间中的实例点进行树状划分和存储，以便对其进行快速搜索。

构造 KD 树的过程相当于不断地用垂直于坐标轴的超平面对K维空间进行切分，构成一系列的K维超矩形区域。KD 树的每一个节点对应于一个k维超矩形区域。

下面以一个简单直观的实例来介绍 KD 树算法。

假设有 6 个二维数据点$\left(x_i^{(1)}, x_i^{(2)}\right) \in \{(2,3),(5,4),(9,6),(4,7),(8,1),(7,2)\}$，数据点位于二维空间内（如图 5-1 中黑点所示），KD 树算法就是要确定图 5-1 中这些分割空间的分割线（多维空间即为分割平面，一般为超平面），最后得到图 5-2 所示的 KD 树。

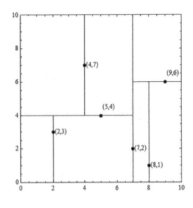

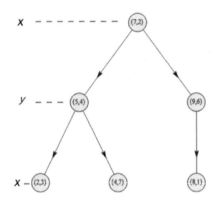

图 5-1　二维空间中的数据点划分情况　　　　图 5-2　构造的 KD 树

注：图 5-1 引自 https://blog.csdn.net/xum2008/article/details/44274615

下面讲解 KD 树的构造过程。

第 1 步：确定左、右子空间。选择 $x_i^{(1)}$ 为轴，对其按从小到大顺序排序，选出其中位数（奇数时选中间的作为中位数，偶数时选中间偏后一位的作为中位数，我们的目标是将点划到分割线上）。这里 $x_i^{(1)}$ 按顺序排列为 2,4,5,7,8,9，所以中位数为 7，第一次按 $x_i^{(1)} = 7$ 划分矩形区域，确定左右子空间，根节点为 (7,2)；分割超平面 $x_i^{(1)} = 7$ 将整个空间分为两部分：$x_i^{(1)} \leqslant 7$ 的部分为左子空间，包含 3 个节点 {(2,3),(5,4),(4,7)}；另一部分为右子空间，包含 2 个节点 {(9,6),(8,1)}。

第 2 步：确定上、下子空间。对于左子空间包含的节点 {(2,3),(5,4),(4,7)}，按照 $x_i^{(2)} = 4$ 划分，得到上、下两个子空间，分别包含节点 {(2,3)} 和 {(4,7)}；对于右子空间包含的节点 {(9,6),(8,1)}，按照 $x_i^{(2)} = 6$ 划分，得到另一个上、下子空间，上子空间不包含任何节点，下子空间包含节点 {(8,1)}；

第 3 步：重复第 1 步和第 2 步，直至每个点都被划分后停止。

图 5-1 所示的就是三维空间中的数据点划分结果，划分结束后会得到如图 5-2 所示的 KD 树。

5.4.2　搜索 KD 树

假设我们需要找到点 (9,4) 的最近邻，步骤如下。

第 1 步：在 KD 树中找到包含目标点(9,4)的叶子节点。

先从根节点出发,递归向下访问 KD 树:若目标点当前维的坐标小于切分点坐标,则移动到左子节点,否则移动到右子节点;直到子节点为叶子节点为止。

这里就是先从根节点(7,2)出发到第一层子节点(5,4)和(9,6),因为目标点的横轴为9,大于7,所以移至右子节点(9,6)。

因为(9,6)的左子节点为(8,1),右子节点没有,而且(8,1)已经是叶子节点了,所以确定叶子节点(8,1)暂时为目标节点的最近邻点。

第 2 步：从上面确定的最近邻点递归向上回退至父节点,并进行以下操作。

如果该节点保存的数据点比当前最近邻点距离目标点更近,则以该数据点为新的当前最近邻点。

检查该新的当前最近邻点的另一子节点对应的区域内是否有更近的点（相当于以该新的当前最近邻点为球心,以目标点和当前最近邻点间的距离为半径画球,看有无子节点在球内）,如果另一子节点离目标点更近,就移动到该子节点,作为新的最近邻点;否则继续向上回退至上一层的父节点。

当回退到根节点时,搜索结束,最后的"当前最近邻点"即为目标节点的最近邻点。

下面用实例说明,如图 5-3 所示。

从当前最近邻点(8,1)往上回退至它的父节点(9,6),并且看(9,6)到目标点(9,4)是否比当前最邻近点(8,1)更近;这里是更近,所以重新把(8,1)选为新的当前最近邻点。

然后判断(8,1)的另一子节点是否距离目标点(9,4)更近;这里(9,6)不存在另一子节点,所以这一步省略。

然后(9,6)再往上回退,就到了根节点(7,2),搜索结束,最后的最近邻点就是(9,6)。

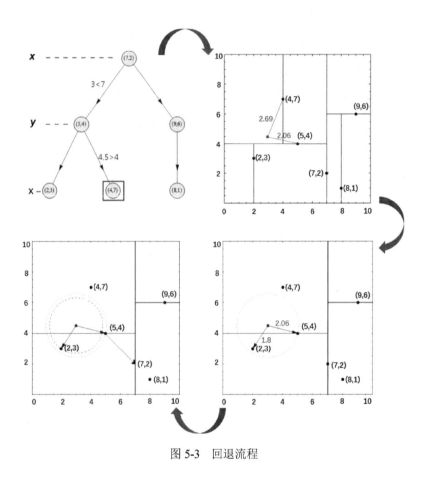

图 5-3　回退流程

5.5　K 近邻的 scikit-learn 实现

scikit-learn 中实现了 K 近邻分类模型和回归模型。

5.5.1　K 近邻分类

scikit-learn 实现如下：

```
sklearn.neighbors.KNeighborsClassifier(n_neighbors=5,
                                       weights='uniform',
                                       algorithm='auto',
                                       leaf_size=30,
```

```
metric='minkowski',
p=2,
n_jobs=-1)
```

参数

- n_neighbors：指定最近邻点的个数，默认为 5。
- weights：指定投票权重类型，默认为 uniform，表示 K 个最近邻点的投票权重均等。如果选择 distance，则表示 K 个最近邻点最后的投票权重与它们距待预测点的距离成反比。
- algorithm：指定寻找最近邻点的算法，默认为 auto，表示自动选择。可以直接指定为 kd_tree（KD 树算法）、ball_tree'（BallTree 算法）或 brute（暴力搜索法）中的一种。
- leaf_size：指定 KD 树算法或 BallTree 算法中叶子节点的数目，默认为 30。
- metric：指定距离度量的类型，默认为 minkowski（闵可夫斯基距离），和后面的参数 p 配合使用。
- p：配合上面的 metric 参数使用，当选择 $p=1$ 时，表示使用曼哈顿距离；当选择 $p=2$ 时，表示使用欧氏距离。
- n_jobs：选择使用计算机的核数，默认为-1，表示使用当前计算机所有可用的 CPU 核。

方法

- fit(X_train, y_train)：在训练集(X_train,y_train)上训练模型。
- score(X_test, y_test)：返回模型在测试集(X_test,y_test)上的预测准确率。
- predict(X)：用训练好的模型来预测待预测数据集 X，返回数据为预测集对应的结果标签 y。
- predict_proba(X)：返回一个数组，数组的元素依次是预测集 X 属于各个类别的概率。
- kneighbors([X, n_neighbors, return_distance])：返回待预测样本点的 K 个最近邻点，当 return_distance=True 时，还会返回这些最近邻点对应的距离。
- kneighbors_graph([X, n_neighbors, model])：返回样本点的连接图。

5.5.2　K 近邻回归

scikit-learn 实现如下：

```
sklearn.neighbors.KNeighborsRegressor(n_neighbors=5,
                                      weights='uniform',
                                      algorithm='auto',
                                      leaf_size=30,
                                      metric='minkowski',
                                      p=2,
                                      n_jobs=-1)
```

KNeighborsRegressor 和 KNeighborsClassifier 的参数、方法都完全一致，这里不再赘述。

5.6　K 近邻应用实例

这里以 scikit-learn 自带的 Iris 数据为例。Iris 是鸢尾花的特征和类别数据集，该数据集总共包含 150 个样本，分为 setosa、versicolor 和 virginica 三类，每类各包含 50 个样本。每个样本包含 4 个特征属性，即萼片长度、萼片宽度、花瓣长度和花瓣宽度。为了用可视化的方式展示分类效果，本实例我们只取其中两个特征维度，即萼片长度和萼片宽度。

程序如下。

```
import numpy as np
import matplotlib.pyplot as plt
from matplotlib.colors import ListedColormap
from sklearn import neighbors        # 导入 KNN 包

# 导入数据集
from sklearn import datasets
iris = datasets.load_iris()

# 查看数据集
print iris.data.shape
print iris.target.shape
print iris.data
```

```
print iris.target

X = iris.data[:, :2]        # 为了方便可视化，只取两个维度特征
y = iris.target             # 分类标签

# 设定颜色
cmap_light = ListedColormap(['#FFAAAA', '#AAFFAA', '#AAAAFF'])
cmap_bold = ListedColormap(['#FF0000', '#00FF00', '#0000FF'])

# 设定 KNN 模型的参数：K 值为 15，投票方式为 uniform
n_neighbors = 15
weights = 'uniform'

# 模型训练
clf = neighbors.KNeighborsClassifier(n_neighbors=n_neighbors,
    weights=weights)
clf.fit(X, y)

# 模型预测及分类结果可视化
x_min, x_max = X[:, 0].min() - 1, X[:, 0].max() + 1
y_min, y_max = X[:, 1].min() - 1, X[:, 1].max() + 1
xx, yy = np.meshgrid(np.arange(x_min, x_max, .02), np.arange(y_min,
    y_max, .02))

Z = clf.predict(np.c_[xx.ravel(), yy.ravel()])

Z = Z.reshape(xx.shape)
plt.figure()
plt.pcolormesh(xx, yy, Z, cmap=cmap_light)

plt.scatter(X[:, 0], X[:, 1], c=y, cmap=cmap_bold)
plt.xlim(xx.min(), xx.max())
plt.ylim(yy.min(), yy.max())
plt.title("3-Class classification (k = %i, weights = '%s')"%
    (n_neighbors, weights))

plt.show()

# 设定 KNN 模型的参数：K 值为 15，投票方式为 distance
n_neighbors = 15
weights = 'distance'
```

```
# 模型训练
clf2 = neighbors.KNeighborsClassifier(n_neighbors=n_neighbors,
    weights=weights)
clf2.fit(X, y)

# 模型预测及分类结果可视化
x_min, x_max = X[:, 0].min() - 1, X[:, 0].max() + 1
y_min, y_max = X[:, 1].min() - 1, X[:, 1].max() + 1
xx, yy = np.meshgrid(np.arange(x_min, x_max, .02), np.arange(y_min,
    y_max, .02))

Z = clf2.predict(np.c_[xx.ravel(), yy.ravel()])

Z = Z.reshape(xx.shape)
plt.figure()
plt.pcolormesh(xx, yy, Z, cmap=cmap_light)

plt.scatter(X[:, 0], X[:, 1], c=y, cmap=cmap_bold)
plt.xlim(xx.min(), xx.max())
plt.ylim(yy.min(), yy.max())
plt.title("3-Class classification (k = %i, weights = '%s')"%
    (n_neighbors, weights))
plt.show()
```

结果如图 5-4 所示。

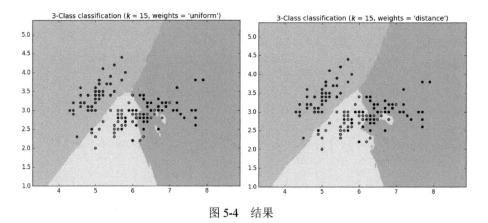

图 5-4　结果

可以看到，当只取数据集的前两个特征维度，K 值取 15，分别采用 uniform（均等投票）和 distance（投票权与距离成反比）方式时，三个类别的鸢尾花基本能够被分辨开来，而且采用 distance 方式的效果稍优于 uniform 方式，这在预料之中。感兴趣的读者可以自己采用所有的特征，利用混淆矩阵来评估一下 K 近邻的效果，这里不再赘述。

5.7 小结

1. 优点

（1）简单且易于实现。

（2）比较适合多分类问题。

（3）对异常值不大敏感。

（4）无数据输入假定。

2. 缺点

（1）预测精度一般，对于大部分问题比不上基于树的方法。

（2）当样本存在范围重叠时，K 近邻的分类精度很低。

（3）即便分类一个样本也要计算所有数据，在大数据环境下很不适应。

3. 场景

（1）比较适合小量且精度要求不高的数据。

（2）比较适合不能一次性获取训练样本的情况。

4. 注意点

K 近邻有 3 个参数对结果影响较大，一个是数据归一化，另一个是 K 值的选择，还有一个是距离的度量方式。

如果不先对数据进行归一化，那么当多个特征的取值范围相差较大时，就会发生距离偏移，最终结果也会受到很大影响。

K 值的选择还是比较关键的，如果 K 值定得太小，那么模型对噪声样本就会非常敏感，分类时可能会产生较大误差；但 K 值若定得太大，则计算量就会变得很大，所以需要根据实际数据量进行权衡。

距离的计算方式也是 K 近邻的核心，一般使用较多的还是欧氏距离。

## 第 6 章

决策树

6.1 概述

决策树（Decision Tree）是一种树状结构模型，可以进行基本的分类与回归，另外它也是后面要讲的集成方法经常采用的基模型。下面以一个实际例子引入。

假设现在有一批客户银行贷款逾期，如表 6-1 所示。

表 6-1 银行贷款逾期情况表

客户 ID	拥有房产	婚姻状况	年收入（万元）	是否逾期
1	是	未婚	16	否
2	否	已婚	10	是
3	否	未婚	14	否
4	是	已婚	20	否
5	否	离婚	6	是
6	是	已婚	18	否
7	否	未婚	12	否
8	否	离婚	9	是

表 6-1 中包含了 8 位客户的数据，每位客户都给出了 3 个特征，分别为：是否拥有房产、婚姻状况、年收入；后面还给出了各客户贷款是否逾期，现在使用决策树建立模型，如图 6-1 所示。

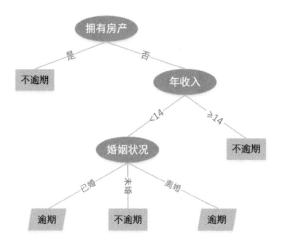

图 6-1　决策树模型

　　建立决策树模型后，后面再来一位新的客户，只需获取他的上述三个特征就可以对其进行分类预测了。如果某客户无房产、未婚、年收入 11 万元，则其对应的分类路径会如图 6-2 中的箭头所示，其预测结果为"不逾期"。

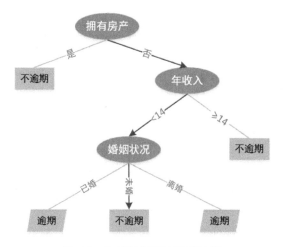

图 6-2　决策树模型的预测过程

　　上面就是一个最基本的决策树模型的构建和预测过程。实际上，我们的训练数据往往比这多得多，因此建立起来的决策树也会比上面复杂得多。另外，决策树还有多种类型，如基本的 ID3 决策树、C4.5 决策树，以及后面要重点介绍的 CART 决策树。不同决策树之间可能存在一些差异，但总体来说，各种决策树的主体思想大同小异，都主要涉及三要素，分别是特征选择、决策树的生成和决策树的剪枝，下面一一介绍。

6.2 特征选择

在上面的例子中，我们只是根据对训练集的主观观测建立了一棵决策树，即通过对整体样本的观测发现：如果第一次按"是否拥有房产"特征划分，第二次按"年收入"特征划分，第三次按照"婚姻状况"特征划分，我们可以将训练样本中的所有用户划分为"逾期"和"不逾期"两者之一，从而建立一个决策树模型。

这在数据量很小的时候是可以使用的，但一旦数据量较大时，仅凭我们主观观测去生成决策树明显是不可行的。而实际情况中，我们得到的训练集样本数据一般都是数以万计的，而且样本的特征也可能达到数十甚至上百，这时候怎么办呢？

其实，在实际建立决策树的过程中，每次特征选择时，是有一套科学标准的，这就是下面我们需要讲解的信息增益、信息增益比、基尼系数等。

6.2.1 信息增益

1. 熵

日常生活中，当我们要搞清楚某件事情时，这件事情的不确定性越大，我们需要了解的信息就越多。由此可以看出，一条信息的信息量大小和它的不确定性有直接关系。受此启发，人们就拿不确定性这个量来度量信息量的大小。

在信息论或概率统计中，用熵度量随机变量的不确定性。熵值越大，随机变量的不确定性就越大。

如果一个随机变量 Y 的可能取值为 $Y = \{c_1, c_2, \ldots, c_K\}$，其概率分布为 $P(Y = c_i) = p_i, i = 1, 2, \ldots, K$。则随机变量 Y 的熵定义为 $H(Y)$，即

$$H(Y) = -\sum_{i=1}^{K} p_i \log p_i$$

log 为以 2 或者 e 为底的对数。

2. 联合熵

当有两个随机变量 X 和 Y 时，同理可以定义它们的联合熵 $H(X,Y)$，即

$$H(X,Y) = -\sum_{i=1}^{N} p(x_i, y_i) \log p(x_i, y_i)$$

3. 条件熵

条件熵用来衡量在已知随机变量 X 的条件下，随机变量 Y 的不确定性，用 $H(Y|X)$ 表示，定义为 X 给定的条件下 Y 的条件概率分布的熵对 X 的数学期望，即：

$$
\begin{aligned}
H(Y|X) &= \sum_x p(x) H(Y|X=x) \\
&= -\sum_x p(x) \sum_y p(y|x) \log p(y|x) \\
&= -\sum_x \sum_y p(x) p(y|x) \log p(y|x) \\
&= -\sum_x \sum_y p(x,y) \log p(y|x) \\
&= -\sum_{x,y} p(x,y) \log p(y|x)
\end{aligned}
$$

条件熵用来衡量在已知随机变量 X 的条件下，随机变量 Y 的不确定性。

4. 信息增益

随机变量 Y 的熵 $H(Y)$ 与 Y 的条件熵 $H(Y|X)$ 之差就是信息增益（Information Gain），记为 $g(Y,X)$，即

$$g(Y,X) = H(Y) - H(Y|X)$$

实际上，熵与条件熵的差也称为互信息（Mutual Information）。ID3 决策树使用应用信息增益作为特征选择标准，信息增益依赖于特征，不同特征往往具有不同的信息增益，信息增益大的特征具有更强的分类能力。

5. 信息增益的计算实例

以上面例子中的数据为例，下面计算选择各个特征时产生的信息增益。

（1）首先，计算各个类别的熵。

样本标签一共包含"是"和"否"两类，其中，$P(是) = \frac{3}{8}$，$P(否) = \frac{5}{8}$，所以：

$$H(Y) - \frac{3}{8}\log_2\frac{3}{8} - \frac{5}{8}\log_2\frac{5}{8} = 0.9544$$

（2）其次，计算各个特征（是否拥有房产，婚姻状况，年收入）对 Y 的信息增益。

对于房产特征

一共有"是"和"否"两种，两种出现的概率为 $P(是) = \frac{3}{8}$，$P(否) = \frac{5}{8}$，所以由条件概率的性质有：

$$
\begin{aligned}
H(Y|房产) &= \frac{3}{8}H(Y_是) + \frac{5}{8}H(Y_否) \\
&= \frac{3}{8} \times 0 + \frac{5}{8}\left(-\frac{3}{5}\log_2\frac{3}{5} - \frac{2}{5}\log_2\frac{2}{5}\right) \\
&= 0.6069
\end{aligned}
$$

所以，如果采用有无房产特征来进行决策树划分，则产生的信息增益为

$$g(Y, 房产) = H(Y) - H(Y|房产) = 0.9544 - 0.6069 = 0.3475$$

对于婚姻特征

一共有"已婚""未婚""离婚"三种，出现的概率分别为 $P(已婚) = \frac{3}{8}$，$P(未婚) = \frac{3}{8}$，$P(离婚) = \frac{2}{8}$，所以由条件概率的性质有：

$$
\begin{aligned}
H(Y|婚姻) &= \frac{3}{8}H(Y_{已婚}) + \frac{3}{8}H(Y_{未婚}) + \frac{2}{8}H(Y_{离婚}) \\
&= \frac{3}{8} \times 0\left(-\frac{2}{3}\log_2\frac{2}{3} - \frac{1}{3}\log_2\frac{1}{3}\right) + \frac{2}{8} \times 0 \\
&= 0.3444
\end{aligned}
$$

所以，如果采用婚姻特征来进行决策树划分，则产生的信息增益为

$$g(Y, 婚姻) = H(Y) - H(Y|婚姻) = 0.9544 - 0.3444 = 0.61$$

对于年收入特征

可以看到，年收入特征的取值是数值型而非类别型，对于这类特征，无法直接计算其信息增益，一般需要先对其进行离散化处理，比如收入 0~10 万元为一个类别，10 万元~20 万元为另一个类别，将其转化为类别型特征，然后用与上面类似的方法计算信息增益。

在 ID3 决策树中，对于数值型特征是无法直接处理的，必须先提前人工将特征量化好；后面的 C4.5 决策树和 CART 决策树均对其做了改进，可以自动处理连续特征，具体的处理方式在后面会详细介绍，这里不再深入。

6.2.2 信息增益比

用信息增益作为划分训练集特征的标准时，有一个潜在的问题，那就是相比之下其会倾向于选择类别取值较多的特征。因此人们提出使用信息增益比（Information Gain Ratio）来对这一问题进行校正。

特征 X 对训练集的信息增益比定义为特征 X 的信息增益 $g(Y, X)$ 与特征 X 的取值的熵 $H(X)$ 的比值，记为 $g_R(Y, X)$，即

$$g_R(Y, X) = \frac{g(Y, X)}{H(X)}$$

以上面例子中房产特征的信息增益比计算来说明，具体如下。

房产特征一共有"是"和"否"两种，两种出现的概率为 $P(是) = \frac{3}{8}$，$P(否) = \frac{5}{8}$。

房产特征取值的熵：

$$H(房产) = -\frac{3}{8}\log_2\frac{3}{8} - \frac{5}{8}\log_2\frac{5}{8} = 0.9544$$

房产特征的信息增益：

$$g(Y, 房产) = H(Y) - H(Y|房产) = 0.3475$$

所以房产特征的信息增益比为

$$g_R\left(Y, 房产\right) = \frac{g\left(Y, 房产\right)}{H\left(房产\right)} = \frac{0.9544}{0.3475} = 0.3641$$

6.2.3　基尼系数

基尼系数（Gini）可以用来度量任何不均匀分布，且介于 0~1 之间的数（0 指完全相等，1 指完全不相等）。分类度量时，总体包含的类别越杂乱，基尼系数就越大（与熵的概念相似）。

基尼指数主要用来度量数据集的不纯度。基尼指数越小，表明样本只属于同一类的概率越高，即样本的纯净度越高。在计算出数据集某个特征所有取值的基尼指数后，就可以得到利用该特征进行样本划分产生的基尼指数增加值（GiniGain）；决策树模型在生成的过程中就是递归选择 GiniGain 最小的节点作为分叉点，直至子数据集都属于同一类或者所有特征用光。

在分类问题中，假设有 K 个类别 $c_1, c_2, \ldots, c_K$，样本点属于第 k 类的概率为 p_k，则该概率分布的基尼系数定义为

$$\text{Gini}(p) = \sum_{k=1}^{K} p_k \cdot (1 - p_k) = 1 - \sum_{i=1}^{K} p_k^2$$

对于给定的样本集合 D，其基尼系数为

$$\text{Gini}(D) = 1 - \sum_{k=1}^{K} \left(\frac{|c_k|}{|D|}\right)^2$$

式中，c_k 是 D 中属于第 k 类的样本子集，K 是类别的个数。

如果样本 D 根据特征 A 的某个值 a，把 D 分成 D_1 和 D_2 两部分，则在特征 A 的条件下，D 的基尼系数表达式为

$$\text{Gini}(D, A) = \frac{|D_1|}{|D|} \text{Gini}(D_1) + \frac{|D_2|}{|D|} \text{Gini}(D_2)$$

二分类问题中基尼系数 $\text{Gini}(p)$、熵之半 $\frac{1}{2}H(p)$ 和分类误差率之间的关系如图 6-3

所示，横坐标表示概率p，纵坐标表示损失。

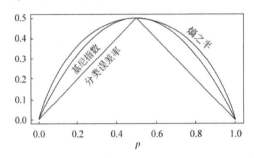

图 6-3　二分类问题中基尼系数、熵之半和分类误差率之间的关系

6.3　决策树的生成

6.3.1　ID3 决策树

ID3 决策树使用信息增益作为特征选择标准。

输入：假设训练数据集D包含M个样本；样本一共含有K个类别，类别集合为C；每个样本含有N个特征，特征集合为F；停止分裂的阈值为ε。

输出：决策树 T。

步骤如下。

第 1 步：如果训练集D中的M个样本已经属于同一类别，则直接返回单节点树T，并将该唯一类C_k作为该树节点的类别。

第 2 步：如果训练集D中的M个样本不属于同一类别，但是特征集合只含有单个特征，则也直接返回单节点树T，且该样本集合D中实例数最大的类作为该树节点的类别。

第 3 步：如果非以上两种情况，则分别计算特征集合F中的N个特征的信息增益，选择信息增益最大的特征F_n。如果该信息增益小于阈值ε，则返回上述单节点树T，且将该样本集合D中实例数最大的类作为该树节点的类别。

第 4 步：否则，按照特征 F_n 的不同取值种类，将对应的样本 D 分成不同的子类别 D_i，每个子类别产生一棵树的子节点。

第 5 步：对于每个子节点，令 $D = D_i$，$F = F - F_n$，递归调用第 1 步到第 4 步，直到得到满足条件的 ID3 决策树。

6.3.2　C4.5 决策树

使用信息增益来选择特征的一个缺点就是容易偏向于优先选取取值种类较多的特征，除此之外，ID3 决策树还有两个缺点：①不能处理连续值特征，②容易过拟合。

针对以上三个缺点，C4.5 决策树给出了解决办法。

针对缺点 1：ID3 决策树容易偏向于优先选取取值种类较多的特征。

解决办法就是用信息增益比替代信息增益。

针对缺点 2：ID3 决策树不能处理连续值特征。

C4.5 决策树的思路是先将连续的特征离散化，比如，年收入特征是一个连续特征，我们可以先对训练样本中年收入特征下的所有取值进行排序，从小到大依次为"6，9，10，12，14，16，18，20"，它们对应的类别标签依次为"是，是，是，否，否，否，否，否"；找出类别标签有变化的地方，这里只有一次变化，对应的是特征取值 10 到 12 之间，这里取 12 作为阈值进行划分，即将年收入特征中小于 12 的作为一类，大于等于 12 的作为另一类。

针对缺点 3：ID3 决策树容易过拟合。

决策树的过拟合问题主要是由于树的分叉过细造成的，决策树分叉过细会导致最后生成的决策树模型对训练集中的数据拟合得特别好，但是对新的预测集数据却预测得很差，即模型的泛化能力不好。

C4.5 决策树引入了正则化系数进行初步的剪枝来缓解过拟合问题，具体的剪枝策略在下节的 CART 决策树中会详细介绍。

除上述三点改进外，C4.5 决策树和 ID3 决策树几乎一样。

6.3.3　CART 决策树

C4.5 决策树虽然在 ID3 决策树的基础上做了一些改进，但还是存在一些不足，主要表现在以下三点。

首先，C4.5 决策树使用了熵模型，以信息增益比作为特征的选择标准，每次划分子树的过程中会涉及很多的对数计算，计算过程较为复杂。

其次，ID3 决策树和 C4.5 决策树采用的都是多叉树形式，即每次分叉成子树时都是按照其所选特征包含的所有种类数来划分的。例如，婚姻状况特征有"已婚""未婚""离婚"三种取值，因而采用婚姻特征划分子树时，会直接一次性生成 3 棵子树，而且后面的过程中不会再用到婚姻状况这个特征。也就是说，一旦按某特征切分后，该特征在之后的算法执行过程中将不再起作用。但事实证明，这样划分特征是过于粗糙的，特征信息的利用率较低。另外，C4.5 决策树对连续值的处理方式是按区间将其离散化的，这样或多或少会损失一部分信息。比如，把年收入值在区间[0,12)的全部归为类别"1"，在区间[12,20)的全部归为类别"2"，但明显年收入为 3 万元的用户和年收入为 11 万元的用户是有一定区别的，所以强制将其归为同一类时，就相当于主动放弃了该特征的某些内部信息。

最后，当我们面对的不是一个类别预测问题，而是一个连续结果值预测的回归问题时，ID3 决策树和 C4.5 决策树均无法处理。

针对上述问题，人们进一步提出了一种叫作分类回归树（Classification And Regression Tree，CART）的模型，CART 既可以用于分类任务，又可以用于回归任务。

针对问题 1：ID3 决策树和 C4.5 决策树特征选择过程对数计算过于复杂。

当 CART 决策树用于分类任务时，采用基尼系数作为特征选择标准（基尼系数可达到与熵值近似的效果，但是其计算要比基于熵的情况简捷很多）。当 CART 决策树用于回归任务时，采用平方误差最小化准则进行特征选择（和普通的回归问题是一样的）。这样可以减少大量的对数运算问题。

针对问题二：ID3 决策树和 C4.5 决策树对特征划分过于迅速。

与 ID3 决策树和 C4.5 决策树采用多叉树进行特征划分不同，CART 分类树与回归树采用二叉树来对每一个特征进行划分，具体过程如下。

当某一特征是离散值时，比如样本的某特征有{1,2,3}三种可能取值，那么 CART 将分别计算按照{1}和{2,3}、{2}和{1,3}、{3}和{1,2}三种情况划分时对应的基尼系数或平方误差，然后从中选择基尼系数最小或平方误差最小的划分组合来进行二切分，分叉成两个二叉子树。

当某一特征是连续值时：比如样本中的年收入特征的取值可能有"6，9，10，12，14，16，18，20"等多个值，那么就先将这些值按从大到小的顺序排列好，然后依次取每两个相邻值的中位数作为划分点（假设上面年收入特征在样本中一共有 n 个，则相当于要进行 $n-1$ 次划分），然后比较这 $n-1$ 次划分对应的基尼系数或者平方误差，选择基尼系数或平方误差最小的划分来生成二叉子树。

这里补充说明一下：ID3 决策树和 C4.5 决策树每次在选择一个特征后，是直接按照该特征下面所包含的所有特征类目数来生成多叉子树的，所以每次只需计算该特征的加入带来的信息增益（比）即可。但 CART 采用的是二叉树划分，因此实际上在每次特征选择时其实是计算了某个特征下某个切分点的基尼系数或平方误差的，即 ID3 决策树和 C4.5 决策树每次特征选择的最小单位是训练集中的某一个特征（一旦特征确定，后面的划分就已经确定了），而 CART 每次进行特征选择的最小单位其实是某个特征下的某个切分点（每次确定的不是整个特征，而是某个特征下的一个最优二切分点）。正是这个原因，使得 CART 可以对同一特征进行多次利用。

针对问题三：ID3 决策树和 C4.5 决策树不能处理回归问题。

回归问题的结果取值是很多个连续值，因此不能像分类问题一样采用信息增益或基尼系数等特征选择标准，怎么办呢？很简单，直接使用均方误差就行，即计算每一次特征划分后的结果与实际结果值之间的均方误差，采用均方误差最小的划分作为最优划分。

解决了特征选择问题，还剩另外一个结果处理问题，所有决策树采用的结果处理方式都是对每一个叶子节点里面包含的所有样本的类别进行统计，然后选择样本类别占多数者对应的类别标签作为该叶子节点的类别标签。换到回归问题，其实只需稍作变化即可，比如每个叶子节点对应的结果值就取该叶子节点中所有样本点标签值的均值。

1. CART 分类树

CART 分类树的生成过程以基尼系数最小准则来选择特征。

输入：假设训练数据集 D 包含 M 个样本；样本一共含有 K 个类别，类别集合为 C；每个样本含有 N 个特征，特征集合为 F。

输出：CART 分类树 T。

步骤如下。

第 1 步：如果训练集 D 中的 M 个样本已经属于同一类别，则直接返回单节点树 T，并将该唯一类 C_k 作为该树节点的类别。

第 2 步：否则，分别计算特征集合 F 中 N 个特征下面各个切分点的基尼系数，选择基尼系数最小的划分点将训练集 D 划分为 D_1 和 D_2 两个子集，分别对应二叉树的两个子节点上。

第 3 步：令左、右节点的数据集 $D_1 = D$，$D_2 = D$，分别递归调用第 1 步和第 2 步，直到得到满足条件的 CART 分类树。

2. CART 回归树

前面说过，CART 回归树和 CART 分类树的生成过程基本类似，差别主要体现在特征选择标准和结果输出处理方式两点上，下面进一步阐述。

差别 1：特征选择标准不同。

对于 CART 分类树，在选取特征的最优划分点时，使用的是某一特征的某个划分点对应的基尼系数值；而对于 CART 回归树，我们使用了均方误差来衡量。

具体做法是：对于含有 M 个样本、每个样本的特征维度为 N 的训练数据集 D，遍历样本的特征变量 F_n，$n = 1,2,\dots,M$，对每一个特征变量 F_n，扫描所有可能的 K 个样本切分点 S_k，$k = 1,2,\dots,K$，样本切分点 S_k 每次将数据集 D 划分为 D_1 和 D_2 两个子集。我们的目标是选出划分点 S_k，使 D_1 和 D_2 各自集合的标准差最小，同时 D_1 和 D_2 的标准差

之和也最小，写成数学表达式为

$$\min_{F_n,S_k}\left\{\min_{c_1}\left[\sum_{x_i\in D_1}(y_i-c_1)^2\right]+\min_{c_2}\left[\sum_{x_j\in D_2}(y_j-c_2)^2\right]\right\}$$

其中，c_1为D_1数据集中所有样本的输出均值，y_i是D_1数据子集中各样本的实际值，c_2为D_2数据集中所有样本的输出均值，y_j是D_2数据子集中各样本的实际值。

差别 2：决策树结果输出处理方式不同。

对于分类情况，CART 分类树对结果的处理方式是对每一个叶子节点里面包含的所有样本的类别进行统计，然后选择样本类别占多数者对应的类别标签作为该叶子节点的类别标签；CART 回归树的输出结果不是类别，因而它把最终各个叶子中所有样本对应结果值的均值或者中位数当作预测的结果输出（注：最后生成的决策树的各个叶子节点中一般仍含有多个样本）。

具体做法是：对于每一个选定的F_n，通过求解上面的最优化式子，可以找到一个最优划分点S_k。S_k将训练数据集D划分为D_1和D_2两个子集，分别进入 CART 决策树的左右两个分支节点，两分支节点的输出值分别取为

$$\bar{c}_1=\frac{1}{N_1}\sum_{x_i\in D_1}y_i\quad,\qquad \bar{c}_2=\frac{1}{N_2}\sum_{x_i\in D_2}y_i$$

其中，N_1和N_2分别表示D_1和D_2两个子数据集中的样本数目。

这样，经过多次二叉划分后，输入空间最终会被划分为很多个小的单元，假设一共有L个，即$D_1,D_2,...,D_L$；并且第l个小单元D_l中仍然包含N_l个样本数据，则每个小单元里面的样本的输出均值为

$$\bar{c}_k=\frac{1}{N_k}\sum_{x_i\in D_l}y_i$$

所以最终迭代停止后生成的 CART 回归树为

$$f(x)=\sum_{l=1}^{L}\bar{c}_k\cdot I(x_i\in D_k)$$

除上述两点外，CART 分类树和 CART 回归树的生成过程和预测过程基本一致。

3. CART 回归树的过程

输入：训练集$T = \{(\boldsymbol{x}_1, y_1), (\boldsymbol{x}_2, y_2), ..., (\boldsymbol{x}_M, y_M)\}$。

输出：回归树$f(\boldsymbol{x})$。

步骤如下。

第 1 步：选择最优切分特征变量F_n与切分点S_k，求解

$$\min_{F_n, S_k} \left\{ \min_{c_1} \left[\sum_{\boldsymbol{x}_i \in D_1} (y_i - c_1)^2 \right] + \min_{c_2} \left[\sum_{\boldsymbol{x}_j \in D_2} (y_j - c_2)^2 \right] \right\}$$

即遍历F_n，对每个选定的F_n，扫描切分点S_k，最后从得到的结果中选择使上式达到最小的(F_n, S_k)对。

第 2 步：用选定的(F_n, S_k)对二划分区域，生成二叉树的左右分支，并用下式决定两分支的输出值。

$$\bar{c}_1 = \frac{1}{N_1} \sum_{\boldsymbol{x}_i \in D_1} y_i \quad , \qquad \bar{c}_2 = \frac{1}{N_2} \sum_{\boldsymbol{x}_i \in D_2} y_i$$

第 3 步：重复第 1 步和第 2 步，直至满足迭代停止条件，将样本空间划分成$D_1, D_2, ..., D_K$，共K个小单元，生成最终的决策树$f(\boldsymbol{x})$，即

$$f(x) = \sum_{l=1}^{L} \bar{c}_k \cdot I(\boldsymbol{x}_i \in D_k)$$

6.4 决策树的剪枝

决策树算法很容易对训练集过拟合，从而导致泛化能力较差。为了解决这个问题，一般需要对 CART 决策树进行剪枝。

剪枝有先剪枝和后剪枝两种，先剪枝是在生成决策树的过程中就采取一定措施

来限制某些不必要的子树的生成（比如前面在 C4.5 决策树的生成过程中设置一个阈值，当小于阈值时就不再分叉子树了）。后剪枝就是先使用训练集中的大部分数据去尽可能生成一棵最大的树，然后从决策树的底端开始不断剪枝，直到形成一棵只有一个根节点的子树 T_0，得到一个剪枝后的子树序列 $\{T_0, T_1, ..., T_K\}$，最后利用余下的数据进行交叉验证，选出其中的最优子树。

实际使用较多的还是后剪枝，下面就以 CART 为代表来具体说明决策树的后剪枝过程。这里先说明一下，CART 分类树和 CART 回归树的剪枝策略是一样的，唯一的区别在于度量损失时一个使用基尼系数，另一个使用平方误差，所以下面就将其统一起来进行讲解。

按照假设，我们现在已经生成了一棵最大树 T，以及由该树不断剪枝得到的一个子树序列 $\{T_0, T_1, ..., T_K\}$。设第 i 棵子树 T_i 的预测误差为 $L(T_i), i = 1,2, ..., K$（该误差由验证集数据通过特征选择标准得到，分类用基尼系数，回归用平方误差），加入一个关于该子树的正则化项 $\alpha|T_i|$（$|T_i|$ 是子树 T_i 的叶子节点的数量，$\alpha \geqslant 0$，为一个系数，用来权衡模型在训练集上的预测准确度和模型的复杂度），则任意一棵子树 T_i 的预测损失函数为

$$L(\alpha, T_i) = L(T_i) + \alpha|T_i|, i = 1,2, ..., K$$

我们的目标是希望损失函数 $L(\alpha, T_i)$ 最小。对于同一批测试集样本数据，当 α 设定好后，$L(\alpha, T_i)$ 其实是一个关于叶子节点数的函数，上式中的 $L(T_i)$ 是关于叶子节点数的递减函数，$\alpha|T_i|$ 是关于叶子节点数的递增函数，所以为了得到最小的 $L(\alpha, T_i)$，我们需要平衡好二者，因此选定合适的权衡系数 α 是很重要的。一旦 α 的值被设定，我们就只能通过调节上式中 T_i 的值来找到损失函数 $L(\alpha, T_i)$ 的最优点，而 T_i 值变小就相当于选择了剪枝更多的子树，所以 α 值就是决定我们剪枝强度的那个量。

对于最大树 T 内部的任意一个节点 t，以 t 为根节点的子树 T_t 的损失函数为

$$L(\alpha, T_t) = L(T_t) + \alpha|T_t|$$

以 t 为单节点树时（即对该节点 t 剪枝至只剩一个根节点 t）的损失函数为

$$L(\alpha, t) = L(t) + \alpha$$

- 当 $\alpha = 0$ 或 α 很小时，明显有 $L(\alpha, t) > L(\alpha, T_t)$。
- 当 α 很大时，$\alpha|T_t|$ 会占绝对优势，因此 $L(\alpha, T_t) > L(\alpha, t)$。
- 自然，当 α 取一个适当的值时，会存在 $L(\alpha, t) = L(\alpha, T_t)$。即 α 取适当值时，可以使得剪枝后的损失函数 $L(\alpha, t)$ 等于未剪枝时的损失函数 $L(\alpha, T_t)$，此时：

$$L(T_t) + \alpha|T_t| = L(t) + \alpha$$

推出：

$$\alpha = \frac{L(t) - L(T_t)}{|T_t| - 1}$$

因为当满足条件 $\alpha = \frac{L(t) - L(T_t)}{|T_t| - 1}$ 时，子树 T_t 和其对应剪枝后的子子树 t 具有相同的损失函数，但是此时子子树 t 的节点数更少，因此它比子树 T_t 更可取；所以此时可以对 T_t 进行剪枝，也就是将它的子节点全部剪掉，变为一个叶子节点 t。

在剪枝后的子树序列 $\{T_0, T_1, \dots, T_K\}$ 中，每棵子树 T_t 都对应一个是否剪枝的阈值 α_t，$t = 1, 2, \dots, K$，α_t 由式子 $\alpha_t = \frac{L(t) - L(T_t)}{|T_t| - 1}$ 计算得到。利用验证集数据，依次测试各棵子树 T_t 的基尼系数或平方误差；基尼系数或平方误差最小的子树被认为是剪枝后最优的决策树，与此树对应的 α 为最优阈值。

所以最终 CART 的剪枝过程如下。

输入：由训练集数据生成的 CART 最大树 T。

输出：由验证集数据参与剪枝后得到的最优决策树 T_α。

步骤如下。

第 1 步：初始化剪枝阈值 $\alpha_{min} = \infty$，最优子树集合 $W = \{T\}$。

第 2 步：从叶子节点开始，自下而上，计算各内部节点 t 的训练误差函数 $L(T_t)$ 和剪枝后的误差函数 $L(t)$、叶子节点数 $|T_t|$，得到剪枝阈值 $\alpha_t = \frac{L(t) - L(T_t)}{|T_t| - 1}$，取 $\alpha = \min\{\alpha_t, \alpha_{min}\}$，更新 $\alpha_{min} = \alpha$，其中 $t = 1, 2, \dots K$，得到所有节点的 α 值的集合 M。

第 3 步：从 M 中选择最大的 α_k，自上而下访问内部节点 t，如果 $\alpha_t \leqslant \alpha_k$，则进行剪枝，并决定新的叶子节点 t 的预测输出值（如果是分类，则取节点 t 中出现概率最高的类别作为预测输出类别；如果是回归，则取节点t中所有样本的输出值的均值作为输出），这样得到α_k对应的最优子树T_k。

第 4 步：更新最优子树集合$W = W \cup T_k$，剪枝阈值集合$M = M - \{\alpha_k\}$；

第 5 步：如果M不为空，则返回第 3 步；否则已经得到所有可选的最优子树集合W。

第 6 步：利用验证集数据交叉验证，从上面得到的最优子树集合中选择出最优子树T_α。

6.5　决策树的 scikit-learn 实现

决策树的 scikit-learn 实现使用了优化后的 CART 模型，既可以做分类，又可以做回归。CART 分类树对应的是 DecisionTreeClassifier，而 CART 回归树对应的是 DecisionTreeRegressor。DecisionTreeClassifier 和 DecisionTreeRegressor 的参数基本一样，下面对二者的重要参数进行说明。

scikit-learn 实现如下：

```
class sklearn.tree.DecisionTreeClassifier(criterion='gini',
                                          splitter='best',
                                          max_features=None,
                                          max_depth=None,
                                          max_leaf_nodes=None,
                                          min_samples_split=2,
                                          min_impurity_split=1e-07,
                                          min_samples_leaf=1,
                                          class_weight=None)
```

参数

- criterion：特征选择标准；可选 gini 或 entropy，前者代表基尼系数，后者代表信息增益。默认为基尼系数，即 CART。如果想使用 ID3 决策树或 C4.5 决策树，可以改用 entropy。
- splitter：特征划分点选择标准。可选 best 或 random，前者代表每次按照特征选择标准选择最优划分，后者是在部分划分点中随机地找局部最优划分点。默认为 best，当数据量较大时，为了加快训练速度可以考虑改用 random。

- max_features：划分时考虑的最大特征数；可选 None、log2、sqrt、auto，默认是 None，表示划分时考虑所有的特征数。如果选择 log2，则表示划分时最多考虑 $\log_2 N$ 个特征（N 为样本的特征总数）。如果选择 sqrt 或 auto，则表示划分时最多考虑 $\sqrt{N}$ 个特征。如果样本特征数不多，则使用默认的 None 就可以了。

- max_depth：决策树最大深度。默认不输入，表示决策树在建立子树时不会限制子树的深度。当模型样本量多、特征也多的情况下可以设置该参数进行限制，常用取值在 10~100 之间。

- max_leaf_nodes：最大叶子节点数。默认是 None，即不限制最大的叶子节点数量。如果特征数较多时可以加以限制，防止过拟合。

- min_samples_split：内部节点划分所需最小样本数。如果某节点的样本数小于设置的 min_samples_split 值，则不会继续分叉子树；默认是 2。当样本数较大时建议增大这个值。

- min_impurity_split：节点划分的最小不纯度。该值用来限制决策树的分叉，如果某节点的不纯度（信息增益（比）、基尼系数、标准差）小于这个阈值，则该节点不再分叉成子节点，即直接作为叶子节点。

- min_samples_leaf：叶子节点最少样本数。如果某叶子节点中的样本数目小于设置的 min_samples_leaf 值，则会和兄弟节点一起被剪枝； 默认是 1，如果样本数较大时建议增大这个值。

- class_weight：样本所属类别的权重。该参数仅存在于分类树中，默认为 None，表示不考虑样本类别分布情况。但对于训练集数据类别分布非常不均匀（正负样本不平衡问题十分常见）的情况，建议使用该参数来防止模型过于偏向样本多的类别。可以设置为 balanced，此时算法会自动计算样本类别权重，类别量少的样本所对应的样本权重会变高。当然，也可以自己指定各个样本的权重。

属性

- feature_importances_：给出各个特征的重要程度，值越大表示对应的特征越重要。

- tree_：底层的树对象。

方法

- fit(X_train,y_train)：在训练集(X_train,y_train)上训练模型。
- score(X_test,y_test)：返回模型在测试集(X_test,y_test)上的预测准确率。
- predict(X)：用训练好的模型来预测待预测数据集 X，返回数据为预测集对应的结果标签 y。
- predict_proba(X)：返回一个数组，数组的元素依次是预测集 X 属于各个类别的概率，回归树没有该方法。
- predict_log_proba(X)：返回一个数组，数组的元素依次是预测集 X 属于各个类别的对数概率，回归树没有该方法。

6.6　决策树应用于文本分类

程序 1

```python
# 导入数据集
from sklearn import datasets
iris = datasets.load_iris()

X = iris.data[:, :2]      # 为了方便可视化，只取其中两个维度的特征
y = iris.target           # 分类标签

# 导入可视化包
import numpy as np
import matplotlib.pyplot as plt
from matplotlib.colors import ListedColormap

# 设定颜色
cmap_light = ListedColormap(['#FFAAAA', '#AAFFAA', '#AAAAFF'])
cmap_bold = ListedColormap(['#FF0000', '#00FF00', '#0000FF'])

# 模型训练
from sklearn.tree import DecisionTreeClassifier

# 使用 CART 分类树的默认参数
DT_clf = DecisionTreeClassifier()
DT_clf.fit(X, y)
```

```
# 模型预测及分类结果可视化
x_min, x_max = X[:, 0].min() - 1, X[:, 0].max() + 1
y_min, y_max = X[:, 1].min() - 1, X[:, 1].max() + 1
xx, yy = np.meshgrid(np.arange(x_min, x_max, .02), np.arange(y_min,
    y_max, .02))

Z = DT_clf.predict(np.c_[xx.ravel(), yy.ravel()])

Z = Z.reshape(xx.shape)
plt.figure()
plt.pcolormesh(xx, yy, Z, cmap=cmap_light)

plt.scatter(X[:, 0], X[:, 1], c=y, cmap=cmap_bold)
plt.xlim(xx.min(), xx.max())
plt.ylim(yy.min(), yy.max())
plt.title("decision tree use default parameter")

plt.show()
```

输出结果如图 6-4 所示。

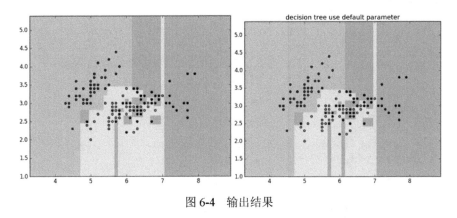

图 6-4　输出结果

可以看出，当数据特征维度和第 5 章的 K 近邻一样使用前面两个维度时，利用决策树模型进行训练和预测，得到的结果（图 6-4 中的右侧图像）和样本实际类别几乎没有区别，由此可以看出树模型的强大。

下面再使用全部四个特征，模型参数仍使用默认设置，量化来看模型预测结果，程序如下。

程序 2

```
# 使用 Iris 数据的所有特征
XX = iris.data

# 原训练集按 6∶4 划分为训练集和测试集
from sklearn.cross_validation import train_test_split
X_train, X_test, y_train, y_test = train_test_split(XX, y,
    test_size=0.4)

# 使用 CART 分类树的默认参数
DT_clf2 = DecisionTreeClassifier()
DT_clf2.fit(X_train, y_train)

# 得到模型对测试集的预测结果
y_pred = DT_clf2.predict(X_test)        # 预测类别

# 模型结果验证
from sklearn.cross_validation import cross_val_score
print '交叉验证结果：'
print cross_val_score(DT_clf2, X_test, y_test, cv=5)

from sklearn.metrics import classification_report
print '查准率、查全率、F1 值：'
print classification_report(y_test, y_pred, target_names=None)

from sklearn.metrics import confusion_matrix
print '混淆矩阵：'
print confusion_matrix(y_test, y_pred, labels=None)
```

交叉验证结果：

```
[ 1.  1.  1.  1.  1.]
```

查准率、查全率、F1 值：

```
             precision    recall   f1-score   support
         0     1.00        1.00      1.00       22
         1     1.00        1.00      1.00       19
         2     1.00        1.00      1.00       19
avg / total    1.00        1.00      1.00       60
```

混淆矩阵：

```
[[22   0   0]
 [ 0  19   0]
 [ 0   0  19]]
```

可以看出，模型在该数据集上已经达到了非常完美的效果，但有可能存在过拟合。即使没有过拟合，也不要想当然地觉得决策树模型就一定比其他模型优秀，因为不同模型的适用场景不同，没有在各个方面都完美的模型。一定要深入了解实际业务问题，结合实际业务选取最适合它的模型，方有可能得到一个较为理想的结果。

6.7　小结

1. 优点

（1）简单且易于理解。对决策树模型进行可视化后可以很清楚地看到每一棵树分支的参数，而且很容易理解其背后的逻辑。

（2）可以同时处理类别型和数值型数据。

（3）可以处理多分类和非线性分类问题。

（4）模型训练好后进行预测时运行速度可以很快。决策树模型一经训练后，后面的预测过程只是对各个待预测样本从树的根节点往下找到一条符合特征约束的路径，几乎不存在其他额外的计算量，因此预测速度很快。

（5）方便做集成。树模型的精度较高，虽然存在易过拟合的风险，但可以通过集成来改善，后面的随机森林和 GBDT 等集成模型都是使用决策树作为基学习器的，随后会对这些集成模型进行详细介绍。

2. 缺点

（1）决策树模型对噪声比较敏感，在训练集噪声较大时得到的模型容易过拟合（但可以通过剪枝和集成来改善）。

（2）在处理特征关联性较强的数据时表现不太好。

3. 注意点

本章详细介绍了 ID3、C4.5 和 CART 三种决策树模型的原理，并用 scikit-learn 自带的 Iris 数据展示了其强大的非线性分类效果。实际应用中虽然很少直接使用单棵决策树模型处理分类或回归任务，但是其通常被用作随机森林和 GBDT 等集成学习模型的基学习器，因此我们有必要弄清楚其工作原理和过程。下面对决策树模型做一个基本的比较，如表 6-2 所示。

表 6-2　决策树模型的比较

	输入数据类型	树类型	特征选择标准	输出类型
ID3	标称型	二叉树和多叉树均可	信息增益	二分类或多分类
C4.5	标称型、标量型	二叉树和多叉树均可	信息增益比	二分类或多分类
CART 分类	标称型、标量型	只能是二叉树	基尼系数	二分类或多分类
CART 回归	标称型、标量型	只能是二叉树	平方误差	回归（相当于多分类）

## 第 7 章

Logistic 回归

7.1 Logistic 回归概述

简单来说，Logistic 回归模型就是将线性回归的结果输入一个 Sigmoid 函数，将回归值映射到 0~1，表示输出为类别"1"的概率。

7.2 Logistic 回归原理

7.2.1 Logistic 回归模型

线性回归表达式如下：

$$z_i = \boldsymbol{w} \cdot \boldsymbol{x}_i + \boldsymbol{b}$$

式中，$\boldsymbol{x}_i$ 是第 i 个样本的 N 个特征组成的特征向量，即 $\boldsymbol{x}_i = \left(x_i^{(1)}, x_i^{(2)}, \dots, x_i^{(N)} \right)$；$\boldsymbol{w}$ 为 N 个特征对应的特征权重组成的向量，即 $\boldsymbol{w} = (w_1, w_2, \dots, w_N)$；$\boldsymbol{b}$ 是第 i 个样本对应的偏置常数。

Sigmoid 函数：

$$y_i = \frac{1}{1 + e^{-z_i}}$$

其中，Z_i 是自变量，y_i 是因变量，e 是自然常数。

Sigmoid 函数的图像如图 7-1 所示。

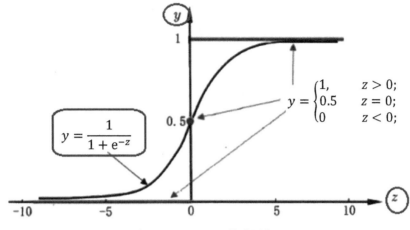

图 7-1　Sigmoid 函数的图像

在线性回归的结果上套一个 Sigmoid 函数就能得到 Logistic 回归的结果，即

$$y_i = \frac{1}{1 + e^{-z_i}} = \frac{1}{1 + e^{-(\boldsymbol{w} \cdot \boldsymbol{x}_i + b)}}$$

如果我们将 $y_i = 1$ 视为 $\boldsymbol{x}_i$ 作为正例的可能性，即

$$P(y_i = 1|\boldsymbol{x}_i) = \frac{1}{1 + e^{-(\boldsymbol{w} \cdot \boldsymbol{x}_i + b)}} = \frac{e^{\boldsymbol{w} \cdot \boldsymbol{x}_i + b}}{1 + e^{\boldsymbol{w} \cdot \boldsymbol{x}_i + b}}$$

那么反例 $y_i = 0$ 的可能性就为

$$P(y_i = 0|\boldsymbol{x}_i) = 1 - P(y_i = 1|\boldsymbol{x}_i) = \frac{1}{1 + e^{\boldsymbol{w} \cdot \boldsymbol{x}_i + b}}$$

定义两者的比值 $\frac{P(y_i=1|\boldsymbol{x}_i)}{P(y_i=0|\boldsymbol{x}_i)}$ 为"概率"，对其取对数得到"对数概率"，可得：

$$\ln \frac{P(y_i = 1|\boldsymbol{x}_i)}{1 - P(y_i = 1|\boldsymbol{x}_i)} = \boldsymbol{w} \cdot \boldsymbol{x}_i + b$$

上面定义的对数概率 $\ln \frac{P(y_i=1|\boldsymbol{x}_i)}{1-P(y_i=1|\boldsymbol{x}_i)}$ 的结果正好是线性回归的预测结果 $\boldsymbol{w} \cdot \boldsymbol{x}_i + b$。

由此可知，Logistic 回归的本质其实就是用线性回归的预测结果 $\boldsymbol{w} \cdot \boldsymbol{x}_i + b$ 去逼近真实标记的对数概率 $\ln \frac{y}{1-y}$，实际上这也是 Logistic 回归被称为"对数概率回归"的原因。

7.2.2　Logistic 回归学习策略

上面已经知道，在 Logistic 回归模型中，正例和反例各自的表达式分别如下：

$$P(y_i = 1|\boldsymbol{x}_i) = \frac{1}{1 + e^{-(wx_i+b)}} = \frac{e^{\boldsymbol{w} \cdot \boldsymbol{x}_i + b}}{1 + e^{\boldsymbol{w} \cdot \boldsymbol{x}_i + b}}$$

$$P(y_i = 0|\boldsymbol{x}_i) = 1 - P(y_i = 1|\boldsymbol{x}_i) = \frac{1}{1 + e^{\boldsymbol{w} \cdot \boldsymbol{x}_i + b}}$$

接下来我们就可以构造似然函数，将其转化为一个优化问题来估计出$\boldsymbol{w}$和$\boldsymbol{b}$了，具体如下。

对给定数据集$T = \{(\boldsymbol{x}_1, y_1), (\boldsymbol{x}_2, y_2), \dots, (\boldsymbol{x}_M, y_M)\}$，定义似然函数：

$$L(\boldsymbol{w}, \boldsymbol{b}) = \prod_{i=1}^{M} [P(y_i = 1|\boldsymbol{x}_i)]^{y_i} [1 - P(y_i = 1|\boldsymbol{x}_i)]^{1-y_i}$$

取对数，得对数似然函数：

$$
\begin{aligned}
\ln L(\boldsymbol{w}, \boldsymbol{b}) &= \sum_{i=1}^{M} \{y_i \cdot \ln[P(y_i = 1|\boldsymbol{x}_i)] + (1 - y_i) \ln[1 - P(y_i = 1|\boldsymbol{x}_i)]\} \\
&= \sum_{i=1}^{M} \left\{y_i \cdot \ln \frac{e^{\boldsymbol{w} \cdot \boldsymbol{x}_i + b}}{1 + e^{\boldsymbol{w} \cdot \boldsymbol{x}_i + b}} + (1 - y_i) \cdot \ln \frac{1}{1 + e^{\boldsymbol{w} \cdot \boldsymbol{x}_i + b}}\right\} \\
&= \sum_{i=1}^{M} \{y_i \cdot (\boldsymbol{w} \cdot \boldsymbol{x}_i + b) - y_i \cdot \ln(1 + e^{\boldsymbol{w} \cdot \boldsymbol{x}_i + b}) + (y_i - 1) \cdot \ln(1 + e^{\boldsymbol{w} \cdot \boldsymbol{x}_i + b})\} \\
&= \sum_{i=1}^{M} \{y_i \cdot (\boldsymbol{w} \cdot \boldsymbol{x}_i + b) - \ln(1 + e^{\boldsymbol{w} \cdot \boldsymbol{x}_i + b})\}
\end{aligned}
$$

然后最大化对数似然函数，即

$$\max_{\boldsymbol{w}, \boldsymbol{b}} \sum_{i=1}^{M} \{y_i \cdot (\boldsymbol{w} \cdot \boldsymbol{x}_i + b) - \ln(1 + e^{\boldsymbol{w} \cdot \boldsymbol{x}_i + b})\}$$

可以用梯度下降法或拟牛顿法来求解上述优化问题。

7.2.3 Logistic 回归优化算法

这里选用（批量）梯度下降法，先分别对权重矩阵$\boldsymbol{w}$和偏置常数$\boldsymbol{b}$求偏导数：

$$\frac{\partial}{\partial w} \ln L(\boldsymbol{w}, \boldsymbol{b}) = \frac{\partial}{\partial w} \sum_{i=1}^{M} \{y_i \cdot (\boldsymbol{w} \cdot \boldsymbol{x}_i + b) - \ln(1 + e^{\boldsymbol{w} \cdot \boldsymbol{x}_i + b})\}$$

$$= \sum_{i=1}^{M} \left(y_i \boldsymbol{x}_i - \frac{\boldsymbol{x}_i e^{\boldsymbol{w} \cdot \boldsymbol{x}_i + \boldsymbol{b}}}{1 + e^{\boldsymbol{w} \boldsymbol{x}_i + \boldsymbol{b}}} \right)$$

$$= \sum_{i=1}^{M} \left(y_i - \frac{e^{\boldsymbol{w} \cdot \boldsymbol{x}_i + \boldsymbol{b}}}{1 + e^{\boldsymbol{w} \cdot \boldsymbol{x}_i + \boldsymbol{b}}} \right) \boldsymbol{x}_i$$

$$\frac{\partial}{\partial \boldsymbol{b}} \ln L(\boldsymbol{w}, \boldsymbol{b}) = \frac{\partial}{\partial \boldsymbol{b}} \sum_{i=1}^{M} \left\{ y_i \cdot (\boldsymbol{w} \cdot \boldsymbol{x}_i + \boldsymbol{b}) - \ln(1 + e^{\boldsymbol{w} \cdot \boldsymbol{x}_i + \boldsymbol{b}}) \right\}$$

$$= \sum_{i=1}^{M} \left(y_i - \frac{e^{\boldsymbol{w} \cdot \boldsymbol{x}_i + \boldsymbol{b}}}{1 + e^{\boldsymbol{w} \cdot \boldsymbol{x}_i + \boldsymbol{b}}} \right)$$

实际过程中就是每次随机选取一个样本点$(\boldsymbol{x}_i, y_i)$，对$\boldsymbol{w}, \boldsymbol{b}$进行一次更新，所以迭代式如下：

$$\boldsymbol{w} \leftarrow \boldsymbol{w} + \eta \left(y_i - \frac{e^{\boldsymbol{w} \cdot \boldsymbol{x}_i + \boldsymbol{b}}}{1 + e^{\boldsymbol{w} \cdot \boldsymbol{x}_i + \boldsymbol{b}}} \right) \boldsymbol{x}_i$$

$$\boldsymbol{b} \leftarrow \boldsymbol{b} + \eta \left(y_i - \frac{e^{\boldsymbol{w} \cdot \boldsymbol{x}_i + \boldsymbol{b}}}{1 + e^{\boldsymbol{w} \cdot \boldsymbol{x}_i + \boldsymbol{b}}} \right)$$

其中，$0 < \eta \leqslant 1$是学习率，即学习的步长。这样，通过迭代可以使损失函数$L(\boldsymbol{w}, \boldsymbol{b})$以较快的速度不断减小，直至满足要求。

综上，可归纳出 Logistic 回归的过程如下。

输入：训练集$T = \{(\boldsymbol{x}_1, y_1), (\boldsymbol{x}_2, y_2), \dots, (\boldsymbol{x}_M, y_M)\}$，学习率$\eta$。

输出：Logistic 回归模型$h(\boldsymbol{x}) = \frac{1}{1 + e^{-(\boldsymbol{w} \cdot \boldsymbol{x}_i + \boldsymbol{b})}}$。

步骤如下。

第 1 步：选取初值向量$\boldsymbol{w}$和偏置常数$\boldsymbol{b}$。

第 2 步：在训练集中随机选取数据$(\boldsymbol{x}_i, y_i)$，进行更新。

$$\boldsymbol{w} \leftarrow \boldsymbol{w} + \eta \left(y_i - \frac{e^{\boldsymbol{w} \cdot \boldsymbol{x}_i + \boldsymbol{b}}}{1 + e^{\boldsymbol{w} \cdot \boldsymbol{x}_i + \boldsymbol{b}}} \right) \boldsymbol{x}_i$$

$$\boldsymbol{b} \leftarrow \boldsymbol{b} + \eta \left(y_i - \frac{e^{\boldsymbol{w} \cdot \boldsymbol{x}_i + \boldsymbol{b}}}{1 + e^{\boldsymbol{w} \cdot \boldsymbol{x}_i + \boldsymbol{b}}} \right)$$

第 3 步：重复第 2 步，直至模型满足训练要求。

7.3 多项 Logistic 回归

上面介绍的 Logistic 回归是二分类模型，但实际中往往是多分类情况，因此将其推广为多项 Logistic 回归。

假设样本的类别标签y_i的取值集合为$\{1,2,\dots,K\}$，即一共有K个类别，那么多项 Logistic 回归模型为

$$P(y_i = k|\boldsymbol{x}_i) = \frac{e^{w_k \cdot x_i + b}}{1 + \sum_{k=1}^{k=K-1} e^{w_k \cdot x_i + b}}, k = 1,2,\dots,K-1$$

$$P(y_i = K|\boldsymbol{x}_i) = \frac{1}{1 + \sum_{k=1}^{k=K-1} e^{w_k \cdot x_i + b}}$$

二项 Logistic 回归的参数估计也可以推广到多项 Logistic 回归，在此不再赘述。

7.4 Logistic 回归的 scikit-learn 实现

Logistic 回归在 scikit-learn 中通过 linear_model. LogisticRegression 类进行了实现，下面介绍该类的主要参数和方法。

scikit-learn 实现如下：

```
class sklearn.linear_model.LogisticRegression(penalty='l2',
                                              c=1.0,
                                              fit_intercept=True,
                                              class_weight=None,
                                              solver='liblinear',
                                              max_iter=100,
                                              tol=0.0001,
                                              multi_class='ovr',
                                              dual=False,
                                              warm_start=False,
                                              n_jobs=1)
```

参数

- penalty：指定（对数）似然函数中加入的正则化项，默认为 l2，表示添加 L2 正

则化$\frac{1}{2}||w||_2^2$，也可以使用 l1 添加L1正则化$||w||_1$。

- c：指定正则化项的权重，是正则化项惩罚项系数的倒数，所以 c 越小，正则化项越大。
- fit_intercept：选择是否计算偏置常数 b，默认是 True，表示计算。
- class_weight：指定各类别的权重，默认为 None，表示每个类别的权重都是 1。当数据的正负样本不平衡比较明显时，可以考虑设为 balanced，表示每个类别的权重与该类别在样本集中出现的频率成反比。另外，还可以利用一个字典{class_label:weight}来自己设置各个类别的权重。
- solver：指定求解最优化问题的算法，默认为 liblinear，适用于数据集较小的情况。当数据集较大时，可使用 sag，即随机平均梯度下降法。另外，还可使用 newton-cg（牛顿法）和 lbfgs（拟牛顿法）。注意，sag、newton-cg 和 lbfgs 只适用于 penalty='l2'的情况。
- max_iter：设定最大迭代次数。
- tol：设定判断迭代收敛的阈值，默认为 0.0001。
- multi_class：指定多分类的策略，默认是 ovr，表示采用 one-vs-rest，即一对其他策略；还可选择 multinomial，表示直接采用多项 Logistic 回归策略。
- dual：选择是否采用对偶方式求解，默认为 False。注意，只有在 penalty='l2' 且 solver='liblinear'时存在对偶形式。
- warm_start：设定是否使用前一次训练的结果继续训练，默认为 False，表示每次从头开始训练。
- n_jobs：指定计算机并行工作时的 CPU 核数，默认是 1。如果选择-1，则表示使用所有可用的 CPU 核。

属性

- coef_：用于输出线性回归模型的权重向量w。
- intercept_：用于输出线性回归模型的偏置常数b。
- n_iter_：用于输出实际迭代的次数。

方法

- fit(X_train,y_train)：在训练集(X_train,y_train)上训练模型。
- score(X_test,y_test)：返回模型在测试集(X_test,y_test)上的预测准确率。
- predict(X)：用训练好的模型来预测待预测数据集 X，返回数据为预测集对应的结果标签 y。
- predict_proba(X)：返回一个数组，数组的元素依次是预测集 X 属于各个类别的概率。
- predict_log_proba(X)：返回一个数组，数组的元素依次是预测集 X 属于各个类别的对数概率。

7.5 Logistic 回归实例

电影《泰坦尼克号》很多人都看过，一艘豪华游轮上面载着上千名游客和船员，撞到冰山后游轮开始沉没，但是游轮上的救生艇数量有限，因此船长决定女士和小孩优先上救生艇。现在有一份当时船上的船员数据，一共包含 891 个样本，如表 7-1 所示。

表 7-1　船员数据

特征标签	属性说明
PassengerId	乘客 ID
Pclass	乘客等级（类别特征，取值：1、2 或 3）
Name	乘客姓名（文本型）
Sex	性别（类别特征，取值：male 或 female）
Age	年龄（数值特征）
SibSp	堂兄弟/妹个数（数值特征）
Parch	父母与小孩个数（数值特征）
Ticket	船票信息（数值特征）
Fare	票价（数值特征）
Cabin	客舱
Embarked	登船港口（类别特征，取值：S、C 或 Q）
Survived	是否幸存（结果值标签，取值为 0 和 1 两种，0 表示未存活，1 表示存活）

第 1 步：查看数据情况

```
# 1、查看训练集数据情况
import pandas as pd

data_train = pd.read_csv("C:/Users/Administrator/Desktop/Titanic_project/Train.csv")
print(data_train.shape)
data_train.info()
```

输出：

```
PassengerId    891 non-null int64
Survived       891 non-null int64
Pclass         891 non-null int64
Name           891 non-null object
Sex            891 non-null object
Age            714 non-null float64
SibSp          891 non-null int64
Parch          891 non-null int64
Ticket         891 non-null object
Fare           891 non-null float64
Cabin          204 non-null object
Embarked       889 non-null object
```

```
# 2、查看测试集数据情况
data_test = pd.read_csv("C:/Users/Administrator/Desktop/Titanic_project/Test.csv")
print(data_test.shape)
data_test.info()
```

输出：

```
PassengerId    418 non-null int64
Pclass         418 non-null int64
Name           418 non-null object
Sex            418 non-null object
Age            332 non-null float64
SibSp          418 non-null int64
Parch          418 non-null int64
Ticket         418 non-null object
Fare           417 non-null float64
Cabin          91 non-null object
Embarked       418 non-null object
```

可以看到，训练集一共包含 891 个样本，每个样本含有 12 个特征，其中 Age、Cabin、Embarked 三者有缺失值，特别是 Cabin 特征，只有 204 个样本无缺失。测试集一共包含 418 个样本，其中 Age、Fare、Cabin 三者有缺失值。

由于 Cabin 特征缺失较多，因此我们直接将其舍弃，以免引入较大的噪声；而 Age 特征非常重要（女士和小孩优先，说明年龄的大小对最后是否获救可能有很大的影响），因此我们需要对其进行填充。Embarked 特征在训练集中有缺失的样本仅有 2

个，且其在测试集中没有缺失，因此这里可以直接将 Embarked 特征有缺失的样本删除。

第 2 步：缺失值处理

缺失值的处理在第 2 章中介绍过，这里采用随机森林预测的方式填补缺失值，如下：

```python
# 3、缺失值处理（使用随机森林预测填充）
from sklearn.ensemble import RandomForestRegressor

# 把要填充的特征和其它无缺失的特征取出，这里先处理Age特征
age_df = data_train[['Age','Fare', 'Parch', 'SibSp', 'Pclass']]

# 将乘客分成年龄已知和年龄未知两部分，分别作为训练集和测试集
age_know = age_df[age_df.Age.notnull()].as_matrix()
age_unknow = age_df[age_df.Age.isnull()].as_matrix()

# 获取训练集特征和结果标签
X = age_know[:, 1:]        # 训练集特征
y = age_know[:, 0]         # 训练集的结果标签

# 利用上面构建的训练集训练随机森林回归模型
RF_clf = RandomForestRegressor(random_state=0, n_estimators=200, n_jobs=-1)
RF_clf.fit(X, y)

# 用得到的模型对年龄未知的样本进行预测
age_predicted = RF_clf.predict(age_unknow[:, 1::])

# 用得到的预测结果填补原缺失数据
data_train.loc[(data_train.Age.isnull()), 'Age'] = age_predicted

data_train.info()
```

输出：

```
PassengerId    891 non-null int64
Survived       891 non-null int64
Pclass         891 non-null int64
Name           891 non-null object
Sex            891 non-null object
Age            891 non-null float64
SibSp          891 non-null int64
Parch          891 non-null int64
Ticket         891 non-null object
Fare           891 non-null float64
Cabin          204 non-null object
Embarked       889 non-null object
```

可以看到，通过上述手段，年龄缺失值已经被顺利填充。下面处理 Cabin 特征和 Embarked 特征，如下：

```
# 注意Pclass原本是int类型，需要需要先转成string类型
data_train['Pclass'] = data_train['Pclass'].apply(lambda x: str(x))
data_test['Pclass'] = data_test['Pclass'].apply(lambda x: str(x))

# 将Cabin特征直接去掉
data_train = data_train.drop(['Cabin'],axis=1)
data_train.info()
```

输出：

```
PassengerId    891 non-null int64
Survived       891 non-null int64
Pclass         891 non-null int64
Name           891 non-null object
Sex            891 non-null object
Age            891 non-null float64
SibSp          891 non-null int64
Parch          891 non-null int64
Ticket         891 non-null object
Fare           891 non-null float64
Embarked       889 non-null object
```

```
# 将剩下的还有缺失值的样本直接去掉（这里就是Embarked特征）
data_train = data_train.dropna(axis=0)
data_train.info()
```

输出：

```
PassengerId    889 non-null int64
Survived       889 non-null int64
Pclass         889 non-null object
Name           889 non-null object
Sex            889 non-null object
Age            889 non-null float64
SibSp          889 non-null int64
Parch          889 non-null int64
Ticket         889 non-null object
Fare           889 non-null float64
Embarked       889 non-null object
```

可以看到，经过上述处理，还剩下 889 个样本和 9 个特征（Pclass、Name、Sex、Age、SibSp、Parch、Ticket、Fare、Embarked），并且所有样本的特征均无缺失值。现在再来看看训练集数据情况：

```
data_train.head(6)
```

输出：

	PassengerId	Survived	Pclass	Name	Sex	Age	SibSp	Parch	Ticket	Fare	Embarked
0	1	0	3	Braund, Mr. Owen Harris	male	22.000000	1	0	A/5 21171	7.2500	S
1	2	1	1	Cumings, Mrs. John Bradley (Florence Briggs Th...	female	38.000000	1	0	PC 17599	71.2833	C
2	3	1	3	Heikkinen, Miss. Laina	female	26.000000	0	0	STON/O2. 3101282	7.9250	S
3	4	1	1	Futrelle, Mrs. Jacques Heath (Lily May Peel)	female	35.000000	1	0	113803	53.1000	S
4	5	0	3	Allen, Mr. William Henry	male	35.000000	0	0	373450	8.0500	S
5	6	0	3	Moran, Mr. James	male	23.828953	0	0	330877	8.4583	Q

第 3 步：特征处理

现在的数据还存在一些问题，比如 Name 特征是文本型，不利于后续处理，所以我们训练模型时暂时将其忽略；Ticket 特征比较乱，我们也先将其忽略；Pclass 特征、Sex 特征和 Embarked 特征是类别型，一般需要先将其进行 one-hot 编码；Age 特征、SibSp 特征、Parch 特征和 Fare 特征为数值型特征，取值变化范围较大，一般最好将其先标准化。下面开始处理：

```
# 4、将类别型特征取出并进行one-hot编码
cate_df = data_train[['Pclass','Sex','Embarked']]
cate_onehot_df = pd.get_dummies(cate_df)
cate_onehot_df.head(3)
```

输出：

	Pclass_1	Pclass_2	Pclass_3	Sex_female	Sex_male	Embarked_C	Embarked_Q	Embarked_S
0	0	0	1	0	1	0	0	1
1	1	0	0	1	0	1	0	0
2	0	0	1	1	0	0	0	1

```
df_train = data_train[['Age','Fare','SibSp','Parch']]

# 5、数据标准化
from sklearn import preprocessing
scaler = preprocessing.StandardScaler()
X_train = scaler.fit_transform(df_train)

df_train = pd.DataFrame(X_train, columns=['Age','Fare','SibSp','Parch'])
df_train.head()
```

输出：

	Age	Fare	SibSp	Parch
	-0.559629	-0.500240	0.431350	-0.474326
	0.617136	0.788947	0.431350	-0.474326
	-0.265438	-0.486650	-0.475199	-0.474326

```python
# 拼接
df_train = pd.concat([data_train['Survived'], cate_onehot_df, df_train], axis=1)

# 防止有NaN值，再次过滤
df_train = df_train.dropna(axis=0)

print(df_train.shape)
df_train.head()
```

输出：

	Survived	Pclass_1	Pclass_2	Pclass_3	Sex_female	Sex_male	Embarked_C	Embarked_Q	Embarked_S	Age	Fare	SibSp	Parch
0	0.0	0.0	0.0	1.0	0.0	1.0	0.0	0.0	1.0	-0.559629	-0.500240	0.431350	-0.474326
1	1.0	1.0	0.0	0.0	1.0	0.0	1.0	0.0	0.0	0.617136	0.788947	0.431350	-0.474326
2	1.0	0.0	0.0	1.0	1.0	0.0	0.0	0.0	1.0	-0.265438	-0.486650	-0.475199	-0.474326

第 4 步：模型训练

```python
# 7、训练Logistic回归模型并验证
# 将训练集由DataFrame格式转为矩阵格式
df_train_mat = df_train.as_matrix()

# 分割训练集特征和结果标签
X = df_train_mat[:, 1:]    # 训练集特征
y = df_train_mat[:, 0]     # 训练集的结果标签

# 划分训练集和验证集
from sklearn.cross_validation import train_test_split
X_train, X_test, y_train, y_test = train_test_split(X, y, test_size=0.3, random_state=0)

# 训练模型
from sklearn import linear_model
LR_clf = linear_model.LogisticRegression(C=1.0, penalty='l1', tol=1e-6)
LR_clf.fit(X_train, y_train)

# 在验证集上验证
y_predict = LR_clf.predict(X_test)
y_predict_prob = LR_clf.predict_proba(X_test)[:, 1]

from sklearn.metrics import classification_report
print('查准率、查全率、F1值：')
print(classification_report(y_test, y_predict, target_names=None))

from sklearn.metrics import roc_auc_score
print('AUC值：')
print(roc_auc_score(y_test, y_predict_prob))

from sklearn.metrics import confusion_matrix
print('混淆矩阵：')
print(confusion_matrix(y_test, y_predict, labels=None))
```

查准率、查全率、F1 值：

	precision	recall	f1-score	support
0.0	0.81	0.81	0.81	158
1.0	0.72	0.72	0.72	109
avg / total	0.78	0.78	0.78	267

AUC 值：

```
832946231564
```

混淆矩阵：

```
[[128   30]
 [ 30   79]]
```

第 5 步：结果分析

从上面的输出结果来看，仅使用简单的 Logistic 回归模型，AUC 值就达到 0.81 以上，算比较理想的了。

进一步查看各个特征的权重因子，如下：

```
# 8、输出特征标签
feature_list = list(df_train.columns[1:])
print(feature_list)

# 输出LR模型中各特征的权重值
weight_array = LR_clf.coef_          # 输出为矩阵格式
weight = weight_array[0]             # 获取其第一行，输出为列表格式
print(weight)

# 将其生成为DataFrame格式输出
df = pd.DataFrame({'feature':feature_list,'weight':weight})
df = df.sort_values('weight', ascending=False)
df.head(12)
```

输出：

	feature	weight
3	Sex_female	1.854012
0	Pclass_1	0.741712
6	Embarked_Q	0.100145
11	Parch	0.053386
1	Pclass_2	0.000000
5	Embarked_C	0.000000
9	Fare	-0.037391
8	Age	-0.063496
10	SibSp	-0.177494
7	Embarked_S	-0.669925
4	Sex_male	-0.765338
2	Pclass_3	-0.964222

可以看到，所有用到的特征中，Sex_female 所占的权重最大，为 1.85，这和"女士优先"还是很相符的；Pclass_1 所占的权重其次，为 0.74，反映了乘客等级为 1 享受了优先权；Embarked 特征类别为 Q 的获救概率大于类别为 C 的大于类别为 S 的，有可能不同的登陆港口表示了不同的乘客等级，身份地位高者的获救概率要大于身份地位一般者（当然，这个纯属猜想）。

第 6 步：运用得到的模型对测试集数据进行预测

上面得到的模型效果还可以，所以我们可以考虑将其运用到测试集数据上，这里不再详述具体过程，前面章节都讲过。具体的处理流程与训练集的处理类似，也是先填充缺失值，然后采用和训练集特征同样的处理方式处理测试集中的相关特征（训练集中用到的所有特征），最后将模型运用到处理好的测试集上进行预测就可以得到需要的结果了。所以，项目数据流程图如图 7-2 所示。

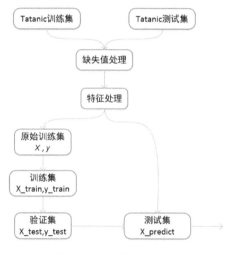

图 7-2　项目数据流程图

7.6　小结

注意，虽然 Logistic 回归的名字叫作回归，但其实它是一种分类方法，下面阐述 Logistic 回归模型的优/缺点，以及其与线性回归模型的异同点。

1. 优点

（1）Logistic 回归模型直接对分类的可能性进行建模，无须事先假设数据满足某种分布类型。

（2）Logistic 回归模型不仅可以预测出样本类别，还可以得到预测为某类别的近似概率，这在许多需要利用概率辅助决策的任务中比较实用。

（3）Logistic 回归模型中使用的对数损失函数是任意阶可导的凸函数，有很好的数学性质，可避免局部最小值问题。

（4）Logistic 回归模型对一般的分类问题都可使用，特别是对稀疏高维特征的处理没有太大压力，这在处理类似广告点击率预测问题很有优势。

2. 缺点

（1）Logistic 回归模型本质上还是一种线性模型，只能做线性分类，不适合处理非线性的情况，一般需要结合较多的人工特征处理使用。

（2）Logistic 回归对正负样本的分布比较敏感，所以要注意样本的平衡性，即 $y=1$ 的样本数不能太少。

3. 与线性回归模型的区别

（1）Logistic 回归模型用于分类任务，而线性回归模型用于回归任务。

（2）线性回归模型一般采用均方误差损失，而 Logistic 回归模型不能使用均方误差损失。如果采用均方误差损失，那么将 Logistic 回归模型的决策函数代入均方误差函数后，得到的损失函数是非凸的，而非凸函数的极值点不唯一，因此最终可能会得到一个局部极值点。

## 第 8 章

支持向量机

8.1 感知机

8.1.1 感知机模型

假设现在要判别是否给某个用户办理信用卡，我们已有的是用户的性别、年龄、学历、工作年限、负债情况等信息，用户金融信息情况统计表如表 8-1 所示。

表 8-1 用户金融信息情况统计表

用户＼特征	性别	年龄	学历	工作年限	负债情况（元）
用户1	男	23	本科	1	10000
用户2	女	25	高中	6	5000
用户3	女	26	硕士	1	0
用户4	男	30	硕士	4	0
……	……	……	……	……	……

我们可以将每个用户看成一个向量 x_i，$i = 1,2, \ldots$，向量的维度由他的性别、年龄、学历、工作年限、负债情况等信息组成，即 $x_i = \left(x_i^{(1)}, x_i^{(2)}, \ldots, x_i^{(N)} \right)$，那么一种简单的判别方法就是对用户的各个维度求一个加权和，并且为每一个维度赋予一个权重 w_j，$j = 1,2, \ldots, N$，当这个加权和超过某一个门限值时，就判定可以给这个用户办理信用卡，低于门限值就拒绝办理，如下：

- 如果 $\sum_{j=1}^{N} w_j x_i^{(j)} \geqslant \text{threshold}$，则可以给用户 x_i 办理信用卡。

- 如果 $\sum_{j=1}^{N} w_j x_i^{(j)} < \text{threshold}$，则拒绝给用户 x_i 办理信用卡。

进一步，我们将"是"和"否"分别用"+1"和"-1"表示，那么，上面的加权和减去门限值正好就可以用一个符号函数来表示，即

$$h(\boldsymbol{x}_i) = \text{sign}\left[\left(\sum_{j=1}^{N} w_j x_i^{(j)}\right) - \text{threshold}\right]$$

$h(x)$就称为一个感知机函数，可以更简单地表示为两个"长"向量的内积形式，即

$$h(\boldsymbol{x}_i) = \text{sign}\left[\left(\sum_{j=1}^{N} w_j x_i^{(j)}\right) - \text{threshold}\right]$$
$$= \text{sign}\left[\left(\sum_{j=1}^{N} w_j x_i^{(j)}\right) + \boldsymbol{b}\right]$$
$$= \text{sign}(\boldsymbol{w} \boldsymbol{x}_i + \boldsymbol{b})$$

$\boldsymbol{w} = (w_1, w_2, \dots, w_N)$是各个特征权重组成的向量；$\boldsymbol{x}_i = \left(x_i^{(1)}, x_i^{(2)}, \dots, x_i^{(M)}\right)$是对象的特征向量；$\boldsymbol{b} = -\text{threshold}$是阈值取负（也叫偏置常数）。

所以感知机模型的表达式如下：

$$h(\boldsymbol{x}) = \text{sign}(\boldsymbol{w}\boldsymbol{x} + \boldsymbol{b}) = \begin{cases} -1, & \boldsymbol{w}\boldsymbol{x} + \boldsymbol{b} < 0 \\ 1, & \boldsymbol{w}\boldsymbol{x} + \boldsymbol{b} > 0 \end{cases}$$

当$\boldsymbol{x}$的维度是 2 时，对应的就是二维平面上的一些点。比如我们将-1 和+1 两类分别用圆圈和星表示，则感知机的分界函数$\boldsymbol{b} + w_1 x^{(1)} + w_2 x^{(2)} = 0$对应的就是一条直线（$x^{(1)}$和$x^{(2)}$分别对应$x$轴和$y$轴，常数项$\boldsymbol{b}$对应的是截距），二维平面上点的分割如图 8-1 所示。

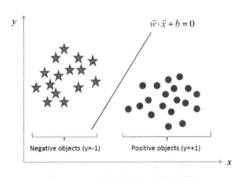

图 8-1　二维平面上点的分割

感知机对应于输入空间将实例划分为正负两类的分割超平面$\boldsymbol{w} \cdot \boldsymbol{x} + \boldsymbol{b} = 0$，属于判别模型。

8.1.2　感知机学习策略

有了上面的感知机模型后，下一步就是确定感知机模型中的参数$\boldsymbol{w}, \boldsymbol{b}$。方法仍然是从过去已知结果的数据集（训练集）$T = \{(\boldsymbol{x}_1, y_1), (\boldsymbol{x}_2, y_2), ..., (\boldsymbol{x}_M, y_M)\}$中进行学习。

训练集如表 8-2 所示。

表 8-2　训练集

用户＼特征	性别	年龄	学历	工作年限	负债情况（元）	是否同意办卡（0-不同意，1-同意）
用户1	男	24	本科	1	6000	0
用户2	男	28	高中	10	2000	0
用户3	女	26	硕士	1	0	1
用户4	女	33	硕士	7	1000	0
......	......	......	......	......	......	......
用户N	男	35	博士	6	0	1

假设训练数据集是线性可分的，则感知机学习的目标就是求得一个能够将训练数据集中正负实例完全分开的分类超平面。和前面一样，采取损失函数最小策略，即定义一个损失函数，并通过将损失函数最小化来求$\boldsymbol{w}$和$\boldsymbol{b}$。

这里选择的损失函数是误分类点到分类超平面S的总距离。输入空间中任意一点$\boldsymbol{x}_i$到超平面S的距离为

$$\frac{1}{||\boldsymbol{w}||_2} |\boldsymbol{w} \cdot \boldsymbol{x}_i + \boldsymbol{b}|$$

其中，$||\boldsymbol{w}||_2$为向量$\boldsymbol{w}$的 L2 范数。

因为对于数据样本$\boldsymbol{x}_i$，对应的感知机的模型函数为

$$h(\boldsymbol{x}_i) = \text{sign}(\boldsymbol{w} \cdot \boldsymbol{x}_i + \boldsymbol{b}) = \begin{cases} -1, & \boldsymbol{w} \cdot \boldsymbol{x}_i + \boldsymbol{b} < 0 \\ 1, & \boldsymbol{w} \cdot \boldsymbol{x}_i + \boldsymbol{b} > 0 \end{cases}$$

由该表达式可知：

- 对于分类正确的点（即当实际值为$y_i = -1$时，预测$\boldsymbol{w} \cdot \boldsymbol{x}_i + \boldsymbol{b} < 0$；当实际值为$y_i = 1$时，预测$\boldsymbol{w} \cdot \boldsymbol{x}_i + \boldsymbol{b} > 0$），恒有：$y_i(\boldsymbol{w} \cdot \boldsymbol{x}_i + \boldsymbol{b}) > 0$。
- 对于分类错误的点（即当实际值为$y_i = 1$时，预测$\boldsymbol{w} \cdot \boldsymbol{x}_i + \boldsymbol{b} < 0$；当实际值为$y_i = -1$时，预测$\boldsymbol{w} \cdot \boldsymbol{x}_i + \boldsymbol{b} > 0$），恒有：$y_i(\boldsymbol{w} \cdot \boldsymbol{x}_i + \boldsymbol{b}) < 0$。

但不管预测是否正确，$|y_i| = 1$恒成立，所以误分类点$(\boldsymbol{x}_i, y_i)$到分类超平面S的距离可等价为如下表达式：

$$
\begin{aligned}
&\frac{1}{||\boldsymbol{w}||_2} |\boldsymbol{w} \cdot \boldsymbol{x}_i + \boldsymbol{b}| \\
&= \frac{1}{||\boldsymbol{w}||_2} \cdot |y_i| \cdot |\boldsymbol{w} \cdot \boldsymbol{x}_i + \boldsymbol{b}| \\
&= -\frac{1}{||\boldsymbol{w}||_2} \cdot y_i \cdot (\boldsymbol{w} \cdot \boldsymbol{x}_i + \boldsymbol{b})
\end{aligned}
$$

假设所有误分类点的集合为M，则所有误分类点到分割超平面S的总距离（即我们定义的损失函数）为

$$
L(\boldsymbol{w}, \boldsymbol{b}) = -\frac{1}{||\boldsymbol{w}||_2} \sum_{\boldsymbol{x}_i \in M} y_i \cdot (\boldsymbol{w} \cdot \boldsymbol{x}_i + \boldsymbol{b})
$$

明显，当该损失函数最小时，所有误分类点离分割超平面的距离是最近的，因此这时候对应的模型是最优的。

又由于$\frac{1}{||\boldsymbol{w}||_2}$对于所有样本值都是一样的，因此最小化上面的损失函数等价于：

$$
\min_{\boldsymbol{w}, \boldsymbol{b}} -\sum_{\boldsymbol{x}_i \in M} y_i \cdot (\boldsymbol{w} \cdot \boldsymbol{x}_i + \boldsymbol{b})
$$

所以实际使用时采用的损失函数为

$$
L(\boldsymbol{w}, \boldsymbol{b}) = -\sum_{\boldsymbol{x}_i \in M} y_i \cdot (\boldsymbol{w} \cdot \boldsymbol{x}_i + \boldsymbol{b})
$$

8.1.3 感知机优化算法

至此，感知机模型已经转化成求解上面的最优化问题，仍然可以采用梯度下降法求解，即

$$\frac{\partial}{\partial \boldsymbol{w}} L(\boldsymbol{w}, \boldsymbol{b}) = \frac{\partial}{\partial \boldsymbol{w}} \left[-\sum_{\boldsymbol{x}_i \in M} y_i \cdot (\boldsymbol{w} \cdot \boldsymbol{x}_i + \boldsymbol{b}) \right] = -\sum_{\boldsymbol{x}_i \in M} y_i \boldsymbol{x}_i$$

$$\frac{\partial}{\partial \boldsymbol{b}} L(\boldsymbol{w}, \boldsymbol{b}) = \frac{\partial}{\partial \boldsymbol{b}} \left[-\sum_{\boldsymbol{x}_i \in M} y_i \cdot (\boldsymbol{w} \cdot \boldsymbol{x}_i + \boldsymbol{b}) \right] = -\sum_{\boldsymbol{x}_i \in M} y_i$$

实际过程就是每次随机选取一个误分类点$(\boldsymbol{x}_i, y_i)$，对$\boldsymbol{w}, \boldsymbol{b}$进行一次更新，所以迭代式如下：

$$\boldsymbol{w} \leftarrow \boldsymbol{w} + \eta y_i \boldsymbol{x}_i$$

$$\boldsymbol{b} \leftarrow \boldsymbol{b} + \eta y_i$$

其中，$0 < \eta \leqslant 1$是学习率，即学习的步长。注意，$\boldsymbol{w} = (w_1, w_2, \dots, w_M)$是各个特征权重组成的向量；$\boldsymbol{x}_i = \left(x_i^{(1)}, x_i^{(2)}, \dots, x_i^{(M)} \right)$是对象的特征向量。

这样，通过迭代可以使损失函数$L(\boldsymbol{w}, \boldsymbol{b})$以较快的速度不断减小，直至满足要求。

8.1.4 感知机模型整体流程

输入：训练集$T = \{(\boldsymbol{x}_1, y_1), (\boldsymbol{x}_2, y_2), \dots, (\boldsymbol{x}_N, y_N)\}$，学习率$\eta$。

输出：感知机模型$h(\boldsymbol{x}) = \mathrm{sign}(\boldsymbol{w} \cdot \boldsymbol{x} + \boldsymbol{b})$。

步骤如下。

第 1 步：选取初始值向量$\boldsymbol{w}$和偏置常数$\boldsymbol{b}$。

第 2 步：在训练集中选取数据$(\boldsymbol{x}_i, y_i)$。

第 3 步：如果$y_i(\boldsymbol{w} \cdot \boldsymbol{x}_i + \boldsymbol{b}) < 0$（判定为误分类点），则进行更新。

$$\boldsymbol{w} \leftarrow \boldsymbol{w} + \eta y_i \boldsymbol{x}_i$$

$$b \leftarrow b + \eta y_i$$

第 4 步：重复第 2 步和第 3 步，直至训练集中没有误分类点或满足迭代截止要求，得到感知机模型 $h(x) = \text{sign}(w \cdot x + b)$。

8.1.5　小结

感知机模型的基本思想是：先随机选择一个超平面对样本点进行划分，然后当一个实例点被误分类，即位于分类超平面错误的一侧时，则调整 w 和 b，使分类超平面向该误分类点的一侧移动，直至超平面越过该误分类点为止。所以，如果给的初始值不同，则最后得到的分割超平面 $wx + b = 0$ 也可能不同，即感知机模型的分割超平面可能存在很多个。

注意：感知机模型有两个缺点，即当训练数据集线性不可分时，感知机的学习算法不收敛，迭代过程会发生震荡。另外，感知机模型仅适用于二分类问题，在现实应用中存在一定局限性。

8.2　硬间隔支持向量机

8.2.1　引入

假设样本点是线性可分的，感知机模型的思想是：利用分割超平面 $w \cdot x + b = 0$ 将样本点划分为两类；假设存在误分类点，则通过使误分类点到分割超平面的距离最小来不断调整超平面，直至所有误分类点被纠正后迭代停止。

由于初始的 w 和 b 取值不同，因此最后得到的分割超平面也可能不同，所以感知机模型的分割超平面 $w \cdot x + b = 0$ 是有多个的。既然这样，那能不能进一步找到一个最优的分割超平面呢？办法就是下面要介绍的支持向量机（Support Vector Machines，SVM）模型。

SVM 模型和感知机模型一样，也是一种二分类模型。SVM 模型的思想是：不仅要让样本点被分割超平面分开，还希望那些离分割超平面最近的点到分割超平面的距离最小。

8.2.2 推导

假设样本点 $(\boldsymbol{x}_i, y_i)$ 到超平面 $\boldsymbol{w} \cdot \boldsymbol{x} + \boldsymbol{b} = 0$ 的几何间隔为 Y_i，则：

$$Y_i = \frac{|\boldsymbol{w} \cdot \boldsymbol{x}_i + \boldsymbol{b}|}{||\boldsymbol{w}||}$$

又因为 $|y_i| = 1$ 恒成立，且对于正确分类点有 $y_i \times (\boldsymbol{w} \cdot \boldsymbol{x}_i + \boldsymbol{b}) > 0$ 恒成立（前面在感知机里推导过），所以进一步有：

$$Y_i = \frac{|\boldsymbol{w} \cdot \boldsymbol{x}_i + \boldsymbol{b}|}{||\boldsymbol{w}||} = \frac{|y_i| \cdot |\boldsymbol{w} \cdot \boldsymbol{x}_i + \boldsymbol{b}|}{||\boldsymbol{w}||} = \frac{|y_i \cdot (\boldsymbol{w} \cdot \boldsymbol{x}_i + \boldsymbol{b})|}{||\boldsymbol{w}||} = \frac{y_i(\boldsymbol{w} \cdot \boldsymbol{x}_i + \boldsymbol{b})}{||\boldsymbol{w}||}$$

取训练数据集 T 中离超平面的最小几何间隔 $\min Y_i$（$i = 1, 2, \ldots, N$）为数据集 T 关于超平面 $\boldsymbol{w} \cdot \boldsymbol{x} + \boldsymbol{b} = 0$ 的几何间隔，记为 Y，即

$$Y = \min Y_i, \qquad i = 1, 2, \ldots, M$$

按 SVM 模型的思想，即需要求解以下优化问题：

$$\max_{\boldsymbol{w}, \boldsymbol{b}} Y$$
$$s.t. \ Y_i \geqslant Y, \qquad i = 1, 2, \ldots, M$$

即

$$\max_{\boldsymbol{w}, \boldsymbol{b}} Y$$
$$s.t. \ \frac{y_i(\boldsymbol{w} \cdot \boldsymbol{x}_i + \boldsymbol{b})}{||\boldsymbol{w}||} \geqslant Y, \qquad i = 1, 2, \ldots, M$$

即

$$\max_{\boldsymbol{w}, \boldsymbol{b}} Y$$
$$s.t. \ y_i(\boldsymbol{w} \cdot \boldsymbol{x}_i + \boldsymbol{b}) \geqslant Y \cdot ||\boldsymbol{w}||, \qquad i = 1, 2, \ldots, M$$

取 $\tilde{Y} = Y \cdot ||\boldsymbol{w}||$，则上式又等价于：

$$\max_{\boldsymbol{w}, \boldsymbol{b}} \frac{\tilde{Y}}{||\boldsymbol{w}||}$$
$$s.t. \ y_i(\boldsymbol{w} \cdot \boldsymbol{x}_i + \boldsymbol{b}) \geqslant \tilde{Y}, \qquad i = 1, 2, \ldots, M$$

又因上式中 $\tilde{Y}$ 的取值对该优化问题不产生影响，所以为了简单，不妨直接取 $\tilde{Y} = 1$。

所以上式等价于：

$$\max_{\boldsymbol{w},\boldsymbol{b}} \quad \frac{1}{||\boldsymbol{w}||}$$
$$s.t. \quad y_i(\boldsymbol{w} \cdot \boldsymbol{x}_i + \boldsymbol{b}) \geqslant 1, \qquad i = 1, 2, \dots, M$$

等价于：

$$\min_{\boldsymbol{w},\boldsymbol{b}} \quad \frac{1}{2}||\boldsymbol{w}||^2$$
$$s.t. \quad y_i(\boldsymbol{w} \cdot \boldsymbol{x}_i + \boldsymbol{b}) \geqslant 1, \qquad i = 1, 2, \dots, M$$

1. 求最优解

利用拉格朗日对偶性，通过求解对偶问题得到原始问题的最优解（对偶问题：更容易求解，且后面可自然引入核函数）。

首先构造拉格朗日函数：

$$L(\boldsymbol{w},\boldsymbol{b},\boldsymbol{\alpha}) = \frac{1}{2}||\boldsymbol{w}||^2 - \sum_{i=1}^{M} \alpha_i \left[y_i(\boldsymbol{w} \cdot \boldsymbol{x}_i + \boldsymbol{b}) - 1 \right]$$
$$= \frac{1}{2}\boldsymbol{w} \cdot \boldsymbol{w} - \sum_{i=1}^{M} \alpha_i \left[y_i(\boldsymbol{w} \cdot \boldsymbol{x}_i + \boldsymbol{b}) - 1 \right]$$

其中，$\boldsymbol{\alpha} = (\alpha_1, \alpha_2, \dots, \alpha_M)$ 是拉格朗日乘子向量，$\alpha_i \geqslant 0$，$i = 1, 2, \dots, M$。

根据拉格朗日对偶性，原始问题的对偶问题是极大极小问题，这里为

$$\max_{\boldsymbol{\alpha}} \min_{\boldsymbol{w},\boldsymbol{b}} L(\boldsymbol{w},\boldsymbol{b},\boldsymbol{\alpha})$$

（1）先求 $\min_{\boldsymbol{w},\boldsymbol{b}} L(\boldsymbol{w},\boldsymbol{b},\boldsymbol{\alpha})$

对 $\boldsymbol{w},\boldsymbol{b}$ 求偏导，并令偏导为 0，得：

$$\begin{cases} \dfrac{\partial}{\partial \boldsymbol{w}} L(\boldsymbol{w},\boldsymbol{b},\boldsymbol{\alpha}) = \boldsymbol{w} - \sum_{i=1}^{M} \alpha_i y_i \boldsymbol{x}_i = 0 \\ \dfrac{\partial}{\partial b} L(\boldsymbol{w},\boldsymbol{b},\boldsymbol{\alpha}) = \sum_{i=1}^{M} \alpha_i y_i = 0 \end{cases} \Rightarrow \begin{cases} \boldsymbol{w} = \sum_{i=1}^{M} \alpha_i y_i \boldsymbol{x}_i \\ \sum_{i=1}^{M} \alpha_i y_i = 0 \end{cases}$$

反代入$L(\boldsymbol{w}, \boldsymbol{b}, \boldsymbol{\alpha})$，得到只带拉格朗日系数$\alpha_i$的函数：

$$
\begin{aligned}
L(\boldsymbol{w}, \boldsymbol{b}, \boldsymbol{\alpha}) &= \frac{1}{2}\big|\big|\boldsymbol{w}\big|\big|^2 - \sum_{i=1}^{M} \alpha_i \left[y_i(\boldsymbol{w} \cdot \boldsymbol{x}_i + b) - 1\right] \\
&= \frac{1}{2}\boldsymbol{w} \cdot \sum_{i=1}^{M} \alpha_i y_i \boldsymbol{x}_i - \sum_{i=1}^{M} \alpha_i \left[y_i(\boldsymbol{w} \cdot \boldsymbol{x}_i + b) - 1\right] \\
&= \frac{1}{2}\boldsymbol{w} \cdot \sum_{i=1}^{M} \alpha_i y_i \boldsymbol{x}_i - \boldsymbol{w} \cdot \sum_{i=1}^{M} \alpha_i y_i \boldsymbol{x}_i + b\sum_{i=1}^{M} \alpha_i y_i + \sum_{i=1}^{M} \alpha_i \\
&= -\frac{1}{2}\boldsymbol{w} \cdot \sum_{i=1}^{M} \alpha_i y_i \boldsymbol{x}_i + 0 + \sum_{i=1}^{M} \alpha_i \\
&= -\frac{1}{2}\boldsymbol{w} \cdot \sum_{j=1}^{M} \alpha_j y_j \boldsymbol{x}_j + \sum_{i=1}^{M} \alpha_i \\
&= -\frac{1}{2} \cdot \left(\sum_{i=1}^{M} \alpha_i y_i \boldsymbol{x}_i\right) \cdot \sum_{j=1}^{M} \alpha_j y_j \boldsymbol{x}_j + \sum_{i=1}^{M} \alpha_i \\
&= -\frac{1}{2} \cdot \sum_{i=1}^{M} \alpha_i \alpha_j y_i y_j (\boldsymbol{x}_i \cdot \boldsymbol{x}_j) + \sum_{i=1}^{M} \alpha_i
\end{aligned}
$$

所以：

$$
\min_{\boldsymbol{w}, \boldsymbol{b}} L(\boldsymbol{w}, \boldsymbol{b}, \boldsymbol{\alpha}) = -\frac{1}{2}\sum_{i=1}^{M} \alpha_i \alpha_j y_i y_j (\boldsymbol{x}_i \cdot \boldsymbol{x}_j) + \sum_{i=1}^{M} \alpha_i
$$

从上式可以发现，$L(\boldsymbol{w}, \boldsymbol{b}, \boldsymbol{\alpha})$的结果居然只取决于$(\boldsymbol{x}_i \cdot \boldsymbol{x}_j)$，即两向量的点乘结果（这为后面核函数的引入提供了基础）。

（2）再求$\max_{\boldsymbol{\alpha}} \min_{\boldsymbol{w}, \boldsymbol{b}} L(\boldsymbol{w}, \boldsymbol{b}, \boldsymbol{\alpha})$

将上面求得的$\min_{\boldsymbol{w}, \boldsymbol{b}} L(\boldsymbol{w}, \boldsymbol{b}, \boldsymbol{\alpha})$表达式及其约束条件代入对偶问题$\max_{\boldsymbol{\alpha}} \min_{\boldsymbol{w}, \boldsymbol{b}} L(\boldsymbol{w}, \boldsymbol{b}, \boldsymbol{\alpha})$，可得对偶优化问题：

$$
\max_{\boldsymbol{\alpha}} \quad -\frac{1}{2} \cdot \sum_{i=1}^{M} \alpha_i \alpha_j y_i y_j (\boldsymbol{x}_i \cdot \boldsymbol{x}_j) + \sum_{i=1}^{M} \alpha_i
$$

$$s.t. \quad \sum_{i=1}^{M} \alpha_i y_i = 0$$

$$\alpha_i \geqslant 0 \quad i = 1, 2, \ldots, M$$

等价为最小问题：

$$\min_{\boldsymbol{\alpha}} \quad \frac{1}{2} \cdot \sum_{i=1}^{M} \alpha_i \alpha_j y_i y_j (\boldsymbol{x}_i \cdot \boldsymbol{x}_j) - \sum_{i=1}^{M} \alpha_i$$

$$s.t. \quad \sum_{i=1}^{M} \alpha_i y_i = 0$$

$$\alpha_i \geqslant 0 \quad i = 1, 2, \ldots, M$$

求解上面的优化问题得到 $\boldsymbol{\alpha}$ 向量的值 $\boldsymbol{\alpha}^*$，$\boldsymbol{\alpha}$ 已知后就可以求出 $\boldsymbol{w}$ 向量和偏置常数 $\boldsymbol{b}$ 了。求解上面的优化问题时，原则上可以使用各种合适的优化方法，但一般采用的是 SMO 算法，感兴趣的读者可以自己查阅相关资料，这里不展开讨论。

2．求解 $\boldsymbol{w}$ 和 $\boldsymbol{b}$

现在假设我们已经求得了 $\boldsymbol{\alpha}$ 向量的值 $\boldsymbol{\alpha}^*$。

（1）求解 $\boldsymbol{w}$

直接利用上面求出的迭代式得到，即

$$\boldsymbol{w} = \sum_{i=1}^{M} \alpha_i y_i \boldsymbol{x}_i \Rightarrow \boldsymbol{w} = \sum_{i=1}^{M} \alpha_i y_i \boldsymbol{x}_i$$

所以将 $\boldsymbol{\alpha}^*$ 的值代入上式可得到 $\boldsymbol{w}$ 向量的值为

$$\boldsymbol{w}^* = \sum_{i=1}^{M} \alpha_i^* y_i \boldsymbol{x}_i$$

（2）求解 $\boldsymbol{b}$

由于上面没有直接得到关于 $\boldsymbol{b}$ 的表达式，所以求解 $\boldsymbol{b}$ 的过程还需进一步推导。

通过前面我们知道，SVM 模型的原始优化问题为

$$\min_{\boldsymbol{w},\boldsymbol{b}} \quad \frac{1}{2}||\boldsymbol{w}||^2$$

$$s.t. \quad y_i(\boldsymbol{w} \cdot \boldsymbol{x}_i + \boldsymbol{b}) \geqslant 1, \quad i = 1,2,\dots,M$$

转化成对偶问题后为

$$\max_{\boldsymbol{\alpha}} \quad -\frac{1}{2} \cdot \sum_{i=1}^{M} \alpha_i \alpha_j\, y_i y_j (\boldsymbol{x}_i \cdot \boldsymbol{x}_j) + \sum_{i=1}^{M} \alpha_i$$

$$s.t. \quad \sum_{i=1}^{M} \alpha_i\, y_i = 0$$

$$\alpha_i \geqslant 0, \quad i = 1,2,\dots,M$$

$\boldsymbol{w}^*$、$\boldsymbol{b}^*$ 和 $\boldsymbol{\alpha}^*$ 分别是原问题和对偶问题的解的充分必要条件，$\boldsymbol{w}^*$、$\boldsymbol{b}^*$ 和 $\boldsymbol{\alpha}^*$ 满足 KKT 条件，这里就是

$$\frac{\partial}{\partial \boldsymbol{w}} L(\boldsymbol{w}^*, \boldsymbol{b}^*, \boldsymbol{\alpha}^*) = 0$$

$$\frac{\partial}{\partial \boldsymbol{b}} L(\boldsymbol{w}^*, \boldsymbol{b}^*, \boldsymbol{\alpha}^*)$$

$$y_i(\boldsymbol{w}^* \cdot \boldsymbol{x}_i + \boldsymbol{b}^*) \geqslant 1, \quad i = 1,2,\dots,M$$

$$\alpha_i^* \geqslant 0, \quad i = 1,2,\dots,M$$

$$\alpha_i^* \cdot [y_i(\boldsymbol{w}^* \cdot \boldsymbol{x}_i + \boldsymbol{b}^*) - 1] = 0 \quad i = 1,2,\dots,M$$

特别需要注意最后一项，被称为 KKT 的对偶互补条件。

由上面已经知道：

$$\boldsymbol{w}^* = \sum_{i=1}^{N} \alpha_i^*\, y_i \boldsymbol{x}_i$$

所以，当 $\alpha_i^* = 0$ 时，必有 $\boldsymbol{w}^* = 0$；而 $\boldsymbol{w}^* = 0$ 没有实际应用价值，因此进一步可以确定 α_i 需满足条件：

$$\alpha_i > 0$$

结合 KKT 的对偶互补条件可知，对于线性可分 SVM，必有：

$$y_i(\boldsymbol{w}^* \cdot \boldsymbol{x}_i + \boldsymbol{b}^*) - 1 = 0$$

即

$$y_i(\boldsymbol{w}^* \cdot \boldsymbol{x}_i + \boldsymbol{b}^*) = 1$$

又因原始优化问题的约束边界是：

$$y_i(\boldsymbol{w} \cdot \boldsymbol{x}_i + \boldsymbol{b}) = 1$$

所以，当$\alpha_i > 0$时，对于线性可分 SVM，$\boldsymbol{w}^*$只依赖于在临界边界$y_i(\boldsymbol{w} \cdot \boldsymbol{x}_i + \boldsymbol{b}) = 1$上的点，与其他点无关。

又由于$y_i = 1$或-1，所以$y_i(\boldsymbol{w} \cdot \boldsymbol{x}_i + \boldsymbol{b}) = 1$等价于$\boldsymbol{w} \cdot \boldsymbol{x}_i + \boldsymbol{b} = -1$或$\boldsymbol{w} \cdot \boldsymbol{x}_i + \boldsymbol{b} = 1$，支持向量如图 8-2 所示。

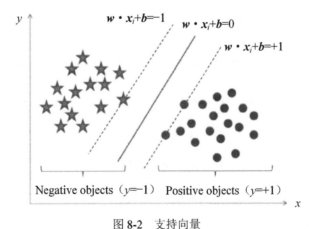

图 8-2　支持向量

这里先说明一下：为了以示区分，将上面线性可分 SVM 模型中的两个临界超平面$\boldsymbol{w} \cdot \boldsymbol{x}_i + \boldsymbol{b} = 1$和$\boldsymbol{w} \cdot \boldsymbol{x}_i + \boldsymbol{b} = -1$之间的间隔称为"硬间隔"，将下文增加松弛因子后的间隔称为"软间隔"。

我们将满足$\alpha_i^* > 0$的点（即对应临界超平面上的点）称为支持向量点，利用这些支持向量点我们就可以求出$\boldsymbol{b}$的值，即假设样本集中一共有S个点处于临界超平面上，则这些点必然满足条件：

$$y_s \cdot (\boldsymbol{w} \cdot \boldsymbol{x}_s + \boldsymbol{b}) = 1, \qquad s = 1,2,\dots,S$$

因为：

$$y_s \in \{-1,1\} \implies y_s^2 = 1$$

恒成立。

所以将上式两边同乘一个y_s，可得：

$$y_s^2 \cdot (\boldsymbol{w} \cdot \boldsymbol{x}_s + \boldsymbol{b}) = y_s$$

即

$$\boldsymbol{w} \cdot \boldsymbol{x}_s + \boldsymbol{b} = y_s$$

所以

$$\boldsymbol{b} = y_s - \boldsymbol{w} \cdot \boldsymbol{x}_s$$

注意：理论上我们只需取任何一个支持向量点$(\boldsymbol{x}_s, y_s)$的值即可利用上式求得$\boldsymbol{b}$的值，但是为了增加模型的鲁棒性（防止样本中存在某些噪声点），我们一般是先求出所有支持向量点$(\boldsymbol{x}_s, y_s)$，$s = 1,2,\dots,S$所对应的$\boldsymbol{b}$的值b_s，然后取这S个$\boldsymbol{b}$值的平均值作为最后的$\boldsymbol{b}$值，即

$$b_s = y_s - \boldsymbol{w}\boldsymbol{x}_s, \qquad s = 1,2,\dots,S$$

所以

$$\boldsymbol{b} = \frac{1}{S}\sum_{s=1}^{S} b_s = \frac{1}{S}\sum_{s=1}^{S} (y_s - \boldsymbol{w} \cdot \boldsymbol{x}_s)$$

将$\boldsymbol{w}^*$的值代入上式，可得$\boldsymbol{b}^*$的值为

$$\boldsymbol{b}^* = \frac{1}{S}\sum_{s=1}^{S} [y_s - \boldsymbol{w}^* \cdot \boldsymbol{x}_s]$$

得到 $\boldsymbol{w}^*$ 和 $\boldsymbol{b}^*$ 的值后，就得到了 SVM 模型的分类决策函数，即 $h(\boldsymbol{x}) = \mathrm{sign}(\boldsymbol{w}^* \cdot \boldsymbol{x} + \boldsymbol{b}^*)$

3. 小结

上面的过程中，除用 SMO 算法求解拉格朗日乘子向量 $\boldsymbol{\alpha}$ 的过程还没有详述外，一个完整的线性可分 SVM 模型过程已经介绍完毕，下面总结一下过程。

输入：线性可分训练集 $T = \{(\boldsymbol{x}_1, y_1), (\boldsymbol{x}_2, y_2), \dots, (\boldsymbol{x}_N, y_N)\}$，且 $y_i \in \{-1, 1\}$，$i = 1, 2, \dots, M$。

输出：分割超平面 $\boldsymbol{w}^* \cdot \boldsymbol{x} + \boldsymbol{b}^* = 0$ 和分类决策函数 $h(\boldsymbol{x}) = \mathrm{sign}(\boldsymbol{w}^* \cdot \boldsymbol{x} + \boldsymbol{b}^*)$。

步骤如下。

第 1 步：构造约束优化问题。

$$\min_{\boldsymbol{\alpha}} \quad \frac{1}{2} \cdot \sum_{i=1}^{M} \alpha_i \alpha_j \, y_i y_j (\boldsymbol{x}_i \cdot \boldsymbol{x}_j) - \sum_{i=1}^{M} \alpha_i$$

$$s.t. \quad \sum_{i=1}^{M} \alpha_i \, y_i = 0$$

$$\alpha_i \geqslant 0 \quad i = 1, 2, \dots, M$$

第 2 步：利用 SMO 算法求解上面的优化问题，得到 $\boldsymbol{\alpha}$ 向量的值 $\boldsymbol{\alpha}^*$。

第 3 步：利用下式计算 $\boldsymbol{w}$ 向量的值 $\boldsymbol{w}^*$。

$$\boldsymbol{w}^* = \sum_{i=1}^{M} \alpha_i^* \, y_i \boldsymbol{x}_i$$

第 4 步：找到满足 $\alpha_s^* > 0$ 对应的支持向量点 $(\boldsymbol{x}_s, y_s)$，$s = 1, 2, \dots, S$，利用下式计算 $\boldsymbol{b}$ 的值 $\boldsymbol{b}^*$。

$$\boldsymbol{b}^* = \frac{1}{S} \sum_{s=1}^{S} [y_s - \boldsymbol{w}^* \cdot \boldsymbol{x}_s]$$

第 5 步：由$\boldsymbol{w}^*$和$\boldsymbol{b}^*$得到分割超平面$\boldsymbol{w}^* \cdot \boldsymbol{x} + \boldsymbol{b}^* = 0$和分类决策函数$h(\boldsymbol{x}) = \text{sign}(\boldsymbol{w}^* \cdot \boldsymbol{x} + \boldsymbol{b}^*)$。

8.3 软间隔支持向量机

前面说过，线性可分 SVM 模型虽然比感知机具有更好的鲁棒性，但它的一个前提是要求样本数据点线性可分，这在实际情况中明显不大可能，一般情况下，不同类别的样本点很有可能存在部分混叠的情况，样本混叠如图 8-3 所示。

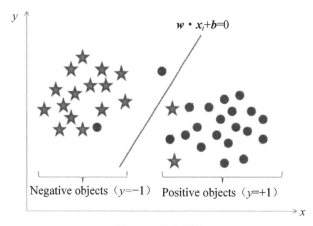

图 8-3 样本混叠

这种情况下连分割超平面都找不到，更别说使 SVM 模型的间隔最大化了。针对这种情况，SVM 模型提出了增加一个松弛因子的办法，下面具体讲解。

上面线性可分 SVM 模型的原始优化问题为

$$\min_{\boldsymbol{w},\boldsymbol{b}} \quad \frac{1}{2}||\boldsymbol{w}||^2$$

$$s.t. \quad y_i(\boldsymbol{w} \cdot \boldsymbol{x}_i + \boldsymbol{b}) \geqslant 1, \qquad i = 1,2,\dots,M$$

现在考虑到实际情况下有些样本点存在混叠的情况，所以我们为每一个样本点$(\boldsymbol{x}_i, y_i)$，$i = 1,2,\dots,M$增加一个对应的松弛变量ξ_i，当然$\xi_i \geqslant 0$，将约束条件变为

$$y_i(\boldsymbol{w} \cdot \boldsymbol{x}_i + \boldsymbol{b}) \geqslant 1 - \xi_i, \qquad i = 1,2,\dots,M$$

因为$1 - \xi_i \leqslant 1$，所以这相当于在原来的基础上对每个样本点$(\boldsymbol{x}_i, y_i)$降低了限制要求。这个特权可以随便给吗？明显不行，如果仅仅只是给予各个样本点特权而不对其进行适当的约束，那么这个模型之前建立的约束就变得毫无意义了。所以 SVM 模型采取的措施是：每个样本点在软间隔里面享受了优惠，对应的就要在优化问题里面接受惩罚，具体就是在优化目标里面加上一个对应的惩罚项$c\boldsymbol{\xi}_i$，所以原来的优化问题变为

$$\min_{\boldsymbol{w},\boldsymbol{b}} \quad \frac{1}{2}\|\boldsymbol{w}\|^2 + c\sum_{i=1}^{M}\xi_i$$

$$s.t. \quad y_i(\boldsymbol{w}\cdot\boldsymbol{x}_i + \boldsymbol{b})\geqslant 1 - \xi_i$$

$$\xi_i \geqslant 0, \qquad i = 1,2,\dots,M$$

其中，$c > 0$是一个惩罚参数。

采取跟之前同样的步骤，即先将上面的原始优化问题转化为对偶优化问题，然后依次求解出拉格朗日乘子向量、权重向量$\boldsymbol{w}$和偏置常数$\boldsymbol{b}$，得到分割超平面和分类决策函数。

1. 转化为对偶问题

先写出对应的拉格朗日函数：

$$L(\boldsymbol{w},\boldsymbol{b},\boldsymbol{\xi},\boldsymbol{\alpha},\boldsymbol{\beta}) = \frac{1}{2}\|\boldsymbol{w}\|^2 + c\sum_{i=1}^{M}\xi_i - \sum_{i=1}^{M}\alpha_i\left[y_i(\boldsymbol{w}\cdot\boldsymbol{x}_i + \boldsymbol{b}) - (1 - \xi_i)\right] - \sum_{i=1}^{M}\beta_i\xi_i$$

（1）先求$\min_{\boldsymbol{w},\boldsymbol{b},\boldsymbol{\xi}} L(\boldsymbol{w},\boldsymbol{b},\boldsymbol{\xi},\boldsymbol{\alpha},\boldsymbol{\beta})$

对$\boldsymbol{w}$、$\boldsymbol{b}$、$\boldsymbol{\xi}$求偏导，并令偏导为 0，得：

$$
\begin{cases}
\dfrac{\partial}{\partial \boldsymbol{w}} L(\boldsymbol{w},\boldsymbol{b},\boldsymbol{\xi},\boldsymbol{\alpha},\boldsymbol{\beta}) = \boldsymbol{w} - \displaystyle\sum_{i=1}^{M} \alpha_i y_i \boldsymbol{x}_i = 0 \\[3mm]
\dfrac{\partial}{\partial b} L(\boldsymbol{w},\boldsymbol{b},\boldsymbol{\xi},\boldsymbol{\alpha},\boldsymbol{\beta}) = \displaystyle\sum_{i=1}^{M} \alpha_i y_i = 0 \\[3mm]
\dfrac{\partial}{\partial \boldsymbol{\xi}} L(\boldsymbol{w},\boldsymbol{b},\boldsymbol{\xi},\boldsymbol{\alpha},\boldsymbol{\beta}) = c - \alpha_i - \beta_i = 0
\end{cases}
\Rightarrow
\begin{cases}
\boldsymbol{w} = \displaystyle\sum_{i=1}^{M} \alpha_i y_i \boldsymbol{x}_i \\[3mm]
\displaystyle\sum_{i=1}^{M} \alpha_i y_i = 0 \\[3mm]
c - \alpha_i - \beta_i = 0
\end{cases}
$$

反代入 $L(\boldsymbol{w},\boldsymbol{b},\boldsymbol{\xi},\boldsymbol{\alpha},\boldsymbol{\beta})$，得到只带拉格朗日系数 $\boldsymbol{\alpha},\boldsymbol{\beta}$ 的函数：

$$
\begin{aligned}
L(\boldsymbol{w},\boldsymbol{b},\boldsymbol{\xi},\boldsymbol{\alpha},\boldsymbol{\beta}) &= \frac{1}{2}\|\boldsymbol{w}\|^2 + c\sum_{i=1}^{N}\xi_i - \sum_{i=1}^{M}\alpha_i\left[y_i(\boldsymbol{w}\cdot\boldsymbol{x_i}+\boldsymbol{b}) - (1-\xi_i)\right] - \sum_{i=1}^{M}\beta_i\xi_i \\
&= \frac{1}{2}\boldsymbol{w}\cdot\boldsymbol{w} + \sum_{i=1}^{M}(c-\alpha_i-\beta_i)\xi_i - \boldsymbol{w}\cdot\sum_{i=1}^{M}\alpha_i y_i \boldsymbol{x_i} - \boldsymbol{b}\sum_{i=1}^{M}\alpha_i y_i + \sum_{i=1}^{M}\alpha_i \\
&= \frac{1}{2}\boldsymbol{w}\cdot\sum_{i=1}^{M}\alpha_i y_i \boldsymbol{x_i} + 0 - \boldsymbol{w}\cdot\sum_{i=1}^{M}\alpha_i y_i \boldsymbol{x_i} - 0 + \sum_{i=1}^{M}\alpha_i \\
&= -\frac{1}{2}\boldsymbol{w}\cdot\sum_{i=1}^{M}\alpha_i y_i \boldsymbol{x_i} + \sum_{i=1}^{M}\alpha_i \\
&= -\frac{1}{2}\sum_{i=1}^{M}\alpha_i y_i \boldsymbol{x_i}\cdot\sum_{j=1}^{M}\alpha_j y_j \boldsymbol{x_j} + \sum_{i=1}^{M}\alpha_i \\
&= -\frac{1}{2}\sum_{i=1}^{M}\alpha_i\alpha_j y_i y_j (\boldsymbol{x_i}\cdot\boldsymbol{x_j}) + \sum_{i=1}^{M}\alpha_i
\end{aligned}
$$

即

$$
\min_{\boldsymbol{w},\boldsymbol{b},\boldsymbol{\xi}} L(\boldsymbol{w},\boldsymbol{b},\boldsymbol{\xi},\boldsymbol{\alpha},\boldsymbol{\beta}) = -\frac{1}{2}\cdot\sum_{i=1}^{M}\alpha_i\alpha_j y_i y_j (\boldsymbol{x}_i\cdot\boldsymbol{x}_j) + \sum_{i=1}^{M}\alpha_i
$$

将其与前面的线性可分 SVM 模型比较可以发现，加入松弛因子后，$\min_{\boldsymbol{w},\boldsymbol{b},\boldsymbol{\xi}} L(\boldsymbol{w},\boldsymbol{b},\boldsymbol{\xi},\boldsymbol{\alpha},\boldsymbol{\beta})$ 的表达式并没有变化，只是约束条件增加了一些。

（2）再求 $\max\limits_{\boldsymbol{\alpha},\boldsymbol{\beta}} \min\limits_{\boldsymbol{w},\boldsymbol{b},\boldsymbol{\xi}} L(\boldsymbol{w},\boldsymbol{b},\boldsymbol{\xi},\boldsymbol{\alpha},\boldsymbol{\beta})$

将上面求得的 $\min\limits_{\boldsymbol{w},\boldsymbol{b},\boldsymbol{\xi}} L(\boldsymbol{w},\boldsymbol{b},\boldsymbol{\xi},\boldsymbol{\alpha},\boldsymbol{\beta})$ 的表达式及其约束条件代入：

$$
\max_{\boldsymbol{\alpha},\boldsymbol{\beta}} \min_{\boldsymbol{w},\boldsymbol{b},\boldsymbol{\xi}} L(\boldsymbol{w},\boldsymbol{b},\boldsymbol{\xi},\boldsymbol{\alpha},\boldsymbol{\beta})
$$

可得对偶优化问题为

$$\max_{\boldsymbol{\alpha}, \boldsymbol{\beta}} \quad -\frac{1}{2} \cdot \sum_{i=1}^{M} \alpha_i \alpha_j \, y_i y_j (\boldsymbol{x}_i \cdot \boldsymbol{x}_j) + \sum_{i=1}^{M} \alpha_i$$

$$s.t. \quad \sum_{i=1}^{M} \alpha_i \, y_i = 0$$

$$c - \alpha_i - \beta_i = 0$$

$$\alpha_i \geqslant 0$$

$$\beta_i \geqslant 0, i = 1, 2, \dots, M$$

进一步，考虑到优化式子中没有β_i的出现，所以我们直接利用$c - \alpha_i - \beta_i = 0$和$\beta_i \geqslant 0$消去变量$\beta_i$，即

$$\beta_i = c - \alpha_i \geqslant 0 \implies \alpha_i \leqslant c$$

同时将最大问题等价转换为最小问题，则得到新的对偶优化问题如下：

$$\min_{\boldsymbol{\alpha}} \quad \frac{1}{2} \cdot \sum_{i=1}^{M} \alpha_i \alpha_j \, y_i y_j (\boldsymbol{x}_i \cdot \boldsymbol{x}_j) - \sum_{i=1}^{M} \alpha_i$$

$$s.t. \quad \sum_{i=1}^{M} \alpha_i \, y_i = 0$$

$$0 \leqslant \alpha_i \leqslant c, \quad i = 1, 2, \dots, M$$

依然利用 SMO 算法求解出$\boldsymbol{\alpha}$向量的值$\boldsymbol{\alpha}^*$，$\boldsymbol{\alpha}$已知后就可以求出$\boldsymbol{w}$向量和偏置常数$\boldsymbol{b}$了。

2. 求解w、b和ξ

现在假设我们已经求得$\boldsymbol{\alpha}$向量的值$\boldsymbol{\alpha}^*$，下面开始求解$\boldsymbol{w}$、$\boldsymbol{b}$、$\boldsymbol{\xi}$。

（1）求解w

仍然直接利用上面求出的迭代式得到$\boldsymbol{w}$，即

$$\boldsymbol{w} = \sum_{i=1}^{M} \alpha_i\, y_i \boldsymbol{x}_i$$

所以将 $\boldsymbol{\alpha}^*$ 的值代入上式可得到 $\boldsymbol{w}^*$ 向量的值为

$$\boldsymbol{w}^* = \sum_{i=1}^{M} \alpha_i^*\, y_i \boldsymbol{x}_i$$

（2）求解 $\boldsymbol{b}$

求解 $\boldsymbol{b}$ 需要用到支持向量，所以先分析软间隔情况下的支持向量相比于线性可分情况下的支持向量有什么变化。

软间隔情况下的原始优化问题为

$$\min_{\boldsymbol{w},b} \quad \frac{1}{2}\|\boldsymbol{w}\|^2 + c\sum_{i=1}^{M}\xi_i$$

$$s.t. \quad y_i(\boldsymbol{w}\cdot\boldsymbol{x}_i + \boldsymbol{b}) \geqslant 1 - \xi_i$$

$$\xi_i \geqslant 0, \qquad i = 1,2,\dots,M$$

对偶优化问题：

$$\min_{\boldsymbol{\alpha}} \quad \frac{1}{2}\cdot\sum_{i=1}^{M}\alpha_i\alpha_j\, y_i y_j(\boldsymbol{x}_i\cdot\boldsymbol{x}_j) - \sum_{i=1}^{M}\alpha_i$$

$$s.t. \quad \sum_{i=1}^{M}\alpha_i y_i = 0$$

$$0 \leqslant \alpha_i \leqslant c, \qquad i = 1,2,\dots,M$$

同样需满足 KKT 条件：

$$\boldsymbol{w}^* = \sum_{i=1}^{M}\alpha_i^*\, y_i \boldsymbol{x}_i$$

$$\sum_{i=1}^{M}\alpha_i^*\, y_i = 0$$

$$c - \alpha_i^* - \beta_i^* = 0$$

$$y_i(\boldsymbol{w}^* \cdot \boldsymbol{x}_i + \boldsymbol{b}^*) \geqslant 1 - \xi_i^*$$

$$\xi_i^* \geqslant 0$$

$$0 \leqslant \alpha_i^* \leqslant c$$

$$\alpha_i^* \cdot [y_i(\boldsymbol{w}^* \cdot \boldsymbol{x}_i + \boldsymbol{b}^*) - (1 - \xi_i)] = 0$$

$$\beta_i^* \cdot \xi_i^* = 0 , \quad i = 1,2,\dots,M$$

后面两项是 KKT 对偶互补条件。

对 α_i^* 分情况讨论：

①当 $\alpha_i^* = 0$ 时，$\boldsymbol{w}^* = 0$，此时决策函数为一个常数，任意训练集样本点对模型均不起作用，故可排除。

②当 $0 < \alpha_i^* < c$ 时，由 $c - \alpha_i^* - \beta_i^* = 0$ 知 $\beta_i^* = c - \alpha_i^* > 0$ 恒成立；又 $\beta_i^* \xi_i^* = 0$，所以这种情况下，恒有 $\xi_i^* = 0$ 成立；再结合 $\alpha_i^* \cdot [y_i(\boldsymbol{w}^* \cdot \boldsymbol{x}_i + \boldsymbol{b}^*) - (1 - \xi_i)] = 0$ 可知：

$$y_i(\boldsymbol{w}^* \cdot \boldsymbol{x}_i + \boldsymbol{b}^*) = 1$$

所以，此时的样本点就是位于分割超平面 $\boldsymbol{w} \cdot \boldsymbol{x}_i + \boldsymbol{b} = \pm 1$ 上的点。

③当 $\alpha_i^* = c$ 时，必有：

$$\boldsymbol{w}^* \cdot \boldsymbol{x}_i + \boldsymbol{b}^* = \pm(1 - \xi_i)$$

进一步分为以下几种情况。

情况 1：$0 < \xi_i \leqslant 2$ 时，恒有 $-1 < \boldsymbol{w}^* \cdot \boldsymbol{x}_i + \boldsymbol{b}^* < 1$；此情况对应的样本点全部位于分割超平面 $\boldsymbol{w} \cdot \boldsymbol{x}_i + \boldsymbol{b} = -1$ 和 $\boldsymbol{w} \cdot \boldsymbol{x}_i + \boldsymbol{b} = +1$ 之间。

情况 2：$\xi_i > 2$ 时，恒有 $\boldsymbol{w} \cdot \boldsymbol{x}_i + \boldsymbol{b} < -1$ 或 $\boldsymbol{w} \cdot \boldsymbol{x}_i + \boldsymbol{b} > +1$；此情况下对应的样本点位于 $\boldsymbol{w} \cdot \boldsymbol{x}_i + \boldsymbol{b} = -1$ 和 $\boldsymbol{w} \cdot \boldsymbol{x}_i + \boldsymbol{b} = +1$ 的外侧。

我们把 $0 < \alpha_i^* < c$ 情况中的点称作支持向量。类似硬间隔情况，由所有支持向量点（假设有 S 个）可以求得 $\boldsymbol{b}$ 的值，软间隔支持向量机如图 8-4 所示。

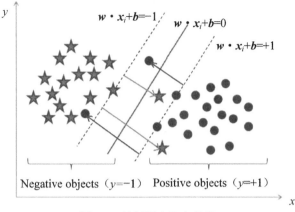

图 8-4　软间隔支持向量机

3. 小结

整个过程和线性可分 SVM 模型差不多。

输入：线性可分训练集 $T = \{(\boldsymbol{x}_1, y_1), (\boldsymbol{x}_2, y_2), \dots, (\boldsymbol{x}_M, y_M)\}$，且 $y_i \in \{-1, 1\}$，$i = 1, 2, \dots, M$。

输出：分割超平面 $\boldsymbol{w}^*\boldsymbol{x} + \boldsymbol{b}^* = 0$ 和分类决策函数 $h(\boldsymbol{x}) = \text{sign}(\boldsymbol{w}^*\boldsymbol{x} + \boldsymbol{b}^*)$。

步骤如下。

第 1 步：构造约束优化问题。

$$\min_{\boldsymbol{\alpha}} \quad \frac{1}{2} \cdot \sum_{i=1}^{M} \alpha_i \alpha_j\, y_i y_j (\boldsymbol{x}_i \cdot \boldsymbol{x}_j) - \sum_{i=1}^{M} \alpha_i$$

$$s.t. \quad \sum_{i=1}^{M} \alpha_i\, y_i = 0$$

$$0 \leqslant \alpha_i \leqslant c, \quad i = 1, 2, \dots, M$$

第 2 步：利用 SMO 算法求解上面的优化问题，得到 $\boldsymbol{\alpha}$ 向量的值 $\boldsymbol{\alpha}^*$。

第 3 步：利用下式计算 $\boldsymbol{w}$ 向量的值 $\boldsymbol{w}^*$。

$$w^* = \sum_{i=1}^{M} \alpha_i^* y_i x_i$$

第 4 步：找到满足 $0 < \alpha_s^* < c$ 对应的支持向量点 (x_s, y_s)，$s = 1, 2, \ldots, S$，利用下式计算 b 的值 b^*。

$$b^* = \frac{1}{S} \sum_{s=1}^{S} [y_s - w^* \cdot x_s]$$

第 5 步：由 w^* 和 b^* 得到分割超平面 $w^* \cdot x + b^* = 0$ 和分类决策函数 $h(x) = \mathrm{sign}(w^* \cdot x + b^*)$。

8.4 合页损失函数

硬间隔支持向量机和软间隔支持向量机都叫作线性支持向量机，是一种线性模型。线性支持向量机还有另外一种解释，那就是最小化下述目标函数：

$$\min_{w, b} \sum_{i=1}^{M} [1 - y_i(w \cdot x_i + b)]_+ + \lambda ||w||^2$$

式中第一项 $L\big(y(w \cdot x + b)\big) = [1 - y(w \cdot x + b)]$ 称为合页损失函数（Hinge Loss Function），如图 8-5 所示。

$$[z]_+ = \begin{cases} z, & z > 0 \\ 0, & z \leqslant 0 \end{cases}$$

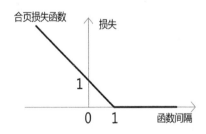

图 8-5　合页损失函数

第二项 $\lambda ||w||^2$ 是正则化项。

合页损失：

$$[1 - y(w \cdot x_i + b)] = \begin{cases} 1 - y_i(w \cdot x_i + b) & , \quad y_i(w \cdot x_i + b) < 1 \\ 0, & \quad y_i(w \cdot x_i + b) > 1 \end{cases}$$

当样本点(x_i, y_i)被正确分类且函数间隔$y_i(w \cdot x_i + b)$大于 1 时，损失是 0；否则损失是$1 - y_i(w \cdot x_i + b)$。

令$[1 - y_i(w \cdot x_i + b)] = \xi_i$，则$\xi_i \geqslant 0$成立，且有：

（1）当$1 - y_i(w \cdot x_i + b) > 0$时，有$\xi_i = 1 - y_i(w \cdot x_i + b)$，即$y_i(w \cdot x_i + b) = 1 - \xi_i$成立。

（2）当$1 - y_i(w \cdot x_i + b) \leqslant 0$时，有$\xi_i = 0$，即$y_i(w \cdot x_i + b) \geqslant 1 - \xi_i$成立。

综合（1）和（2）可知：$y_i(w \cdot x_i + b) \geqslant 1 - \xi_i$恒成立。

进一步我们取$\lambda = \frac{1}{2C}$，则$\min\limits_{w,b} \sum_{i=1}^{M}[1 - y_i(w \cdot x_i + b)]_+ + \lambda \|w\|^2$等价于下述约束优化问题：

$$\min_{w,b,\xi} \quad \frac{1}{C}\left(\frac{1}{2}\|w\|^2 + C\sum_{i=1}^{M}\xi_i\right)$$

$$s.t. \quad y_i(w \cdot x_i + b) \geqslant 1 - \xi_i \quad , \quad i = 1,2,...,M$$

$$\xi_i \geqslant 0, \quad i = 1,2,...,M$$

上式就是前面软间隔支持向量机模型的原始最优化问题。

即软间隔支持向量机模型的原始最优化问题等价于最小化合页损失，从损失函数的角度证明了线性 SVM 模型的合理性。

8.5 非线性支持向量机

通过引入松弛变量，线性支持向量机可以有效解决数据集中带有异常点的情况。但实际中，很多数据可能并不只是带有异常点这么简单，而是完全非线性可分的，这种情况下 SVM 模型怎么处理呢？很简单，就是通过上文提到过的核函数。

前面总结的线性 SVM 模型的第一步就是构造约束优化问题：

$$\min_{\boldsymbol{\alpha}} \quad \frac{1}{2} \cdot \sum_{i=1}^{M} \alpha_i \alpha_j \, y_i y_j \big(\boldsymbol{x}_i \cdot \boldsymbol{x}_j \big) - \sum_{i=1}^{M} \alpha_i$$

$$s.t. \quad \sum_{i=1}^{M} \alpha_i \, y_i = 0$$

$$0 \leqslant \alpha_i \leqslant c \quad i = 1, 2, \dots, M$$

可以看到，优化问题中，特征 $\boldsymbol{x}_i$ 和特征 $\boldsymbol{x}_j$ 仅仅以内积的形式出现。如果定义一个低维特征空间到高维特征空间的映射 $\boldsymbol{\phi}$，利用这个映射函数，将所有特征映射到一个更高的维度，让数据线性可分（Cover 定理：复杂的模式分类问题非线性地映射到高维空间将比投射到低维空间更可能是线性可分的），然后继续按前面的线性方法来优化目标函数，求分离超平面和分类决策函数。新的优化问题为

$$\min_{\boldsymbol{\alpha}} \quad \frac{1}{2} \cdot \sum_{i=1}^{M} \alpha_i \alpha_j \, y_i y_j \big(\phi(\boldsymbol{x}_i) \cdot \phi(\boldsymbol{x}_j) \big) - \sum_{i=1}^{M} \alpha_i$$

$$s.t. \quad \sum_{i=1}^{M} \alpha_i \, y_i = 0$$

$$0 \leqslant \alpha_i \leqslant c \quad , \ i = 1, 2, \dots, M$$

比如图 8-6 中的问题。

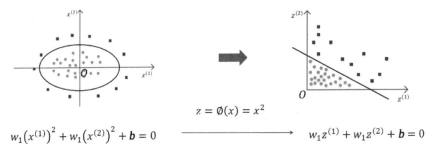

$$w_1 \big(x^{(1)} \big)^2 + w_1 \big(x^{(2)} \big)^2 + \boldsymbol{b} = 0 \qquad \xrightarrow{\quad z = \varnothing(x) = x^2 \quad} \qquad w_1 z^{(1)} + w_1 z^{(2)} + \boldsymbol{b} = 0$$

图 8-6　利用核函数将非线性问题转化为线性可分问题

看起来问题好像已经解决了，但怎样确定这个映射函数是一件极不容易的事情。SVM 模型并没有直接寻找和计算这种复杂的非线性变换，而是通过一种巧妙的方法

来间接实现这种变换，它就是"核函数"。它不仅具备这种映射能力，同时又不会增加太多计算量。具体操作是将对偶问题中的内积 $\boldsymbol{x}_i \cdot \boldsymbol{x}_j$ 换成核函数 $K(\boldsymbol{x}_i, \boldsymbol{x}_j)$，即将原优化问题转化为如下公式。

$$\min_{\boldsymbol{\alpha}} \quad \frac{1}{2} \cdot \sum_{i=1}^{M} \alpha_i \alpha_j \, y_i y_j K(\boldsymbol{x}_i, \boldsymbol{x}_j) - \sum_{i=1}^{M} \alpha_i$$

$$s.t. \quad \sum_{i=1}^{M} \alpha_i \, y_i = 0$$

$$0 \leqslant \alpha_i \leqslant c \quad i = 1, 2, \ldots, M$$

同样把决策函数中的内积用核函数代替，公式如下。

$$f(\boldsymbol{x}) = \text{sign}\left[\left(\sum_{i=1}^{M} \alpha_i^* y_i \boldsymbol{x}_i\right) \cdot \boldsymbol{x} + \boldsymbol{b}^*\right] = \text{sign}\left[\left(\sum_{i=1}^{M} \alpha_i^* y_i K(\boldsymbol{x}_i, \boldsymbol{x})\right) + \boldsymbol{b}^*\right]$$

常用的核函数如下。

线性核函数：$K(\boldsymbol{x}_i, \boldsymbol{x}_j) = \boldsymbol{x}_i \cdot \boldsymbol{x}_j$

高斯核函数：$K(\boldsymbol{x}_i, \boldsymbol{x}_j) = \exp\left(\frac{-\|\boldsymbol{x}_i - \boldsymbol{x}_j\|^2}{2\sigma^2}\right)$

多项式核函数：$K(\boldsymbol{x}_i, \boldsymbol{x}_j) = \left[\gamma(\boldsymbol{x}_i \cdot \boldsymbol{x}_j + 1) + r\right]^p$

Sigmoid：$K(\boldsymbol{x}_i, \boldsymbol{x}_j) = \tanh\left[\gamma(\boldsymbol{x}_i \cdot \boldsymbol{x}_j + r)\right]$

这里特别说明一下高斯核函数里面的参数对模型的影响：

σ^2 越小，对应的高斯核函数形状越尖，越容易过拟合。可以考虑极限情况，比如特别小，当 $\boldsymbol{x}_i = \boldsymbol{x}_j$ 时，$K(\boldsymbol{x}_i, \boldsymbol{x}_j) = 1$；当 $\boldsymbol{x}_i \neq \boldsymbol{x}_j$ 时，$K(\boldsymbol{x}_i, \boldsymbol{x}_j) = 0$。这种情况下的高斯核函数像一个脉冲函数，即每一个 $\boldsymbol{x}_i$ 都在判断新样本是不是和自己一样，所以就过拟合了。

除高斯核函数中的 σ^2 参数外，线性支持向量机还引入了松弛变量和对应的惩罚参数 c。c 越大，对误分类惩罚越大，支持向量个数越多，模型越复杂。

8.6　SVM 模型的 scikit-learn 实现

8.6.1　线性 SVM 模型

scikit-learn 实现如下：

```
class sklearn.svm.LinearSVC(penalty='l2',
                            c=1.0,
                            loss='squared_hinge',
                            fit_intercept=True,
                            class_weight=None,
                            max_iter=1000,
                            tol=0.0001,
                            multi_class='ovr',
                            dual=True,
                            intercept_scaling=1)
```

参数

- penalty：指定（对数）似然函数中加入的正则化项，默认为 l2，表示添加L2正则化$\frac{1}{2}\|w\|_2^2$，也可以使用 l1 添加L1正则化$\|w\|_1$。

- c：指定正则化项的权重，是正则化项惩罚项系数的倒数，所以 c 越小，正则化项越大，默认为 1.0。

- loss：选择的损失函数类型，可选 Hinge（合页损失函数）或 squared_hinge（合页损失函数的平方），默认为 squared_hinge。

- fit_intercept：选择是否计算偏置常数 b，默认是 True，表示计算。

- class_weight：指定各类别的权重，默认为 None，表示每个类别的权重都是 1。当数据的正负样本不平衡比较明显时，可以考虑设为 balanced，表示每个类别的权重与该类别在样本集中出现的频率成反比。另外，还可以利用一个字典{class_label:weight}来自己设置各个类别的权重。

- max_iter：设定最大迭代次数，默认为 1000。

- tol：设定判断迭代收敛的阈值，默认为 0.0001。

- multi_class：指定多分类的策略，默认是 ovr，表示采用 one-vs-rest，即一对其他策略。还可选择 multinomial，表示直接采用多项 Logistic 回归策略。

- dual：选择是否采用对偶方式求解，默认为 False。

- intercept_scaling：该参数默认为 1。

属性

- coef_：用于输出线性回归模型的权重向量**w**。
- intercept_：用于输出线性回归模型的偏置常数**b**。

方法

- fit(X_train,y_train)：在训练集(X_train,y_train)上训练模型。
- score(X_test,y_test)：返回模型在测试集(X_test,y_test)上的预测准确率。
- predict(X)：用训练好的模型来预测待预测数据集 X，返回数据为预测集对应的结果标签 y。

8.6.2　非线性 SVM 模型

scikit-learn 实现如下：

```
class sklearn.svm.SVC(c=1.0,
                      kernel='rbf',
                      degree=3,
                      gamma='auto',
                      coef0=0.0,
                      tol=0.001,
                      class_weight=None,
                      max_iter=-1)
```

参数

与线性 SVM 模型相同的参数不再赘述，下面仅列出不同的参数。

- kernel：指定核函数类型，可选项如下。

    linear：线性核函数。

    poly：多项式核函数。

    rbf：高斯核函数。

    Sigmoid：多层感知机核函数。

    precomputed：表示已经提供了一个 kernel 矩阵。

- degree：当核函数是多项式核函数时，指定其 p 值，默认为 3。

- gamma：指定多项式核函数或高斯核函数的系数，当选择其他核函数时，忽略该系数，默认为 auto。
- coef0：当核函数是 poly 或 Sigmoid 时，指定其 r 值，默认为 0。

属性

- support_：支持向量的下标。
- support_vectors_：支持向量。
- n_support_：每一个分类的支持向量的个数。
- coef_：用于输出线性回归模型的权重向量 $\boldsymbol{w}$。
- intercept_：用于输出线性回归模型的偏置常数 $\boldsymbol{b}$。

方法

与线性 SVM 相同的有 fit(X_train,y_train)、score(X_test,y_test) 和 predict(X)，不再赘述，其他方法如下。

- predict_proba(X)：返回一个数组，数组的元素依次是预测集 X 属于各个类别的概率。
- predict_log_proba(X)：返回一个数组，数组的元素依次是预测集 X 属于各个类别的对数概率。

8.7 SVM 模型实例

下面用一个简单的例子来看看带核函数的 SVM 模型的非线性分类效果。

1. 程序

```
# 1. 生成数据集
from sklearn.datasets import make_circles
X, y = make_circles(noise=0.2, factor=0.5, random_state=1)

# 2. 标准化
from sklearn.preprocessing import StandardScaler
X = StandardScaler().fit_transform(X)
```

```
# 3. 可视化
import matplotlib.pyplot as plt
from matplotlib.colors import ListedColormap
cm = plt.cm.RdBu
cm_bright = ListedColormap(['#FFFFFF', '#0000FF'])
ax = plt.subplot()
ax.set_title("Input data")
ax.scatter(X[:, 0], X[:, 1], c=y, cmap=cm_bright)
ax.set_xticks(())
ax.set_yticks(())
plt.tight_layout()
plt.show()

# 产生网格节点
import numpy as np
x_min, x_max = X[:, 0].min() - 1, X[:, 0].max() + 1
y_min, y_max = X[:, 1].min() - 1, X[:, 1].max() + 1
xx, yy = np.meshgrid(np.arange(x_min, x_max,0.02), np.arange(y_min,
    y_max, 0.02))

# 4. 使用默认的带 rbf 核的 SVM 模型进行训练
from sklearn.svm import SVC
C = 5
gamma = 0.1
clf = SVC(C=C, gamma=gamma)
clf.fit(X,y)
Z = clf.predict(np.c_[xx.ravel(), yy.ravel()])

# 5. 可视化
Z = Z.reshape(xx.shape)
plt.subplot()
plt.contourf(xx, yy, Z, cmap=plt.cm.coolwarm, alpha=0.9)
plt.scatter(X[:, 0], X[:, 1], c=y, cmap=cm_bright)
plt.xlim(xx.min(), xx.max())
plt.ylim(yy.min(), yy.max())
plt.xticks(())
plt.yticks(())
plt.xlabel("C=" + str(C)+ ',' + "gamma=" + str(gamma))
plt.show()
```

2. 输出

原始数据及其分类结果如图 8-7 所示。

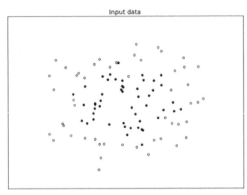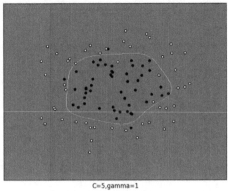

图 8-7　原始数据及其分类结果

从输出结果可以看出，采用核函数的支持向量机模型可以较好地完成对样本点的非线性划分。

8.8　小结

1. 优点

（1）SVM 模型具有较好的泛化能力，特别是在小样本训练集上能够得到比其他算法好很多的结果。这是因为其本身的优化目标是结构风险最小，而不是经验风险最小，因此通过 margin 的概念，可以得到对数据分布的结构化描述，从而降低了对数据规模和数据分布的要求。

（2）SVM 模型具有较强的数学理论支撑，基本不涉及概率测度及大数定律等。

（3）引入核函数后可以解决非线性分类问题。

2. 缺点

（1）不方便解决多分类问题；经典的 SVM 模型只给出了二分类算法，对于多分类问题，只能采用一对多模式来间接完成。例如，结果标签为 1、2、3 三个类别，那么可以先将标签 1 看作一个类别，将标签 2 和 3 看作另一个类别，进行一次 SVM 模型二分类，可以识别出类别为 1 的样本；然后再将标签 2 看作一个类别，将标签 1 和 3 看作另一个类别，进行第二次二分类，就可以识别出类别为 2 的样本；所以对于有 N 个类别的样本，需要进行 $N-1$ 次二分类。

（2）SVM 模型存在两个对结果影响较大的超参数，比如采用 rbf 核函数时，超参数惩罚项系数 c 和核函数参数 gamma 是无法通过概率的方法进行计算的，只能通过穷举遍历的方式或者根据以往经验推测获得，导致其复杂度比一般的非线性分类器要高。

3. SVM 模型与 LR 模型的异同点

（1）SVM 模型与 LR 模型（Logistic 回归模型）都是有监督学习算法，都属于判别模型。

（2）如果不考虑核函数，则二者都是线性分类算法。

（3）构造原理不同：LR 模型使用 Sigmoid 来映射出属于某一类别的概率，然后构造 log 损失，通过极大似然估计来求解模型参数的值；而 SVM 模型使用函数间隔最大化来寻找最优超平面，对应的是 Hinge 损失。

（4）SVM 模型与 LR 模型学习时考虑的样本点不同：LR 模型学习过程中会使用全量的训练集样本数据；而 SVM 模型学习过程中只使用支持向量点，即只考虑离分割超平面在一定范围内的样本点。

（5）SVM 模型通过引入核函数的方法，可以解决非线性问题，而 LR 模型一般没有核函数的概念（注意，核函数只是一种方法和思想，并不是 SVM 模型特有的技能，LR 模型不使用核函数的主要原因之一是训练过程需要使用全量样本，如果使用核函数，则带来的计算复杂度会很大）。

（6）SVM 模型中自带正则化项 $\frac{1}{2}||\boldsymbol{w}||^2$，与 LR 模型相比，更不易发生过拟合。

## 第 9 章

随机森林

集成学习的核心思想是将若干个个体学习器以一定策略结合起来，最终形成一个强学习器，以达到博采众长的目的。所以，集成学习需要解决的核心问题主要有两点：（1）如何得到若干个个体基学习器，（2）以什么策略把这些个体基学习器结合起来。具体细化又有很多点，例如：

（1）关于基学习器

- 可以采用相同类别，也可以采用不同类别。
- 各个基学习器之间有关联，还是无关联？

（2）关于组合策略

- 采用均等投票机制，还是采用权重投票机制？

根据以上几点不同，集成学习衍生出两类比较流行的方式，即 Bagging 模型和 Boosting 模型。

9.1　Bagging 模型

Bagging 模型的核心思想是每次同类别、彼此之间无强关联的基学习器，以均等投票机制进行基学习器的组合。

具体的方式是：从训练集样本中随机抽取一部分样本，采用任意一个适合样本数据的机器学习模型（如前面学过的决策树模型或者 Logistic 回归模型）对该样本进行训练，得到一个训练好的基学习器；然后再次抽取样本，训练一个基学习器；重复你想要的次数，得到多个基学习器；接着让每个基学习器对目标进行预测，得到一个预测结果；最后以均等投票方式，采用少数服从多数原则确定最后的预测结果。

需要注意的是，Bagging 模型每次对样本数据的采样是有放回的，这样每次采样的数据可能会部分包含前面采样的数据，Bagging 模型如图 9-1 所示。

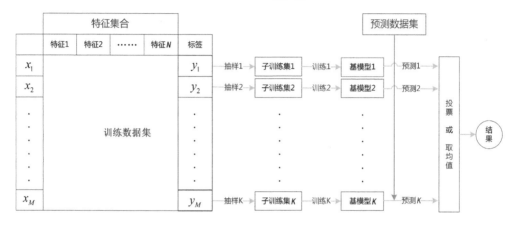

图 9-1　Bagging 模型

scikit-learn 中的 BaggingClassifier 类实现了 Bagging 模型，下面采用 K 近邻作为基学习器，程序如下：

```python
from sklearn.ensemble import BaggingClassifier    # 引入 Bagging 模型
# 引入 K 近邻类作为基学习器
from sklearn.neighbors import KNeighborsClassifier

# 每次训练随机选取总样本的 0.6 倍，总特征的 0.6 倍
bagging = BaggingClassifier(KNeighborsClassifier(),max_samples=0.6,
    max_features=0.6)
bagging.fit(X_train,y_train)

y_pred = bagging.predict(X_test)       # 预测类别
```

说明：scikit-learn 中的 BaggingClassifier 类除实现每次训练对样本随机采样外，还可对特征进行随机选择，两者分别通过 max_samples 和 max_features 设定。

9.2 随机森林

Bagging 模型的代表是大名鼎鼎的随机森林（RandomForest，RF）。

RF 默认采用 CART 作为基学习器，而且它在 Bagging 模型的基础上再进一步，每次训练基学习器时，除对样本随机采样外，对样本的特征也进行随机采样，随机森林如图 9-2 所示。

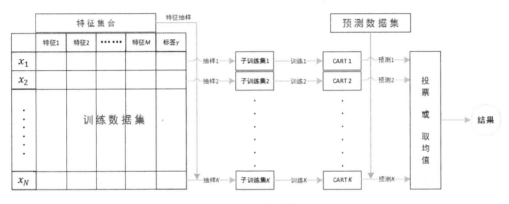

图 9-2　随机森林

由于采用的是 CART，所以 RF 既可以用来分类，又可以用来回归。RF 用来分类时使用 CART 分类树作为基学习器，最后的投票结果是取票数最多的类别作为最终的预测结果；RF 用来回归时使用 CART 回归树作为基学习器，最后的预测结果是采用所有 CART 回归树的预测值的均值。

由于 RF 每次都是对样本及样本的特征进行随机采样来训练基学习器，因此泛化能力比较强。

9.3 RF 的推广——extra trees

extra trees 是 RF 的一个变种，原理和 RF 几乎一致，区别主要有以下两点：

（1）对于单个决策树的训练集，RF 采用随机采样来选择部分样本作为每个决策树的训练集，而 extra trees 不进行采样，直接使用整个原始训练集。

（2）在选择特征划分点时，RF 中的 CART 决策树会基于基尼系数或标准差最小等原则来选择一个最优的特征划分点生成决策树，而 extra trees 是随机地选择一个特征划分点来生成决策树。

由于 extra trees 是随机选择特征划分点，而不是根据某类准则来选取最优划分点，因此会导致生成的决策树的规模比 RF 生成的决策树的规模要大，但某些时候，extra trees 的泛化能力比 RF 更好。

9.4　RF 的 scikit-learn 实现

前面说过，RF 基于 CART 决策树实现，既可以用于分类，又可以用于回归。在 scikit-learn 中，RF 的分类模型对应的是 sklearn.ensemble.RandomForestClassifier 类，回归模型对应的是 sklearn.ensemble.RandomForestRegressor 类。其变种 extra trees 对应的分类模型是 sklearn.ensemble.ExtraTreesClassifier 类，对应的回归模型是 sklearn.ensemble.ExtraTreesRegressor 类。分类模型和回归模型对应的参数基本相同，下面对二者的重要参数进行说明。

scikit-learn 实现如下：

```
class sklearn.ensemble.RandomForestClassifier(n_estimators=10,
                                              criterion='gini',
                                              oob_score=False,
                                              max_features= 'auto',
                                              max_depth=None,
                                              max_leaf_nodes=None,
                                              min_samples_split=2,
                                              min_impurity_split=1e-07,
                                              min_samples_leaf=1,
                                              class_weight=None,
                                              n_jobs=1)

class sklearn.ensemble.RandomForestRegressor(n_estimators=10,
                                             criterion='mse',
                                             oob_score=False,
                                             max_features='auto',
                                             max_depth=None,
```

```
                                          max_leaf_nodes=None,
                                          min_samples_split=2,
                                          min_impurity_split=1e-07,
                                          min_samples_leaf=1,
                                          n_jobs=1)
```

参数

RF 需要调参的参数包括两部分，第一部分是 Bagging 模型的参数，第二部分是 CART 决策树的参数。

- n_estimators：基学习器的最大迭代次数，即基学习器的个数。n_estimators 设置太小时模型容易欠拟合，设置过大时模型又容易过拟合，因此需要根据实际情况选择一个适当的数值，默认是 100。

- criterion：CART 决策树进行特征划分时采用的评价标准。该参数对于分类模型和回归模型是不一样的：RandomForestClassifier 可选 gini（基尼系数）和 entropy（信息增益），默认是 gini；RandomForestRegressor 可选 mse（均方误差）和 mae（绝对误差），默认是 mse。该参数一般直接选择默认标准即可。

- oob_score：是否采用袋外样本来评估模型的好坏。由于 RF 采样时可能会重复采样，即训练集样本中的部分数据可能一次都没有被抽到过，因此这部分数据可以用来作为验证集辅助评估模型的好坏。是否使用这部分数据就是由 oob_score 参数来设置的。该参数默认为 False，表示不使用。但这里推荐将其设置为 True，这对提升模型的泛化能力有一定作用。

- max_features：划分时考虑的最大特征数，可选 None、log2、sqrt、auto，默认是 None，意味着划分时考虑所有的特征数。如果选择 log2，则表示划分时最多考虑 $\log_2 M$ 个特征（M 为样本的特征总数）。如果选择 sqrt 或 auto，则表示划分时最多考虑 $\sqrt{M}$ 个特征。

- max_depth：决策树最大深度，默认不输入，表示决策树在建立子树的时候不会限制子树的深度。当模型样本量多、特征也多的情况下可以设置该参数以限制子树的深度，常取值在 10～100 之间。

- max_leaf_nodes：最大叶子节点数，默认是 None，即不限制最大叶子节点数量。如果特征数较多时可以加以限制，防止过拟合。

- min_samples_split：内部节点在划分所需最小样本数。如果某节点的样本数小于设置的 min_samples_split 值，则不会继续分叉子树；默认是 2。当样本数较大时，建议将这个值加大一点。

- min_impurity_split：节点划分的最小不纯度。该值用来限制决策树的分叉，如果某节点的不纯度（信息增益（比）、基尼系数、标准差）小于这个阈值，则该节点不再分叉成子节点，即直接作为叶子节点。

- min_samples_leaf：叶子节点最小样本数。如果某叶子节点中的样本数小于设置的 min_samples_leaf 值，则会和兄弟节点一起被剪枝；默认是 1。如果样本数较大，建议增大这个值。

- class_weight：样本所属类别的权重。该参数仅存在于分类树中，默认为 None，表示不考虑样本类别分布情况。但对于训练集数据类别分布非常不均匀（正负样本不平衡问题其实很常见）的情况，建议使用该参数来防止模型过于偏向样本多的类别，可以设置为 balanced，此时算法会自动计算样本类别权重，样本少的所对应的样本权重会变高。当然，也可以自己指定各个样本的权重。

- n_jobs：使用的 CPU 核数，默认是 1，如果设定为-1，则表示使用所有可用的 CPU 核。

属性

- feature_importances_：给出各个特征的重要程度，值越大表示对应的特征越重要。

- estimators_：存放各个训练好的基学习器情况，为一个列表。

- n_features_：模型训练好时使用的特征数目。

- n_outputs_：模型训练好后输出的数目。

- oob_score_：模型训练好后使用训练集袋外样本验证得到的分数。

- oob_prediction_：训练好的模型对训练集袋外样本预测的结果。

方法

- apply(X)：获取样本 X 中各个样本在集成模型的各基学习器（为一棵 CART 分类树）中的叶子节点位置信息。

- fit(X_train,y_train)：在训练集(X_train,y_train)上训练模型。

- score(X_test,y_test)：返回模型在测试集(X_test,y_test)上的预测准确率。

- predict(X)：用训练好的模型来预测待预测数据集 X，返回数据为预测集对应的结果标签 y。
- predict_proba(X)：返回一个数组，数组的元素依次是预测集 X 属于各个类别的概率，回归树没有该方法。
- predict_log_proba(X)：返回一个数组，数组的元素依次是预测集 X 属于各个类别的对数概率，回归树没有该方法。

9.5 RF 的 scikit-learn 使用实例

这里使用一份含有 55596 个训练样本的数据，数据截图如图 9-3 所示。

ID	overdue	gender	job	edu	marriage	family_type	browse_his	salary_change	card_num	total_amount	av_amount	pre_repay
1	0	1	2	3	1	3	0.0	0.0	0.0	0.000000	0.000000	0.000000
2	0	1	2	3	2	1	1305.0	0.0	3.0	61.012424	20.337475	-9.368108
3	0	1	4	4	1	4	342.0	0.0	1.0	18.361833	18.361833	0.426806
4	1	1	4	4	3	2	364.0	0.0	3.0	58.956699	19.652233	-83.497208
5	0	1	2	2	1	1	0.0	0.0	1.0	20.664418	20.664418	-4.278933
6	1	1	2	4	1	3	15.0	0.0	3.0	61.600211	20.533404	-74.384600
7	0	1	2	3	1	3	1008.0	0.0	6.0	101.260762	16.876794	998.980126
8	0	1	2	4	1	2	1111.0	0.0	1.0	21.069883	21.069883	70.682736

图 9-3　数据截图

样本数据中，每一行表示一个用户特征信息，包括用户的基本特征信息和银行账户特征信息，如表 9-1 所示。

表 9-1　用户特征信息

特征名	描 述	取值情况
gender	性别类型	类别型，取值 0、1、2 三种，0 表示未知
job	工作类型	类别型，取值 0、1、2、3、4 五种，0 表示未知
edu	受教育程度类型	类别型，取值 0、1、2、3、4 五种，0 表示未知
marriage	婚姻类型	类别型，取值 0、1、2、3、4、5 六种，0 表示未知
family_type	户口类型	类别型，取值 0、1、2、3、4 五种，0 表示未知
browse_his	历史浏览次数	数值型
salary_change	工资变化	数值型

续表

特征名	描 述	取值情况
card_num	信用卡数目	数值型
total_amount	欠款总数	数值型
av_amount	月平均欠款数	数值型
pre_repay	提前还款值	数值型
overdue	是否逾期	类别标签，取值：0（48413 人），1（7183 人）

从表 9-1 中的数据可以看出，提供的用户特征为 12 种，包括用户基本信息 5 种，均为类别型；用户的银行账户信息 6 种，均为数值型；还有用户的结果类别标签 overdue，也是类别型，取值为 0 和 1 两种，0 表示无逾期，1 表示有逾期。现在我们需要根据这份数据建立一个基本模型，预测用户是否可能逾期。

明显这是一个二分类问题，这里采用本章所学的 RF 来训练。从表 9-1 可以看出，各特征的数值取值区间存在较大的差异，因此有必要先对其进行标准化处理。另外，各机器学习模型在类别较多时效果一般也不够理想，所以我们同时对数据集中的类别型特征进行 one-hot 编码。

9.5.1 程序

```python
# 1. 读取数据
import pandas as pd
df = pd.read_csv("…/Desktop/user_info_overdue.
    csv")

# 2. 数据预处理
from sklearn.feature_extraction import DictVectorizer

# 把连续型特征放到一个 dict 中
featureConCols =
['browse_his','salary_change','card_num','total_amount','av_amount
    ','pre_repay']
dataFeatureCon = df[featureConCols]
X_dictCon = dataFeatureCon.T.to_dict().values()

# 把类别型特征放到另一个 dict 中
featureCatCols = ['gender','job','edu','marriage','family_type']
dataFeatureCat = df[featureCatCols]
```

```
X_dictCat = dataFeatureCat.T.to_dict().values()

# 向量化特征
vec = DictVectorizer(sparse = False)
X_vec_con = vec.fit_transform(X_dictCon)
X_vec_cat = vec.fit_transform(X_dictCat)

# 标准化连续值数据
from sklearn import preprocessing
scaler = preprocessing.StandardScaler().fit(X_vec_con)
X_vec_con = scaler.transform(X_vec_con)
print X_vec_con.shape
print X_vec_con

# 对类别型特征进行 one-hot 编码
from sklearn import preprocessing
enc = preprocessing.OneHotEncoder()
enc.fit(X_vec_cat)
X_vec_cat = enc.transform(X_vec_cat).toarray()

# 输出标准化后的数值型特征情况
print X_vec_cat.shape
print X_vec_cat

# 把处理后的类别特征和数值特征重新拼接在一起
import numpy as np
X_vec = np.concatenate((X_vec_con,X_vec_cat), axis=1)

# 输出数据预处理后的总体特征情况
print X_vec.shape
print X_vec

# 对结果标签 Y 向量化
Y_vec = df['overdue'].values.astype(float)

# 输出结果标签 Y 的情况
print Y_vec.shape
print Y_vec

# 3. 数据集划分
from sklearn.cross_validation import train_test_split
X_train, X_test, y_train, y_test = train_test_split(X_vec, Y_vec,
```

```
                  test_size=0.3)

# 4. 用处理好后的数据训练并验证模型
from sklearn.ensemble import RandomForestClassifier

RF_clf = RandomForestClassifier(oob_score=True, random_state=10)
RF_clf.fit(X_train,y_train)

y_pred = RF_clf.predict(X_test)        # 预测验证集类别

# 模型结果验证
from sklearn.cross_validation import cross_val_score
print '交叉验证结果：'
print cross_val_score(RF_clf, X_test, y_test, cv=5)

from sklearn.metrics import classification_report
print '查准率、查全率、F1 值：'
print classification_report(y_test, y_pred, target_names=None)

from sklearn.metrics import confusion_matrix
print '混淆矩阵：'
print confusion_matrix(y_test, y_pred, labels=None)
```

9.5.2　结果及分析

1．输出结果

（1）标准化后的数值型特征情况

```
(55596L, 6L)
[[-2.89709815 -0.60042641 -1.24581429  0.09015463 -0.15716831 -1.24630644]
 [ 0.34444974  1.30024838  0.47692829  0.05082008 -0.15716831  0.47903969]
 [ 0.02955631 -0.10231853 -0.67156676  0.09194669 -0.15716831 -0.72705945]
 ...,
 [ 0.38816392  0.79777113 -0.09731924  0.06556911 -0.15716831 -0.08056415]
 [ 0.47304594  0.31714073  1.62542334  0.14600761 -0.15716831  1.74334812]
 [ 0.57166604 -0.42565171 -0.67156676  0.09015463 -0.15716831 -0.63087835]]
```

（2）one-hot 编码后的特征情况

```
(55596L, 24L)
[[ 0.  0.  0. ...,  0.  0.  0.]
 [ 0.  0.  0. ...,  0.  0.  0.]
 [ 0.  0.  0. ...,  0.  0.  0.]
 ...,
 [ 0.  0.  0. ...,  0.  0.  0.]
 [ 0.  0.  0. ...,  1.  0.  0.]
 [ 0.  0.  0. ...,  0.  0.  0.]]
```

（3）数据预处理后的总体特征情况

```
(55596L, 30L)
[[-2.89709815 -0.60042641 -1.24581429 ...,  0.          0.          0.        ]
 [ 0.34444974  1.30024838  0.47692829 ...,  0.          0.          0.        ]
 [ 0.02955631 -0.10231853 -0.67156676 ...,  0.          0.          0.        ]
 ...,
 [ 0.38816392  0.79777113 -0.09731924 ...,  0.          0.          0.        ]
 [ 0.47304594  0.31714073  1.62542334 ...,  1.          0.          0.        ]
 [ 0.57166604 -0.42565171 -0.67156676 ...,  0.          0.          0.        ]]
```

（4）模型结果

交叉验证结果：

```
[ 0.8594546   0.86330935  0.86270983  0.85757121  0.86146927]
```

查准率、查全率、F1 值：

	precision	recall	f1-score	support
0	0.88	0.97	0.92	14536
1	0.24	0.06	0.09	2143
avg / total	**0.79**	**0.86**	**0.82**	16679

混淆矩阵：

```
[[14158   378]
 [ 2021   122]]
```

2. 结果分析

从验证结果来看，表面上好像得到的 RF 的整体预测水平还可以，交叉验证时准确率基本稳定在 0.85 左右，平均查准率 0.79，平均查全率 0.86，平均 F1 值 0.82。但其实不然，这个模型在该业务中可以说效果极其一般，下面具体分析。

在这个任务中，我们面临的业务问题是预测用户银行贷款是否会逾期，从给出的训练集样本分布来看，逾期用户为 7183 人，而非逾期用户为 48413 人，即逾期用户在总用户中明显占比较少。但站在银行的角度来看，银行的主要目的是希望能够尽量准确地预测出所有可能逾期的用户（金融的三大核心之一就是风险控制），从而降低坏账率。

意识到这一点后我们再来看上面的结果：该模型在类别"1"上的查准率（precision）仅为 0.24，查全率（recall）仅为 0.06。也就是说，模型之所以平均水平达到了 0.79 的查准率和 0.86 的查全率，其实都是因为类别"0"的预测造成的。

从混淆矩阵也可以看出：混淆矩阵中，总共 14536 个非逾期用户中有 14158 个被正确识别出来，而总共 2143 个逾期用户中仅有 122 个被正确识别出来。也就是说，总共 2143 个逾期用户中居然有 2021 个被错误判别成了非逾期！

造成这一结果的原因可能有多个，大致总结为以下几点。

首先，从原始数据特征信息来说，由于提供的这份数据中样本的特征并不是十分丰富，所以数据源本身就存在一定局限性。对于这种情况，只能想办法搜集更多的用户特征信息，以及在已有的特征上进一步通过特征工程挖掘新特征来弥补。

其次，样本中有些特征存在较为严重的数据缺失（具体缺失量读者可以自己通过统计各特征中类别为"0"的用户数目来得到），因此数据的噪声是很大的。对于这种情况，耐心的读者可以根据我们之前介绍过的缺失值处理方法结合实际的特征意义进行缺失值填充。

再次，像这类贷款逾期预测问题本身就属于异常检测问题，一般都会存在明显的正负样本不均衡情况，是一类比较难处理的问题。对于这种情况，可以考虑通过对正样本过采样或对负样本降采样来提升预测准确率。

最后，对于这一类异常检测问题，RF 并不是最适合的，这里之所以使用 RF，仅仅只是为了对本章所学习的内容进行尝试和分析，因此读者千万不要对号入座，平时还是需要多积累、多思考和多实践的。

9.5.3　扩展

1. RF 辅助特征选择

RF 和 GBDT 等基于树的集成学习模型除本身功能比较强大外，还有一个常被用到的重要功能，那就是可以输出训练样本中各个特征的重要程度系数，这对于我们进行特征选择是很有辅助意义的。现在我们接着上面的程序进行展示。

输入：

```
# 输出各特征的重要程度
print RF_clf.feature_importances_
```

输出：

```
[ 0.13670513  0.28198904  0.02826317  0.21808119  0.0168645   0.13387399
  0.00034768  0.00093764  0.00679317  0.00939741  0.00831813  0.00029837
  0.01384507  0.01296529  0.0109695   0.01236487  0.02004067  0.00576227
  0.00554851  0.00032105  0.0009286   0.01031601  0.00986079  0.0090798
  0.00029878  0.01467752  0.01035571  0.01384522  0.00576156  0.00118936]
```

以上输出的就是前面训练样本中的 30 个特征对应的重要性指数，该指数的值越大，表示该特征在模型的训练中起到的作用越大。可以看出，四舍五入值最大的特征分别是第二（0.28199）和第四（0.21808），对应的是 salary_change 特征和 total_amount 特征；其次是第一（0.13671）和第六（0.13387），对应的是 browse_his 特征和 pre_repay 特征。知道这一点后我们就可以有针对性地挖掘这几个特征，以及和它们相关的特征，并且当特征较多时，可以直接设定一个阈值来截取最重要的那部分特征。

2. RF 获取高阶交互特征

另外，我们还可以通过 apply()方法获取数据集在各基学习器（一棵 CART 分类树）中的叶子节点位置，具体如下。

输入：

```
# 输出各验证集样本在各基学习器（一棵CART分类树）中的叶子节点位置
print RF_clf.apply(X_test).shape
print RF_clf.apply(X_test)
```

输出：

```
(16679L, 10L)
[[ 1482  5211  8136 ...,  3185 11624  3198]
 [ 7457 11812  5397 ..., 11164 10906 10915]
 [11025 10358 10482 ...,  7616  7749  9416]
 ...,
 [ 5337  3256  5779 ..., 10747  9872  7062]
 [11950  3437 11227 ..., 12803  8364  6779]
 [ 8053  7077 11633 ...,  7231  8622  6252]]
```

上面输出的，一个 16679 行 10 列的矩阵其实是验证集 X_test 中的各样本被分到各个基学习器叶子节点的位置矩阵。矩阵的每一行表示一个验证集样本，每一列表示最终的 RF 中的一个基学习器。也就是说，这里我们有 16679 个样本，10 个基学习器。矩阵的每一个元素都表示该样本在该基学习器中叶子节点的位置，比如矩阵的第一行第二列元素值是 5211，表示的就是验证集中第一个样本被分到了 RF 中第二棵 CART 树的第 5211 个叶节点上。

知道这一信息有什么用呢？比如图 9-4 所示的 CART 分类树。

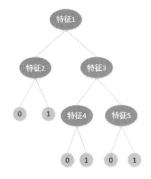

图 9-4　CART 分类树

假设这棵树是通过一系列的训练样本和特征训练得到的。从图 9-4 可以看出，该树一共用到了 5 个特征，最后生成了 6 个叶子节点，每个叶子节点其实对应了该 CART 树的一条路径？比如第 4 个叶子节点对应的路径就是：特征 1 → 特征 3 → 特征 4 → 类别 1。要知道，这棵树可不是随便生成的，而是从上万个训练样本的数据中学习出来的，那么是不是意味着节点 4 在某种程度上就相当于是对通过学习得到的特征 1、特征 3、特征 4 和类别 1 的一种组合呢？

到这里就很明了了，通过学习得到的每一棵树，实际上可以反映出样本中各个特征之间的组合特性，即树的每一个叶子节点其实对应了一种不同的特征组合方式，这样我们就可以很轻松地得到样本特征的高阶特征，而不用完全依靠人工方式去进行特征组合。

但实际中我们更多的是用 GBDT 来进行高阶特征映射，而不是 RF，原因很简单，RF 示意图如图 9-5 所示。

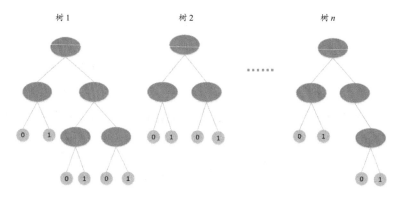

图 9-5　RF 示意图

从图 9-5 中可以看出，RF 模型最后得到的是很多棵不同的树，比如上面例子中最终生成了 10 棵树，而且每一棵树的叶子节点数都非常多（上万很常见），这导致使用 RF 进行高阶特征映射时会产生大量的高阶特征，从而可能出现维度灾难。但使用 GBDT 不会出现这一问题。

9.6　小结

树模型本身具有较强的非线性拟合能力，在分类和回归问题中都表现得比较出色，而 RF 是将多棵 CART 树进行集成，博采众长，使其功能更加强大。RF 每次都是通过随机抽取训练样本中的一部分样本和随机选择被抽取样本的一部分特征进行单个基模型训练的（RF 的两个"随机"，面试经常被问到），一方面，增强了模型的泛化能力；另一方面，各个基模型的训练过程都是相互独立的，因此可以并列进行，在处处都是大数据的今天，这点十分关键。

总之，由于 RF 的种种优良品质，使得它成为目前产业界最常用的几大模型之一，下面归纳一下其优/缺点。

1. 优点

（1）由于 RF 各个基学习器之间没有强关联，因此学习过程可以分开，实现并行化，这在处理大样本数据的时候具有很大的速度优势。

（2）由于 RF 每次训练时，各个基学习器只是抽取样本的部分特征进行训练，因此对于样本特征维度很高的情况，RF 仍能高效地训练模型。

（3）由于 RF 的每个基学习器只是随机抽取部分样本和部分特征进行学习，因此模型的泛化能力较强。

（4）由于 RF 采用的基学习器是 CART 决策树，而 CART 决策树对缺失值不敏感，因此 RF 对部分特征缺失也不敏感。

（5）RF 训练模型后可以顺便输出各个特征对预测结果的重要性，因此可以辅助我们进行特征选择。

正是由于上述几大优点，使得 RF 被各大公司广泛使用。

2. 缺点

RF 的基学习器采用了决策树模型，而决策树模型的一个缺点是对噪声比较敏感，所以 RF 在某些噪声较大的样本集上容易陷入过拟合。

## 第 10 章

AdaBoost

与 Bagging 模型不同，Boosting 模型的各个基学习器之间存在强关联，即后面的基学习器是建立在它前面的基学习器的基础之上的。Boosting 模型的代表是提升算法（AdaBoost），更具体的是提升树（Boosting Tree），而提升树比较优秀的实现模型是梯度提升树（GBDT 和 XGBoost），本章介绍 AdaBoost。

10.1 AdaBoost 的结构

AdaBoost 每次训练基模型时都使用所有的训练集样本以及样本的所有特征，具体操作过程是：每一轮训练结束后得到一个基学习器，并计算该基学习器在训练样本上的预测误差率，然后根据这个误差率来更新下一轮训练时训练集各样本的权重系数和本轮基学习器的投票权重，目标是使得本轮被错误预测了的样本在下一轮训练中得到更大的权重，使其受到更多的重视，并且预测越准确的基学习器在最后集成时占的投票权重系数越大。这样，通过多轮迭代可以得到多个基学习器及其对应的投票权重，最后按照各自的权重进行投票来输出最终预测结果。AdaBoost 的结构如图 10-1 所示。

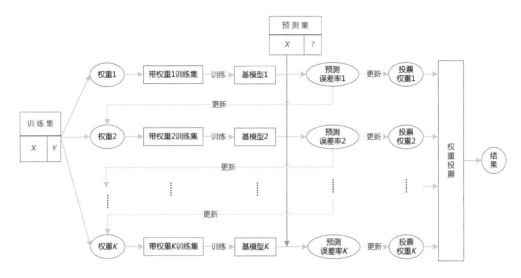

图 10-1　AdaBoost 的结构

10.1.1　AdaBoost 的工作过程

从图 10-1 可以看出，AdaBoost 的运行过程主要涉及 4 个问题：

问题 1　如何计算每一次训练集样本的权重？

问题 2　如何训练基模型？

问题 3　如何计算基模型的预测误差率？

问题 4　如何计算各个基学习器的投票权重？

解决上面 4 个问题，即可获得一个完整的 AdaBoost。实际上，上述 4 个问题也是所有 Boosting 系列模型的共同关注点。

问题 1　如何计算每一次训练集样本的权重？

AdaBoost 每一轮都会使用全部的训练集样本，但每一轮都会改变样本的权重分布，其方法是：用本轮得到的基学习器对所有训练样本进行一次预测，得到一个预测误差率；下一轮训练中各个训练样本的情况由该训练样本自身、本轮基学习器对该样本的预测值、本轮基学习器对训练样本的整体预测误差率三者共同决定。

问题 2　如何训练基模型？

实际上，AdaBoost 与 RF 一样，既可以用于分类问题，又可以用于回归问题，因为它们默认使用的基学习器都是 CART 决策树。所以，只要每一轮将原始样本按新的权重系数重新计算出来后，基学习器的训练与普通的单模型训练过程是完全一致的。

问题 3　如何计算基模型的预测误差率？

对于分类问题，计算模型的预测误差率可以直接使用 0-1 损失函数；对于回归问题，计算基模型的预测误差率可以使用平方损失函数或指数损失函数。

问题 4　如何计算各个基学习器的投票权重？

各个基学习器的投票权重 α_k 是根据每一轮的预测误差率计算得到的，假设通过 K 轮迭代，我们得到了各个基学习器的投票权重 α_k，$k = 1,2,\dots,K$，那么对于结果为 $\{-1,1\}$ 的二分类问题，最后的投票公式就是：

$$f(\boldsymbol{x}) = \text{sign} \sum_{k=1}^{K} \alpha_k \cdot T_k(\boldsymbol{x})$$

其中，$T_k(\boldsymbol{x})$ 是第 k 个基学习器的预测结果值。

当然，实际情况可能不只是二分类问题，甚至不是分类问题，而是回归问题，下面分别介绍。

10.1.2　AdaBoost 多分类问题

AdaBoost 多分类问题有两种实现算法，分别称作 SAMME 算法和 SAMME.R 算法。二者的主要思想一致，只不过在分类过程中，某些步骤采用了不同的处理方式。

对于含有 M 个样本的训练集 $T = \{(\boldsymbol{x}_1, y_1), (\boldsymbol{x}_2, y_2), \dots, (\boldsymbol{x}_M, y_M)\}$，假设样本总共含有 L 个类别，即 $y_i \in \{c_1, c_2, \dots, c_L\}$，$i = 1,2,\dots,M$。AdaBoost 多分类问题的处理过程如下。

1. SAMME 算法

第 1 步：初始化数据的分布权重，采用平等对待的方式，即

$$D_1 = (w_{11}, w_{12}, \dots, w_{1i}, \dots, w_{1M}), w_{1i} = \frac{1}{M}, \qquad i = 1,2,\dots,M$$

第 2 步：利用具有权重 D_1 的训练数据集，采用某个基本模型（可以是适合训练集数据类型的任意模型）进行训练，得到第一个基分类器 $T_1(\boldsymbol{x})$。

第 3 步：计算基分类器 $T_1(\boldsymbol{x})$ 在训练集上的分类误差率 e_1，即

$$e_1 = \sum_{i=1}^{M} w_{1i}\, I(T_1(\boldsymbol{x}_i) \neq y_i)$$

第 4 步：按下式计算基分类器 $T_1(\boldsymbol{x})$ 的投票权重 α_1。

$$\alpha_1 = \frac{1}{2}\ln\frac{1-e_1}{e_1} + \ln(L-1)$$

这里的 L 值就是多分类问题的类别数，当 $L = 2$ 时，相当于是一个二分类问题。

按上式来取值，当分类误差率 $e_1 < \frac{1}{2}$ 时，一方面，可以保证基分类器的投票权重 $\alpha_1 > 0$；另一方面，可以保证基分类器的投票权重 α_1 随着 e_1 的减小而增大。这样产生的效果是：当基分类器的分类误差率小于 $\frac{1}{2}$ 时，分类器的分类误差率越小，最后它获得的投票权重就越大，从而自动让最终的模型偏向于预测效果较好的基学习器，这就是 AdaBoost 的第一个巧妙之处。

第 5 步：按下式更新第二轮训练集的权重分布。

$$D_2 = (w_{21}, w_{22}, \dots, w_{2i}, \dots, w_{2M})$$

其中：

$$w_{2i} = \frac{w_{1i}\exp\big(-\alpha_1 y_i T_1(\boldsymbol{x}_i)\big)}{\sum_{i=1}^{M} w_{1i}\exp\big(-\alpha_1 y_i T_1(\boldsymbol{x}_i)\big)}, \qquad i = 1,2,\dots,M$$

上式的分母看似复杂，其实就是一个归一化因子，将其记为 Z_k，$k = 1,2,\dots,K$，这里下标 k 表示的是第 k 轮，所以第 2 轮就是 Z_2，即

$$Z_2 = \sum_{i=1}^{M} w_{1i} \exp\left(-\alpha_1 y_i T_1(\boldsymbol{x}_i)\right)$$

则：

$$w_{2i} = \frac{w_{1i} \exp\left(-\alpha_1 y_i T_1(\boldsymbol{x}_i)\right)}{Z_2} , \qquad i = 1,2,\dots,M$$

又因为$y_i \in \{-1,1\}$（$i = 1,2,\dots,M$）是样本$\boldsymbol{x}_i$的实际值，$G_1(\boldsymbol{x}_i)$是样本$\boldsymbol{x}_i$的预测值，即$\in \{-1,1\}$，所以上式可等价写成：

$$w_{2i} = \begin{cases} \dfrac{w_{1i}}{Z_2} \mathrm{e}^{-\alpha_1} , & T_1(\boldsymbol{x}_i) = y_i \\[2mm] \dfrac{w_{1i}}{Z_2} \mathrm{e}^{\alpha_1} , & T_1(\boldsymbol{x}_i) \neq y_i \end{cases}$$

前面说过，α_1是第一轮训练的基分类器的投票权重，它的值是大于 0 的，所以上面的式子其实反映的是：当$T_1(\boldsymbol{x}_i) \neq y_i$时，在下一轮训练中，其对应的样本权重$w_{2i}$会在$w_{1i}$的基础上变大；而当$T_1(\boldsymbol{x}_i) = y_i$时，在下一轮训练中，其对应的样本权重$w_{2i}$会在$w_{1i}$的基础上缩小。

这样导致的一个效果就是：上一轮被错误分类了的样本，在这一轮中，其对应的样本权重会被放大；而上一轮被正确分类了的样本，在这一轮中，其对应的样本权重会被缩小。随着基学习器的一轮轮迭代，AdaBoost 会越来越把注意力集中到之前分类错误的样本上。这就是 AdaBoost 的第二个巧妙之处。

第 6 步：利用更新后得到的第 2 轮的样本权重再次训练得到第 2 个基分类器$T_2(\boldsymbol{x})$，由$T_2(\boldsymbol{x})$计算分类误差率e_2和投票权重α_2，最终重复上述过程多次，总共可得到K个基分类器$T_1(\boldsymbol{x}), T_2(\boldsymbol{x}), \dots, T_K(\boldsymbol{x})$及其对应的投票权重$\alpha_1, \alpha_2, \dots, \alpha_K$，然后按照下式做集成：

$$f(\boldsymbol{x}) = \arg\max_{c_l} \left[\sum_{k=1}^{K} \alpha_k \, I(T_k(\boldsymbol{x}) = c_l) \right]$$

上式表示让每个基分类器$T_k(\boldsymbol{x})$（$k = 1,2,\dots,K$）对样本$\boldsymbol{x}$进行一次带权投票，最后选出得票分数最大的类别c_l作为样本$\boldsymbol{x}$的最终预测类别。这里l取所有L个类别$c_1, c_2, \dots, c_L$中的一个。实际上，当为二分类问题时，上式就等价于下面的形式：

$$f(\boldsymbol{x}) = \text{sign}\left(\sum_{k=1}^{K} \alpha_k T_k(\boldsymbol{x})\right)$$

2. SAMME.R 算法

第 1 步：先初始化数据的分布权重，采用平等对待的方式，即

$$D_1 = (w_{11}, w_{12}, \ldots, w_{1i}, \ldots, w_{1M}), w_{1i} = \frac{1}{M}, \qquad i = 1,2,\ldots,M$$

第 2 步：利用具有权重D_1的训练数据集，采用某个基本模型（可以是适合训练集数据类型的任意模型）进行训练，得到第一个基分类器$T_1(\boldsymbol{x})$。

第 3 步：利用基分类器$T_1(\boldsymbol{x})$计算各训练集样本$\boldsymbol{x}_i$属于各类别c_m的加权概率$p_{1i}^{(l)}$，即

$$p_{1i}^{(l)} = w_{1i}P(y_i = c_l|\boldsymbol{x}_i), \qquad i = 1,2,\ldots,M, \; l = 1,2,\ldots,L$$

注意： 由于 SAMME.R 算法需要计算每一轮基学习器对各个样本属于各个类别的概率，所以当采用 SAMME.R 算法做多分类时，基分类器不仅要满足可以做多分类，还要满足可以输出样本属于某类别的概率值。

第 4 步：计算基分类器$T_1(\boldsymbol{x})$对样本$\boldsymbol{x}_i$在第l个类别上的投票权重。

$$a_1^{(l)}(\boldsymbol{x}_i) = (L-1)\left(\ln p_{1i}^{(l)} - \frac{1}{L}\sum_{l=1}^{L} \ln p_{1i}^{(l)}\right), \; l = 1,2,\ldots,L$$

第 5 步：按下式更新第二轮训练集的权重分布。

$$D_2 = (w_{21}, w_{22}, \ldots, w_{2i}, \ldots, w_{2M})$$

其中：

$$w_{2i} = w_{1i} \cdot \exp\left(-\frac{L-1}{L}\sum_{l=1}^{L} \delta_i^{(l)}\ln p_{1i}^{(l)}\right), \qquad i = 1,2,\ldots,M$$

其中：

$$\delta_i^{(l)} = \begin{cases} 1, & y_i = c_l \\ -\dfrac{1}{L-1}, & y_i \neq c_l \end{cases}$$

第 6 步：归一化训练集样本权重$D_2 = (w_{21}, w_{22}, \ldots, w_{2i}, \ldots, w_{2M})$，使得权重之和为 1。

第 7 步：利用更新后得到的第 2 轮的样本权重再次训练第 2 个基分类器$T_2(\boldsymbol{x})$；由$T_2(\boldsymbol{x})$计算$p_{2i}^{(l)}$和$a_2^{(l)}(\boldsymbol{x}_i)$，得到$D_3$；重复此过程多次，直到最终得到$K$个基分类器及$K$个基分类器所对应的$a_k^{(l)}(\boldsymbol{x}_i), k = 1,2,\ldots,K, \ l = 1,2,\ldots,L$，并按照下式进行组合得到最终的多分类器：

$$f(\boldsymbol{x}) = \arg\max_{c_l}\left[\sum_{k=1}^{K} a_k^{(l)}(\boldsymbol{x}_i)\right]$$

说明：SAMME 算法中不同基分类器的投票权重是不一样的，但同一基分类器对样本属于不同类别的情况是无差别对待的；而 SAMME.R 算法中，不仅不同基分类器的投票权重不一样，而且更进一步，同一基分类器对样本属于不同类别的影响也不一样，会和样本属于各类别的概率值挂钩；所以某些情况下，SAMME.R 算法性能会优于 SAMME 算法，但这不是绝对的。

10.1.3　AdaBoost 的回归问题

AdaBoost 的回归问题与分类问题的过程及原理基本类似，只是在计算预测误差率时采用的方式不同。分类问题采用的是 0-1 损失来衡量误差率，而回归问题一般采用平方和或指数误差来衡量误差率。进行基学习器集成时，分类问题采用的是按权重投票决定最终结果，而回归问题是取各基学习器预测结果乘以各自权重后的求和作为最终结果。

AdaBoost 回归问题的处理过程如下。

输入：训练集$T = \{(\boldsymbol{x}_1, y_1), (\boldsymbol{x}_2, y_2), \ldots, (\boldsymbol{x}_M, y_M)\}$。

输出：最终的集成模型$f(\boldsymbol{x})$。

步骤如下。

第 1 步：先初始化数据的分布权重，采用平等对待的方式，即

$$D_1 = (w_{11}, w_{12}, ..., w_{1i}, ..., w_{1M}), w_{1i} = \frac{1}{M}, \qquad i = 1,2, ..., M$$

第 2 步：利用具有权重D_1的训练数据集，采用某个基本模型（可以是适合训练集数据类型的任意模型）进行训练，得到第一个基分类器$T_1(\boldsymbol{x})$。

第 3 步：计算基分类器$T_1(\boldsymbol{x})$在训练集上的预测误差率e_1。

（a）先计算训练集上的最大误差：$E_1 = \max|y_i - T_1(\boldsymbol{x}_i)|$。

（b）再计算每个样本的相对误差e_{1i}，$i = 1,2, ..., M$。

- 如果是线性误差，则$e_{1i} = \frac{|y_i - T_1(\boldsymbol{x}_i)|}{E_1}$。

- 如果是平方误差，则$e_{1i} = \frac{[y_i - T_1(\boldsymbol{x}_i)]^2}{E_1{}^2}$。

- 如果是指数误差，则$e_{1i} = 1 - \exp\left[\frac{-(y_i - T_1(\boldsymbol{x}_i))}{E_1}\right]$。

（c）计算回归预测误差率：

$$e_1 = \sum_{i=1}^{M} w_{1i} e_{1i}$$

第 4 步：按下式计算基分类器$T_1(\boldsymbol{x})$的投票权重α_1。

$$\alpha_1 = \frac{e_1}{1 - e_1}$$

第 5 步：按下式更新第二轮训练集的权重分布。

$$D_2 = (w_{21}, w_{22}, ..., w_{2i}, ..., w_{2M})$$

其中：

$$w_{2i} = \frac{w_{1i}\alpha_1{}^{1-e_{1i}}}{\sum_{i=1}^{N} w_{1i}\alpha_1{}^{1-e_{1i}}}, \qquad i = 1,2, ..., M$$

第 6 步：利用更新后得到的第 2 轮的样本权重再次训练一个基学习器，重复上

述过程 K 次，得到 K 个基学习器 $T_1(\boldsymbol{x}), T_2(\boldsymbol{x}), \dots, T_K(\boldsymbol{x})$ 及其对应的权重 $\alpha_1, \alpha_2, \dots, \alpha_K$，最后按照下式做集成。

$$f(\boldsymbol{x}) = \sum_{k=1}^{K} \left(\ln \frac{1}{\alpha_k} \right) T_k(\boldsymbol{x})$$

10.2　AdaBoost 的原理

上面介绍了 AdaBoost 分类问题和回归问题的过程并分析了其合理性，但还不够严谨，特别是在利用分类误差率构造基学习器的投票权重及下一轮训练样本数据的权重时，有点突兀的感觉，所以下面进一步利用加法模型从构造损失函数的角度来推导 AdaBoost 分类模型的原理。

AdaBoost 分类模型的模型为加法模型，学习算法为前向分步学习算法，损失函数为指数函数。模型为加法模型比较好理解，我们最终的强分类器是由若干个弱分类器加权求和得到的。前向分步学习算法也比较好理解，AdaBoost 利用前一轮的弱学习器对训练集的预测误差率来更新后一轮的弱学习器的训练集权重，然后用更新后的样本训练新一轮的基学习器，即每次都是建立在前向基础之上的。

假设第 $k-1$ 轮的强学习器为

$$f_{k-1}(\boldsymbol{x}) = \sum_{i=1}^{k-1} \alpha_i \, T_i(\boldsymbol{x})$$

而第 k 轮的强学习器为

$$f_k(\boldsymbol{x}) = \sum_{i=1}^{k} \alpha_i \, T_i(\boldsymbol{x})$$

两式相减可得：

$$f_k(\boldsymbol{x}) = f_{k-1}(\boldsymbol{x}) + \alpha_k T_k(\boldsymbol{x})$$

可见强学习器的确是通过前向分步学习算法一步步得到的。

AdaBoost 的损失函数为指数函数，即定义损失函数为

$$L = \sum_{i=1}^{M} e^{-y_i f_k(\boldsymbol{x}_i)}$$

优化目标是最小化指数损失函数，即

$$\min \sum_{i=1}^{M} e^{-y_i f_k(\boldsymbol{x}_i)}$$

将 $f_k(\boldsymbol{x}) = f_{k-1}(\boldsymbol{x}) + \alpha_k T_k(\boldsymbol{x})$ 代入目标函数，得：

$$\begin{aligned}
L &= \sum_{i=1}^{M} e^{-y_i f_k(\boldsymbol{x}_i)} \\
&= \sum_{i=1}^{M} e^{-y_i[f_{k-1}(\boldsymbol{x}_i) + \alpha_k T_k(\boldsymbol{x}_i)]} \\
&= \sum_{i=1}^{M} e^{-y_i f_{k-1}(\boldsymbol{x}_i)} e^{-y_i \alpha_k T_k(\boldsymbol{x}_i)}
\end{aligned}$$

则我们第 k 轮的优化目标就是最小化上面的损失函数，求解出参数 α_k 和 $T_k(\boldsymbol{x}_i)$。

又因为 $e^{-y_i f_{k-1}(\boldsymbol{x}_i)}$ 项相当于是第 $k-1$ 轮的损失函数，与 α_k 和 $T_k(\boldsymbol{x}_i)$ 无关，所以在本轮优化过程中，该项可当作固定的常数项，将其记为 W_{ki}，令：

$$W_{ki} = e^{-y_i f_{k-1}(\boldsymbol{x}_i)}$$

则上式进一步变为

$$\begin{aligned}
L &= \sum_{i=1}^{M} W_{ki} e^{-y_i \alpha_k T_k(\boldsymbol{x}_i)} \\
&= \sum_{i=1}^{M} W_{ki} e^{-\alpha_k y_i T_k(\boldsymbol{x}_i)} \\
&= \sum_{y_i = T_k(\boldsymbol{x}_i)} W_{ki} e^{-\alpha_k} + \sum_{y_i \neq T_k(\boldsymbol{x}_i)} W_{ki} e^{\alpha_k} \\
&= \sum_{i=1}^{M} W_{ki} e^{-\alpha_k} [1 - I(y_i \neq T_k(\boldsymbol{x}_i))] + \sum_{i=1}^{M} W_{ki} e^{\alpha_k} I(y_i \neq T_k(\boldsymbol{x}_i))
\end{aligned}$$

$$= e^{-\alpha_k} \sum_{i=1}^{M} W_{ki} - e^{-\alpha_k} \sum_{i=1}^{M} W_{ki} I(y_i \neq T_k(\boldsymbol{x}_i)) + e^{\alpha_k} \sum_{i=1}^{M} W_{ki} I(y_i \neq T_k(\boldsymbol{x}_i))$$

$$= e^{-\alpha_k} \sum_{i=1}^{M} W_{ki} + (e^{\alpha_k} - e^{-\alpha_k}) \sum_{i=1}^{M} W_{ki} I(y_i \neq T_k(\boldsymbol{x}_i))$$

L对α_k取偏导数并令其为 0，得：

$$\alpha_k = \frac{1}{2} \ln \frac{1 - e_k}{e_k}$$

其中：

$$e_k = \frac{\sum_{i=1}^{M} W_{ki} I(y_i \neq T_k(\boldsymbol{x}_i))}{\sum_{i=1}^{M} W_{ki}}$$

α_k为基训练器$T_k(\boldsymbol{x})$的投票权重系数，e_k是第k轮的预测误差率。

而上面的$W_{ki} = e^{-y_i f_{k-1}(\boldsymbol{x}_i)}$就是第$k$轮时训练集数据的权重系数；将其和$\alpha_k$一起代入前向分步学习算法$f_k(\boldsymbol{x}) = f_{k-1}(\boldsymbol{x}) + \alpha_k T_k(\boldsymbol{x})$中，可得到第$k+1$轮的训练数据权重为

$$W_{k+1,i} = W_{ki} e^{-\alpha_k y_i T_k(\boldsymbol{x})}$$

可以看到，第k个基学习器的投票权重α_k和前面 AdaBoost 中的完全一样；第k个基学习器的预测误差e_k与前面相比仅多出一个归一化因子$\sum_{i=1}^{N} W_{ki}$；第$k+1$次训练样本的权重更新系数$W_{k+1,i}$与前面相比仅少了一个归一化系数$\sum_{i=1}^{M} w_{ki} \exp(-\alpha_k y_i T_k(\boldsymbol{x}_i))$。

上面就是 AdaBoost 分类模型的原理推导，AdaBoost 回归模型也可以推导出来，感兴趣的读者可以自己尝试，在此不再赘述。

10.3　AdaBoost 的 scikit-learn 实现

AdaBoost 在 scikit-learn 中也有实现，分类模型对应的是 AdaBoostClassifier 类，回归模型对应的是 AdaBoostRegressor 类。二者的参数大体相同，主要分为两部分，即 AdaBoost 框架的参数和选择的基学习器的参数。下面对其进行说明，分类模型和

回归模型的不同点会特别指出。

scikit-learn 实现如下：

```
class sklearn.ensemble.AdaBoostClassifier(base_estimator=None,
                                          n_estimators=50,
                                          algorithm='SAMME.R',
                                          learning_rate=1.0,
                                          random_state=None)

class sklearn.ensemble.AdaBoostRegressor(base_estimator=None,
                                         n_estimators=50,
                                         learning_rate=1.0,
                                         loss='linear',
                                         random_state=None)
```

参数

- base_estimator：指定基学习器类型。理论上可以选择任何满足条件（这里主要指符合数据集数据情况）的基学习器，如 CART 决策树或神经网络。默认是 CART，即分类使用 CART 分类树，回归使用 CART 回归树。

- n_estimators：指定基学习器的个数（即 AdaBoost 的迭代次数），默认是 50。n_estimators 太小容易欠拟合，n_estimators 太大又容易过拟合，需要根据实际情况选择一个合适的数值。

- algorithm：AdaBoost 分类特有的参数，用于指定 AdaBoost 分类模型里基学习器的投票权重的计算方式。scikit-learn 为 AdaBoost 分类指定了两种基学习器的权重计算算法，即 SAMME 和 SAMME.R。如果选择前者，则最后各个基学习器的投票权重就是由每一个基学习器对训练集的预测误差率决定。默认选择后者，此时使用基学习器对样本集分类的预测概率大小来作为弱学习器的权重（所以如果选择 SAMME.R，还需要注意上一步选择的基学习器必须是支持输出预测概率的模型）。

- learning_rate：指定各个弱学习器的权重缩减系数 η，默认是 1。AdaBoost 的前向分布算法公式为 $f_k(x) = f_{k-1}(x) + \alpha_k G_k(x)$，在实际实现中，我们会在每个弱学习器 $G_k(x)$ 的前面再加上一个权重缩减系数 $\eta(0 < \eta \leqslant 1)$，即 $f_k(x) = f_{k-1}(x) + \eta \alpha_k G_k(x)$；它可以起到协调迭代次数的作用，一般和上面的 n_estimators 一起进行调参。

- loss：AdaBoost 回归特有的参数，指定 AdaBoost 回归里面的损失函数类型，有 linear、square、exponential 三种选择，分别表示线性损失、平方损失和指数损失，默认是 linear。
- random_state：选择的基学习器的参数，基学习器的参数需要根据具体选择的基学习器来定，比如默认使用 CART 作为基学习器，那么该项的参数就是 CART 决策树的各个参数。

属性

- feature_importances_：给出各个特征的重要程度，值越大表示对应的特征越重要。
- estimators_：存放各个训练好的基学习器情况列表。
- estimator_weights_：各个基学习器的投票权重列表。
- estimator_errors_：各个基学习器的预测误差率列表。
- n_classes_：分类的类别数目（AdaBoostClassifier 特有）。
- classes_：分类结果列表（AdaBoostClassifier 特有）。

方法

- fit(X_train,y_train)：在训练集(X_train,y_train)上训练模型。
- score(X_test,y_test)：返回模型在测试集(X_test,y_test)上的预测准确率。
- predict(X)：用训练好的模型来预测待预测数据集 X，返回数据为预测集对应的结果标签 y。
- predict_proba(X)：返回一个数组，数组的元素依次是预测集 X 属于各个类别的概率，回归树没有该方法（AdaBoostClassifier 特有）。
- predict_log_proba(X)：返回一个数组，数组的元素依次是预测集 X 属于各个类别的对数概率，回归树没有该方法（AdaBoostClassifier 特有）。

10.4　AdaBoost 使用实例

在 scikit-learn 自带的数据集上选用 SAMME 算法测试 AdaBoost 的效果，具体如下。

1. 程序

```
# 1. 生成数据集（总共 12000 个样本，样本特征为 10 个，分为 3 个类别）
from sklearn.datasets import make_gaussian_quantiles
X, y = make_gaussian_quantiles(n_samples=12000, n_features=10,
n_classes=3, random_state=1)

# 2. 划分数据集
from sklearn.cross_validation import train_test_split
X_train, X_test, y_train, y_test = train_test_split(X, y,
    train_size=0.7)

# 3. 训练模型
from sklearn.tree import DecisionTreeClassifier
from sklearn.ensemble import AdaBoostClassifier
bdt_discrete = AdaBoostClassifier(DecisionTreeClassifier
    (max_depth=2),
n_estimators=600,learning_rate=1.5,algorithm="SAMME")
bdt_discrete.fit(X_train, y_train)

# 4. 测评
from sklearn.metrics import accuracy_score
discrete_test_errors = []

from sklearn.externals.six.moves import zip
for discrete_train_predict in bdt_discrete.staged_predict(X_test):
discrete_test_errors.append(1. - accuracy_score(discrete_train_
    predict, y_test))

n_trees_discrete = len(bdt_discrete)

discrete_estimator_errors = bdt_discrete.estimator_errors_
    [:n_trees_discrete]
discrete_estimator_weights = bdt_discrete.estimator_weights_
    [:n_trees_discrete]

# 5. 画图
import matplotlib.pyplot as plt
plt.figure(figsize=(15, 5))

# 模型在验证集上的误差率随基学习器数量的变化趋势
plt.subplot(131)
```

```
plt.plot(range(1, n_trees_discrete + 1),discrete_test_errors,"r",
    label='SAMME')
plt.legend()
plt.ylim(0.18, 0.62)
plt.ylabel('Test Error')
plt.xlabel('Number of Trees')

# 各基学习器的预测
plt.subplot(132)
plt.plot(range(1, n_trees_discrete + 1), discrete_estimator_errors,、
    "g", label='SAMME', alpha=.5)
plt.legend()
plt.ylabel('estimator_errors')
plt.xlabel('Number of Trees')
plt.ylim((.2, discrete_estimator_errors.max() * 1.2))
plt.xlim((-20, len(bdt_discrete) + 20))

# 各基学习器的投票权重
plt.subplot(133)
plt.plot(range(1, n_trees_discrete + 1), discrete_estimator_weights,
    "b", label='SAMME')
plt.legend()
plt.ylabel('estimator_Weight')
plt.xlabel('Number of Trees')
plt.ylim((0, discrete_estimator_weights.max() * 1.2))
plt.xlim((-20, n_trees_discrete + 20))

plt.subplots_adjust(wspace=0.25)

plt.show()
```

2. 结果

AdaBoost 训练结果如图 10-2 所示。

在图 10-2 中，第一个图是 AdaBoost 在验证集上的误差率变化，可以看到，随着基学习器数量的增加，集成模型的预测误差率在逐渐下降。第二个图是各个基学习器的分类误差率，也就是前面讲过的 $e_1, e_2, ...$，可以看到，在 AdaBoost 中，后面的基学习器的分类误差率一般会大于前面的基学习器的分类误差率。因为越到后面，那些之前容易被分错的样本所占的权重越大。第三个图是各个基学习器的投票权重，

前面讲过，基学习器的分类误差率越大，其获得的投票权重就越小，因此可以看到它的变化趋势和第二个图中基学习器的分类误差率大致是呈对应关系的。

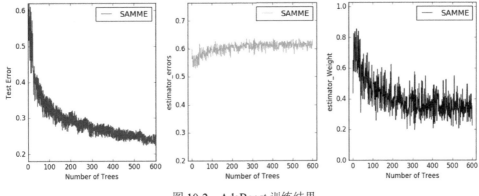

图 10-2　AdaBoost 训练结果

10.5　AdaBoost 的优/缺点

1. 优点

（1）基学习器可以有多种选择，构建比较灵活。

（2）AdaBoost 作为分类器时，分类精度较高，而且不容易发生过拟合。

2. 缺点

（1）AdaBoost 对噪声比较敏感，因为异常样本在迭代中很可能会获得较高的权重。

（2）由于各个基学习器之间存在强关联，不利于模型的并行化，因此在处理大数据时没有优势。

## 第 11 章

提升树

11.1 提升树的定义

提升树（Boosting Tree）是一种以分类树或回归树作为基分类器的提升方法，具有非常好的性能。实际上，提升树就是一种采用加法模型与前向分步算法，并以决策树为基分类器的提升方法。当处理分类问题时，基分类器采用 CART 分类树；当处理回归问题时，基分类器采用 CART 回归树。

提升树的原理

前面说过，提升树采用加法模型，假设第 k 轮训练得到的基学习器为 $T_k(\boldsymbol{x}; \theta_k)$，这里 $k = 1,2,3,\dots,K$，则最后的集成决策函数为

$$f_K(\boldsymbol{x}) = \sum_{k=1}^{K} T_k(\boldsymbol{x}; \theta_k)$$

其中，θ_k 为第 k 个基学习器 CART 分类树或回归树的参数。这里注意上式中 k 和 K 的区别：前者表示变量；后者表示模型最后基学习器的个数，是常量。

再利用前向分布算法，可知第 k 轮得到的提升树模型为

$$f_k(\boldsymbol{x}) = f_{k-1}(\boldsymbol{x}) + T_k(\boldsymbol{x}; \theta_k)$$

假设提升树模型的整体损失函数为 $L(y_i, f_k(\boldsymbol{x}_i))$，则可通过使损失函数最小化的策略来确定下一棵决策树的参数 θ_k，即

$$\theta_k = \arg\min_{\theta_k} \sum_{i=1}^{M} L\big(y_i, f_k(\boldsymbol{x}_i)\big)$$

具体来说，不同类型的提升树模型使用不同的损失函数。

1. 分类问题

使用指数损失函数：

$$L\big(y, f_k(\boldsymbol{x})\big) = e^{-y \cdot \hat{y}}$$

其中，y表示样本$\boldsymbol{x}$的真实值，$\hat{y}$为集成模型对样本$\boldsymbol{x}$的预测值，比如对于二分类就是：

$$\hat{y} = \text{sign}\big(f_k(\boldsymbol{x})\big) = \text{sign}\left(\sum_{k=1}^{K} \alpha_k T_k(\boldsymbol{x})\right)$$

模型在训练集$T = \{(\boldsymbol{x}_1, y_1), (\boldsymbol{x}_2, y_2), \dots, (\boldsymbol{x}_M, y_M)\}$上的整体损失函数为

$$L = \sum_{i=1}^{M} L\big(y_i, f_k(\boldsymbol{x}_i)\big) = \sum_{i=1}^{M} e^{-y_i \hat{y}_i}$$

当然，除了指数损失函数，还可使用对数损失函数：

$$L\big(y, f_k(\boldsymbol{x})\big) = -y \cdot \log\big(1 + e^{-\hat{y}}\big) - (1 - y) \log\big(1 + e^{\hat{y}}\big)$$

2. 回归问题

使用平方损失函数：

$$L\big(y, f_k(\boldsymbol{x})\big) = [y - \hat{y}]^2$$

其中，y表示样本$\boldsymbol{x}$的真实值，$\hat{y}$为集成模型对样本$\boldsymbol{x}$的预测值，有：

$$\hat{y} = f_k(\boldsymbol{x}) = \sum_{k=1}^{K} \alpha_k T_k(\boldsymbol{x})$$

所以：

$$L(y, f_k(\boldsymbol{x})) = [y - f_k(\boldsymbol{x})]^2$$

进行如下转化：

$$
\begin{aligned}
&L(y, f_k(\boldsymbol{x})) \\
&= [y - f_k(\boldsymbol{x})]^2 \\
&= [y - (f_{k-1}(\boldsymbol{x}) + T_k(\boldsymbol{x}; \theta_k))]^2 \\
&= [y - f_{k-1}(\boldsymbol{x}) - T_k(\boldsymbol{x}; \theta_k)]^2
\end{aligned}
$$

令：

$$R_k = y - f_{k-1}(\boldsymbol{x})$$

明显，R_k表示的是样本的实际值y减去第$k-1$轮模型的预测值$f_{k-1}(\boldsymbol{x})$，因此R_k其实就是模型经过$k-1$轮迭代后对实际值y进行预测剩下的残差。

而上面的损失函数可表示为

$$L(y, f_k(\boldsymbol{x})) = [R_k - T_k(\boldsymbol{x}; \theta_k)]^2$$

所以要想使上面的损失函数最小，只需使$T_k(\boldsymbol{x}; \theta_k)$尽量接近$R_{k-1}$即可。这相当于第$k$轮迭代时，我们的目标其实是使该轮建立的 CART 回归树$T(\boldsymbol{x}; \theta_k)$能尽量拟合前面$k-1$轮迭代后剩余的残差$R_{k-1}$。

所以，回归提升树模型的完整过程如下。

输入：训练集$T = \{(\boldsymbol{x}_1, y_1), (\boldsymbol{x}_2, y_2), \dots, (\boldsymbol{x}_M, y_M)\}$。

输出：回归提升树$f_K(\boldsymbol{x}) = \sum_{k=1}^{K} T_k(\boldsymbol{x}; \theta_k)$。

步骤如下。

第 1 步：初始化$f_0(\boldsymbol{x}) = 0$。

第 2 步：对于$k = 1, 2, \dots, K$，按下述步骤进行。

- 计算经过$k-1$轮迭代后样本$\boldsymbol{x}_i$的残差：$R_{ki} = y_i - f_{k-1}(\boldsymbol{x}_i)$，$i = 1, 2, \dots, M$。
- 基于各样本的残差学习出第k轮的 CART 回归树$T_k(\boldsymbol{x}; \theta_k)$。
- 更新提升树：$f_k(\boldsymbol{x}) = f_{k-1}(\boldsymbol{x}) + T_k(\boldsymbol{x}; \theta_k)$。

- 重复上述过程，直到 $k = K$，得到 K 轮迭代后的回归提升树模型：

$$f_K(\boldsymbol{x}) = \sum_{k=1}^{K} T_k(\boldsymbol{x}; \theta_k)$$

从上述过程可以看出，回归问题的提升树模型其实就是一个不断去逼近上一轮预测后剩余的残差的过程，下面用一个例子说明。

假设现在需要建立一个回归提升树模型，用来预测用户的年龄值，而给定的训练样本数据包含 A、B、C、D 四位用户，训练数据如表 11-1 所示。

表 11-1　训练数据

user_ID	月消费金额（元）	上网类型	实际年龄
A	800	学习	14
B	1000	购物	16
C	2000	学习	24
D	2500	购物	26

由于训练数据很少，这里我们限制每棵树的叶子节点个数≤2，迭代两次。假设首先根据月消费特征建立了第一棵 CART 回归树，CART 回归树第一次划分如图 11-1 所示。

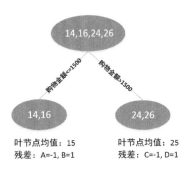

图 11-1　CART 回归树第一次划分

根据月消费金额是否大于 1500 元可以将 A 和 B 两位用户分到第一棵树的左叶子节点，将 C 和 D 两位用户分到右叶子节点，这样左叶子节点中所有样本点的年龄均值就为 15，右叶子节点中所有样本点的年龄均值就为 25。因为 CART 回归树在预测时就是取各叶子节点中所包含样本值的均值，所以经过第一棵树，A 和 B 两位用户的预测值与实际值之间的残差分别为-1 和 1，C 和 D 两位用户的预测值与实际值之间的残差也分别为-1 和 1。

按照提升树的思想，后面一棵树的目标是拟合前面所有树预测后的残差，所以这里第二棵树的目标就从原来的 14,16,24,26 变成了-1,1,-1,1，更新后的数据如表 11-2 所示。

表 11-2　更新后的数据

user_ID	月消费金额（元）	上网类型	残差
A	800	学习	-1
B	1000	购物	1
C	2000	学习	-1
D	2500	购物	1

发现用上网类型特征可以很好地进行分叉（实际情况按照决策树相关准则进行特征选择），CART 回归树第二次划分如图 11-2 所示。

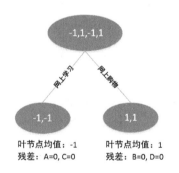

图 11-2　CART 回归树第二次划分

两叶子节点的均值分别为-1 和 1，在训练样本上的残差正好全为 0，这是比较理想的情况。当然，这里由于设定了迭代次数为两次，所以就算此时残差还没有到 0，也不会再继续生成新的树。

所以最终的提升树模型如图 11-3 所示。

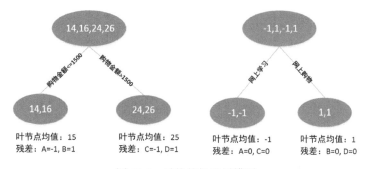

图 11-3 最终的提升树模型

该模型在训练集上已经达到了百分之百的准确率：用户 A 的预测值为 15+（-1）=14，用户 B 的预测值为 15+1=16，用户 C 的预测值为 25+（-1）=24，用户 D 的预测值为 25+1=26。假设现在有一个测试集样本 E，其月消费金额为 1800 元，上网类型倾向于网购，实际年龄为 30 岁，则使用上面训练好的模型对其预测产生的预测值应该是 25+1=26，虽然达到了最好的分类选择，但是可以看到其与实际值之间还存在 4 岁的误差。当然，实际中我们会有很多棵树的组合，并且每一棵树的层数也要比这多得多，因此最终模型的预测效果还是比较理想的。

11.2 梯度提升树

前面讲的提升树模型中，使用的指数损失函数和平方损失函数都有一个比较大的优点，那就是它们都在向量x上可微，因此我们一般可以直接使用梯度下降法进行求解，来求得各个基学习器中的参数，但如果损失函数$L(y, f_k(x))$对x不可微呢？

针对这一问题，Friedman 提出了用梯度提升的方法来解决。梯度提升简单来说就是利用损失函数的负梯度将当前模型的值来作为提升树算法中残差的近似替代，即

$$R_{ki} = -\left[\frac{\partial L(y_i, f(x_i))}{\partial f(x_i)}\right]_{f(x_i)=f_{k-1}(x_i)}$$

对于分类问题，一般称作 Gradient Boosting Decision Tree（GBDT）；对于回归问题，一般称作 Gradient Boosting Regression Tree（GBRT）。

11.2.1 梯度提升树的原理推导

将函数$f(x)$在$x = x_{k-1}$处进行一阶泰勒展开，得：

$$f(x) \approx f(x_{k-1}) + f'(x_{k-1})(x - x_{k-1})$$

再取$x = x_k$，得：

$$f(x_k) \approx f(x_{k-1}) + f'(x_{k-1})(x_k - x_{k-1})$$

类似的，对提升树模型的损失函数$L(y, f(x))$在$f(x) = f_{k-1}(x)$处进行一阶泰勒展开，可得：

$$L(y, f(x)) \approx L(y, f_{k-1}(x)) + \left[\frac{\partial L(y, f(x))}{\partial f(x)}\right]_{f(x)=f_{k-1}(x)} (x - f_{k-1}(x))$$

再取$f(x) = f_k(x)$，得：

$$L(y, f_k(x)) \approx L(y, f_{k-1}(x)) + \left[\frac{\partial L(y, f(x))}{\partial f(x)}\right]_{f(x)=f_{k-1}(x)} (f_k(x) - f_{k-1}(x))$$

又：

$$f_k(x) - f_{k-1}(x) = T_k(x; \theta_k)$$

所以有：

$$L(y, f_k(x)) \approx L(y, f_{k-1}(x)) + \left[\frac{\partial L(y, f(x))}{\partial f(x)}\right]_{f(x)=f_{k-1}(x)} T_k(x; \theta_k)$$

推出：

$$L(y, f_k(x)) - L(y, f_{k-1}(x)) = \left[\frac{\partial L(y, f(x))}{\partial f(x)}\right]_{f(x)=f_{k-1}(x)} T_k(x; \theta_k)$$

其中$L(y, f_k(x))$和$L(y, f_{k-1}(x))$分别代表经过k轮和$k-1$轮迭代后提升树模型的损失，显然我们的目标是希望每一轮迭代都能在前面一轮的基础上减小损失值，即

$$L(y, f_k(x)) \leqslant L(y, f_{k-1}(x))$$

要使：

$$L\big(y, f_k(\boldsymbol{x})\big) - L\big(y, f_{k-1}(\boldsymbol{x})\big) \leqslant 0$$

显然，当取：

$$T_k(\boldsymbol{x}; \theta_k) = -\left[\frac{\partial L\big(y, f(\boldsymbol{x})\big)}{\partial f(\boldsymbol{x})}\right]_{f(\boldsymbol{x}) = f_{k-1}(\boldsymbol{x})}$$

时能保证该目标恒成立。

上式左边是当前需要学习得到的基学习器（第k轮得到的 CART 回归树），右边是损失函数$L\big(y, f(\boldsymbol{x})\big)$的负梯度在当前模型$f_{k-1}(\boldsymbol{x})$处的值。从上面的过程来看，我们并没有将提升树模型的损失直接对变量$\boldsymbol{x}$进行展开，而是将其在$f(\boldsymbol{x}) = f_{k-1}(\boldsymbol{x})$处进行展开，因此我们只需要损失函数对$f(\boldsymbol{x})$可微，而不需要$f(\boldsymbol{x})$对变量$\boldsymbol{x}$也可微，这进一步扩大了提升树模型的适用范围。

综上所述，在提升树模型中，我们只需用第k轮的 CART 回归树去拟合损失函数$L\big(y, f(\boldsymbol{x})\big)$的负梯度在当前模型$f_{k-1}(\boldsymbol{x})$处的值即可保证模型的整体损失不断下降，直至收敛于一个比较理想的值。损失函数的负梯度在当前模型的值是数值类型的，具有可加性，这也是为什么我们强调梯度提升树模型中使用的基学习器被限定为 CART 回归树的原因（分类树的结果直接做加法没有意义）。另外，值得注意的是，上述梯度提升树模型的推导中并没有定位为只适用于回归问题，由于 CART 回归树拟合的是损失函数的负梯度在当前模型的值，而不是直接的模型预测结果，因此该模型也可以用于分类问题，只不过对于分类问题，需要将平方损失函数换成对应的对数损失函数或者指数损失函数。

实际上，对于回归问题，当损失函数取平方损失函数$L\big(y, f(\boldsymbol{x})\big) = \frac{1}{2}[y - f(\boldsymbol{x})]^2$时，损失函数的负梯度在当前模型的值为

$$\begin{aligned}
&-\left[\frac{\partial L\big(y, f(\boldsymbol{x})\big)}{\partial f(\boldsymbol{x})}\right]_{f(\boldsymbol{x}) = f_{k-1}(\boldsymbol{x})} \\
&= -\left[\frac{\partial \frac{1}{2}[y - f(\boldsymbol{x})]^2}{\partial f(\boldsymbol{x})}\right]_{f(\boldsymbol{x}) = f_{k-1}(\boldsymbol{x})} \\
&= [y - f(\boldsymbol{x})]_{f(\boldsymbol{x}) = f_{k-1}(\boldsymbol{x})} \\
&= y - f_{k-1}(\boldsymbol{x})
\end{aligned}$$

$$= R_k$$

即损失函数的负梯度在当前模型的值就为残差R_k，验证了前面的结论。

11.2.2 GBDT 和 GBRT 模型的处理过程

1. GBDT 回归

输入：训练集$T = \{(\boldsymbol{x}_1, y_1), (\boldsymbol{x}_2, y_2), \ldots, (\boldsymbol{x}_M, y_M)\}$。

输出：最终经过K轮迭代得到的集成学习器$f_K(\boldsymbol{x})$。

步骤如下。

第 1 步：利用训练集样本，使用 CART 回归树训练第一个基模型$f_1(\boldsymbol{x}) = T_1(\boldsymbol{x})$。

第 2 步：对迭代次数$k = 2, \ldots, K$，按下述步骤操作。

- 对样本$i = 1, 2, \ldots, M$，计算损失函数关于预测函数的负梯度：

$$R_{ki} = -\left[\frac{\partial L(y, f(\boldsymbol{x}))}{\partial f(\boldsymbol{x})}\right]_{f(\boldsymbol{x})=f_{k-1}(x_i), y=y_i}$$

- 用R_{ki}作为第$k-1$轮残差的估计，所以用R_{ki}代替原来的y_i，然后使用数据集$\{(\boldsymbol{x}_1, R_{k1}), (\boldsymbol{x}_2, R_{k2}), \ldots, (\boldsymbol{x}_M, R_{kM})\}$继续训练得到第$k$棵 CART 回归树。

- 假设其对应的叶子区域样本子集为$D_{k1}, D_{k2}, \ldots, D_{kJ}$，且第$j$个小单元$D_{kj}$中仍然包含$N_{kj}$个样本数据，计算每个小单元里面的样本的输出均值为

$$\bar{c}_{kj} = \frac{1}{N_{kj}} \sum_{x_i \in D_{kj}} y_i$$

- 得到第k轮的 CART 回归树：

$$T_k(\boldsymbol{x}) = \sum_{j=1}^{J} \bar{c}_{kj} I(\boldsymbol{x}_i \in D_{kj})$$

- 得到经过 K 轮迭代后的集成学习器：

$$f(\boldsymbol{x}) = \sum_{k=1}^{K} T_k(\boldsymbol{x}) = \sum_{k=1}^{K} \sum_{j=1}^{J} \bar{c}_{kj} \cdot I(\boldsymbol{x_i} \in D_{kj})$$

注意： 实际处理中，会在负梯度 R_{ki} 前面增加一个步长因子，起到缩减的作用。

它的指导思想是：每次走一小步逐渐逼近的结果要比每次迈一大步逼近的结果更精细，即每一棵 CART 树的结果都不完全可信，所以每次只取一棵树的一部分，最后通过多学习一些树来弥补。

2. GBDT 分类

前面说过，GBDT 处理分类问题和处理回归问题的思路是一致的，都是通过其损失函数的负梯度去拟合其残差 R_{ki}，然后下一轮利用该残差 R_{ki} 代替训练集样本中的 y_i，重新训练下一轮的 CART 回归树，二者的区别仅在于采用的损失函数不同。

对于二分类问题，类似于 Logistic 回归中，可以采用对数似然损失函数，即

$$L(y, f(\boldsymbol{x})) = \log(1 + e^{-yf(\boldsymbol{x})})$$

其中 $y \in \{-1,1\}$，此时损失函数的负梯度为

$$R_{ki} = -\left[\frac{\partial L(y, f(\boldsymbol{x}))}{\partial f(\boldsymbol{x})}\right]_{f(\boldsymbol{x})=f_{k-1}(\boldsymbol{x}_i), y=y_i} = \frac{y_i}{1 + e^{-y_i f(\boldsymbol{x}_i)}}$$

所以对于生成的决策树，各个叶子节点的最佳残差拟合值为

$$\bar{c}_{kj} = \min_{c} \sum_{\boldsymbol{x}_i \in D_{kj}} \log(1 + e^{-y_i(f_{k-1}(\boldsymbol{x}_i)+c)})$$

11.2.3 梯度提升模型的 scikit-learn 实现

梯度提升模型在 scikit-learn 库中也有实现，分类对应的是 GradientBoostingClassifier 类，回归对应的是 GradientBoostingRegressor 类。二者的参

数大致相同，主要分为两部分，即 GBDT/GBRT 框架的参数和其基学习器的参数。下面对其进行说明，部分分类和回归的不同点会特别指出。

scikit-learn 实现如下：

```
class sklearn.ensemble.GradientBoostingClassifier(n_estimators=100,
                                                  learning_rate=0.1,
                                                  subsample=1.0,
                                                  max_features=None,
                                                  loss='deviance',
                                                  criterion='friedman_mse',
                                                  max_depth=3,
                                                  max_leaf_nodes=None,
                                                  min_samples_split=2,
                                                  min_samples_leaf=1,
                                                  min_impurity_split=1e-07)

class sklearn.ensemble.GradientBoostingRegressor(n_estimators=100,
                                                 learning_rate=0.1,
                                                 subsample=1.0,
                                                 max_features=None,
                                                 loss='ls',
                                                 alpha=0.9,
                                                 criterion='friedman_mse',
                                                 max_depth=3,
                                                 max_leaf_nodes=None,
                                                 min_samples_split=2,
                                                 min_samples_leaf=1,
                                                 min_impurity_split=1e-07)
```

参数

- n_estimators：指定基学习器的个数（即 GBDT/GBRT 的迭代次数），默认是 100。n_estimators 太小容易欠拟合，n_estimators 太大又容易过拟合，需要根据实际情况选择一个合适的数值，可以使用超参数搜索的方式确定。

- learning_rate：指定各个弱学习器的权重缩减系数η。前面讲过，GBDT 的前向分布算法公式为$f_k(x) = f_{k-1}(x) + T(x; \theta_k)$，在实际实现中，依然会在每个弱学习器$T(x; \theta_k)$的前面再加上一个权重缩减系数$\eta (0 < \eta \leqslant 1)$，即$f_k(x) = f_{k-1}(x) + \eta \cdot T(x; \theta_k)$，它可以起到协调迭代次数的作用，默认取

0.1，一般和上面的 n_estimators 一起进行调参。

- subsample：选择对样本采样的程度（默认是 1，表示每次使用全部样本）。该值是一个 0~1 之间的数，表示对训练样本的采样。如果设置为小于 1 的小数，则表示只使用样本中的一部分去训练，合理选择可以增加模型的泛化能力，但是不能选得过小，否则会增加模型的偏差（推荐在 0.5 至 0.8 之间）。

- max_features：划分时考虑的最大特征数；可选 None、log2、sqrt 或 auto，默认是 None，意味着划分时考虑所有的特征数。如果选择 log2，则表示划分时最多考虑 $\log_2 M$ 个特征（M 为样本的特征总数）。如果选择 sqrt 或 auto，则表示划分时最多考虑 $\sqrt{M}$ 个特征。

- loss：指定模型损失函数；对于分类模型，有 deviance（对数似然损失函数）和 exponential（指数损失函数）两种选择，默认是 deviance。对于回归模型，有 ls（标准差函数）、lad（绝对损失函数）、huber（Huber 损失函数）和 quantile（分位数损失函数）4 种选择，默认是 ls。如果样本噪声较大，推荐使用 huber。

- criterion：特征选择标准，一般直接选择默认即可。

- max_depth：决策树最大深度，默认为 3；调节此参数可对模型产生较大的影响。

- max_leaf_nodes：最大叶子节点数，默认是 None，即不限制最大的叶子节点数量。如果特征数较多时可以加以限制，防止过拟合。

- min_samples_split：内部节点进行再划分所需最小样本数。如果某节点的样本数小于设置的 min_samples_split 值，则不会继续分叉子树。默认是 2，当样本数较大时推荐将这个值加大一点。

- min_samples_leaf：叶子节点最少样本数。如果某叶子节点中的样本数目小于设置的 min_samples_leaf 值，则会和兄弟节点一起被剪枝。默认是 1，如果样本数较大时，推荐加大这个值。

- min_impurity_split：节点划分的最小不纯度。该值用来限制决策树的分叉，如果某节点的不纯度（信息增益（比）、基尼系数、标准差）小于这个阈值，则该节点不再分叉成子节点，即直接作为叶子节点。

属性

- feature_importances_：给出各个特征的重要程度，值越大，表示对应的特征越重要。
- estimators_：存放各个训练好的基学习器情况，为一个列表。
- loss_：损失函数列表。
- train_score_：各轮迭代后模型整体损失函数的值，为一个列表。

方法

- apply(X)：获取样本 X 中各个样本在集成模型的各基学习器（为一棵 CART 分类树）中的叶子节点的位置信息，得到的结果是一个矩阵。矩阵的每行表示一个样本，每列表示该样本在各个基学习器的叶子节点的位置。
- fit(X_train,y_train)：在训练集(X_train,y_train)上训练模型。
- score(X_test,y_test)：返回模型在测试集(X_test,y_test)上的预测准确率。
- predict(X)：用训练好的模型来预测待预测数据集 X，返回数据为预测集对应的结果标签 y。
- predict_proba(X)：返回一个数组，数组的元素依次是预测集 X 属于各个类别的概率，回归树没有该方法（GradientBoostingRegressor 特有）。
- predict_log_proba(X)：返回一个数组，数组的元素依次是预测集 X 属于各个类别的对数概率，回归树没有该方法（GradientBoostingRegressor 特有）。

11.2.4 梯度提升模型的 scikit-learn 使用实例

实例 1：GBDT 用于获取高阶组合特征

在随机森林（RF）的拓展中，我们讲到过 RF 和 GBDT/GBRT 都可以用来获取高阶组合特征，并且详细介绍了 RF 获取高阶组合特征的原理，GBDT/GBRT 获取高阶组合特征的原理和 RF 的完全相同，区别是 GBDT/GBRT 使用的树的叶子节点数量要远小于 RF 的。下面就用 GBDT 来实现这一原理。

1. 程序

```
# 1. 使用 scikit-learn 自带的数据集，样本总数 12000，特征维度为 10，标签为 1 和-1
```

```
from sklearn.datasets import make_hastie_10_2
X, y = make_hastie_10_2(random_state=0)
print X.shape,y.shape
print y

from sklearn.cross_validation import train_test_split
X_train, X_test, y_train, y_test = train_test_split(X, y,
    test_size=0.2, random_state=0)        # 按照 8：2 划分数据集
print X_train.shape, X_test.shape, y_train.shape, y_test.shape

# 2. 直接使用 GBDT 模型进行训练和验证，这里采用 50 棵树
from sklearn.ensemble import GradientBoostingClassifier

gbdt_clf = GradientBoostingClassifier(n_estimators=50)
gbdt_clf.fit(X_train, y_train)
y_predict = gbdt_clf.predict(X_test)
y_predict_prob = gbdt_clf.predict_proba(X_test)[:, 1]

from sklearn.metrics import classification_report
print '查准率、查全率、F1 值：'
print classification_report(y_test, y_predict, target_names=None)

from sklearn.metrics import roc_auc_score
print 'AUC 值：'
print roc_auc_score(y_test, y_predict_prob)

from sklearn.metrics import confusion_matrix
print '混淆矩阵：'
print confusion_matrix(y_test, y_predict, labels=None)

# 迭代后模型整体损失函数的值列表
print gbdt_model.train_score_

# 3. 获取训练集和验证集经过 GBDT 模型后的高阶组合特征
print gbdt_clf.apply(X_train).shape
print gbdt_clf.apply(X_test).shape

X_train_new = gbdt_clf.apply(X_train)[:, :, 0]
X_test_new = gbdt_clf.apply(X_test)[:, :, 0]

print X_train_new
print X_test_new
```

```
# 4. 对 GBDT 模型输出的训练集和验证集的高阶特征进行 one-hot 编码
from sklearn.preprocessing import OneHotEncoder
grd_enc = OneHotEncoder()          # 调用 one-hot 编码
grd_enc.fit(X_train_new)           # fit one-hot 编码器

# 对 GBDT 模型输出的训练集特征和验证集高阶特征进行 one-hot 编码
X_train_onehot = grd_enc.transform(X_train_new)     # 训练集
X_test_onehot = grd_enc.transform(X_test_new)       # 验证集

# 输出 one-hot 编码后训练集和验证集的维度
print X_train_onehot.shape
print X_test_onehot.shape

# 5. 用 one-hot 编码后的训练集训练 LR 模型，并在验证集上验证
from sklearn.linear_model import LogisticRegression
LR_clf = LogisticRegression()
LR_clf.fit(X_train_onehot, y_train)

# 用训练好的 LR 模型对 one-hot 编码后的 X_test 进行预测
y_pred = LR_clf.predict(X_test_onehot)
y_pred_prob = LR_clf.predict_proba(X_test_onehot)[:, 1]

# 输出 LR 模型对验证集的预测结果
from sklearn.metrics import classification_report
print '查准率、查全率、F1 值: '
print classification_report(y_test, y_pred, target_names=None)

from sklearn.metrics import roc_auc_score
print 'AUC 值: '
print roc_auc_score(y_test, y_pred_prob)

from sklearn.metrics import confusion_matrix
print '混淆矩阵: '
print confusion_matrix(y_test, y_pred, labels=None)
```

2. 输出

（1）原始数据集

```
训练集: X_train (9600L, 10L), X_test (9600L,)
验证集: y_train (2400L, 10L), y_test (2400L,)
```

（2）直接使用 GBDT 模型进行训练和预测得到的结果

查准率、查全率、F1 值：

```
              precision    recall    f1-score    support
      -1.0        0.85      0.91        0.88       1229
       1.0        0.90      0.83        0.87       1171
avg / total       0.88      0.87        0.87       2400
```

AUC 值：

```
0.957552292693
```

混淆矩阵：

```
[[1121  108]
 [ 196  975]]
```

（3）训练集和验证集经过 GBDT 模型后的高阶组合特征

```
(9600L, 50L, 1L)
[[ 10.   6.   3. ...,   11.  11.   6.]
 [ 11.   6.   4. ...,   11.  11.   7.]
 [ 11.   6.   4. ...,   13.  11.   7.]
 ...,
 [ 11.   4.   4. ...,    7.  11.   7.]
 [ 11.   6.   4. ...,   11.  11.  10.]
 [ 11.   7.   4. ...,   11.  13.   7.]]

(2400L, 50L, 1L)
[[ 11.   6.   4. ...,   11.  11.   7.]
 [ 11.   6.   4. ...,   13.  11.   4.]
 [ 10.   6.   4. ...,   11.  11.  10.]
 ...,
 [ 11.   6.   4. ...,   11.  10.   3.]
 [ 11.   6.   4. ...,   13.  11.   7.]
 [ 11.   6.   4. ...,   11.  11.   4.]]
```

（4）对得到的高阶组合特征进行 one-hot 编码后得到的新的训练集和验证集数据情况

```
训练集: (9600, 400)
验证集: (2400, 400)
```

（5）用 one-hot 编码后的训练集训练 LR 模型并在验证集上验证得到的结果查准率、查全率、F1 值：

```
           precision    recall   f1-score   support
    -1.0        0.90      0.91       0.90      1229
     1.0        0.90      0.90       0.90      1171
avg / total     0.90      0.90       0.90      2400
```

AUC 值：

```
0.971740440076
```

混淆矩阵：

```
[[1113  116]
 [ 122 1049]]
```

经比较可知，经过 GBDT 对特征进行高阶组合后再用 LR 模型训练得到的结果确实要优于直接对原始特征使用 GBDT 模型训练得到的结果，前者的 AUC 值约为 0.9717，而后者的 AUC 值约为 0.9576。

实例 2：GBRT 与现行回归的比较

前面在讲线性回归时介绍过，用梯度提升模型处理回归问题，效果可能比一般的线性回归模型表现要好，下面进行比较验证。

1. 程序

```
# 1. 波士顿房价数据
from sklearn.datasets import load_boston
boston = load_boston()
X = boston.data
y = boston.target
print X.shape
print y.shape

# 2. 划分数据集
from sklearn.cross_validation import train_test_split
X_train, X_test, y_train, y_test = train_test_split(X, y,
    train_size=0.7)
```

```python
# 3. 数据标准化
from sklearn import preprocessing
standard_X = preprocessing.StandardScaler()
X_train = standard_X.fit_transform(X_train)
X_test = standard_X.transform(X_test)
standard_y = preprocessing.StandardScaler()
y_train = standard_y.fit_transform(y_train.reshape(-1, 1))
y_test = standard_y.transform(y_test.reshape(-1, 1))

# 4. 使用弹性网络回归模型
from sklearn.linear_model import ElasticNet
ElasticNet_clf = ElasticNet(alpha=0.1, l1_ratio=0.7)
ElasticNet_clf.fit(X_train,y_train.ravel())
ElasticNet_clf_result = ElasticNet_clf.predict(X_test)
ElasticNet_clf_score = ElasticNet_clf.score(X_test,y_test.ravel())
print 'ElasticNet 模型得分: ',ElasticNet_clf_score

# 5. 使用 GBRT 模型
from sklearn.ensemble import GradientBoostingRegressor
GBRT_clf = GradientBoostingRegressor(learning_rate=0.1,max_depth=6,
    max_features=0.5,
min_samples_leaf=14,n_estimators=70)
GBRT_clf.fit(X_train,y_train.ravel())
GBRT_clf_result = GBRT_clf.predict(X_test)
GBRT_clf_score = GBRT_clf.score(X_test,y_test.ravel())
print 'GBRT 模型得分: ',GBRT_clf_score

# 6. 画图比较
import matplotlib.pyplot as plt
fig = plt.figure(figsize=(20, 3))
axes = fig.add_subplot(1, 1, 1)
line1, = axes.plot(range(len(y_test)), y_test, 'b',label=
    'Actual_Value')
line2,= axes.plot(range(len(ElasticNet_clf_result)), ElasticNet_
    clf_result,
 'g--',label='ElasticNet_Predicted',linewidth=2)
line3, = axes.plot(range(len(GBRT_clf_result)),GBRT_clf_result,
'r--',label='GBRT_Predicted',linewidth=2)
axes.grid()
fig.tight_layout()
plt.legend(handles=[line1,line2,line3])
plt.title('ElasticNet & GBRT')
```

```
plt.show()
```

2. 输出

```
ElasticNet 模型得分： 0.7300524458
GBRT 模型得分： 0.865532532097
```

从上面的结果可以看到，GBRT 模型在处理回归任务时的准确率是远高于 ElasticNet 的。

11.2.5　GBDT 模型的优/缺点

1. 优点

（1）模型的预测准确率相对较高。

（2）由于指定使用 CART 回归树当作基学习器，因而既可以处理标称型数据，又可以处理标量型数据。

（3）在处理回归问题时，由于可以选择 Huber 损失函数或 Quantile 损失函数，因此相对于 AdaBoost 而言，对噪声的敏感性大大降低。

2. 缺点

和 AdaBoost 一样，各个基学习器之间存在强关联，不利于做并行化处理。

11.3　XGBoost

XGBoost（eXtreme Gradient Boosting）是 GBDT 的一种改进形式，具有很好的性能，在各大比赛中大放异彩，下面对其原理进行详细介绍。

11.3.1　XGBoost 的原理

设经 k 轮迭代后，GBDT/GBRT 的损失函数可写为 $L\big(y, f_k(\boldsymbol{x})\big)$，将 $f_k(\boldsymbol{x})$ 视为变量（是一个复合型变量），对 $L\big(y, f_k(\boldsymbol{x})\big)$ 在 $f_{k-1}(\boldsymbol{x})$ 处进行二阶泰勒展开，可得：

$$L(y, f_k(\boldsymbol{x}))$$

$$\approx L(y, f_{k-1}(\boldsymbol{x})) + \frac{\partial L(y, f_{k-1}(\boldsymbol{x}))}{\partial f_{k-1}(\boldsymbol{x})}[f_k(\boldsymbol{x}) - f_{k-1}(\boldsymbol{x})] + \frac{1}{2} \times \frac{\partial^2 L(y, f_{k-1}(\boldsymbol{x}))}{\partial f_{k-1}^2(\boldsymbol{x})}$$

$$[f_k(\boldsymbol{x}) - f_{k-1}(\boldsymbol{x})]^2$$

然后取 $g = \frac{\partial L(y, f_{k-1}(\boldsymbol{x}))}{\partial f_{k-1}(\boldsymbol{x})}$，$h = \frac{\partial^2 L(y, f_{k-1}(\boldsymbol{x}))}{\partial f_{k-1}^2(\boldsymbol{x})}$（即 g 和 h 分别代表一阶导和二阶导的信息），代入展开式，可得：

$$L(y, f_k(\boldsymbol{x})) \approx L(y, f_{k-1}(\boldsymbol{x})) + g[f_k(\boldsymbol{x}) - f_{k-1}(\boldsymbol{x})] + \frac{1}{2} h[f_k(\boldsymbol{x}) - f_{k-1}(\boldsymbol{x})]^2$$

又在 GBDT 中，利用前向分布算法，有 $f_k(\boldsymbol{x}) = f_{k-1}(\boldsymbol{x}) + T_k(\boldsymbol{x})$，即

$$f_k(\boldsymbol{x}) - f_{k-1}(\boldsymbol{x}) = T_k(\boldsymbol{x})$$

代入上式，可得：

$$L(y, f_k(\boldsymbol{x})) \approx L(y, f_{k-1}(\boldsymbol{x})) + g T_k(\boldsymbol{x}) + \frac{1}{2} h[T_k(\boldsymbol{x})]^2$$

上面的损失函数目前还是仅针对一个样本数据而言的，对于整体的样本，其损失函数为

$$L \approx \sum_{i=1}^{N} L(y_i, f_k(\boldsymbol{x}_i)) = \sum_{i=1}^{N} \left[L(y_i, f_{k-1}(\boldsymbol{x}_i)) + g_i T_k(\boldsymbol{x}_i) + \frac{1}{2} h_i[T_k(\boldsymbol{x}_i)]^2 \right]$$

等式右边中的第一项 $L(y_i, f_{k-1}(\boldsymbol{x}_i))$ 只与前 $k-1$ 轮有关，第 k 轮优化中可将该项视为常数。另外，在 GBDT 的损失函数上再加上一项与第 k 轮的基学习器 CART 决策树相关的正则化项 $\Omega(T_k(\boldsymbol{x}))$ 防止过拟合，可得到新的第 k 轮迭代时的等价损失函数：

$$L_k = \sum_{i=1}^{N} \left[g_i T_k(\boldsymbol{x}_i) + \frac{1}{2} h_i[T_k(\boldsymbol{x}_i)]^2 \right] + \Omega(T_k(\boldsymbol{x}))$$

L_k 就是 XGBoost 模型的损失函数。

假设第 k 棵 CART 回归树其对应的叶子区域样本子集为 $D_{k1}, D_{k2}, ..., D_{kT}$，且第 j 个小单元 D_{kj} 中仍然包含 N_{kj} 个样本数据，则计算每个小单元里面的样本的输出均值为

$$\bar{c}_{kj} = \frac{1}{N_{kj}} \sum_{x_i \in D_{kj}} y_i$$

得到：

$$T_k(\boldsymbol{x}) = \sum_{j=1}^{T} \bar{c}_{kj}\, I\big(\boldsymbol{x}_i \in D_{kj}\big)$$

正则化项$\Omega\big(T_k(\boldsymbol{x})\big)$的构造如下：

$$\Omega\big(T_k(\boldsymbol{x})\big) = \gamma T + \frac{1}{2}\lambda \sum_{j=1}^{T} {\bar{c}_{kj}}^2$$

其中，参数T为$T_k(\boldsymbol{x})$决策树的叶子节点的个数，参数$\bar{c}_{kj}$，$j = 1,2,\dots,T$，是第j个叶子节点的输出均值；γ和λ是两个权衡因子。叶子节点的数量及其权重因子一起用来控制决策树模型的复杂度。

将$T_k(\boldsymbol{x})$和$\Omega\big(T_k(\boldsymbol{x})\big)$一起代入$L_k$，可得

$$
\begin{aligned}
L_k &= \sum_{i=1}^{N}\left[g_i T_k(\boldsymbol{x}_i) + \frac{1}{2} h_i \cdot [T_k(\boldsymbol{x}_i)]^2 \right] + \Omega\big(T_k(\boldsymbol{x})\big) \\
&= \sum_{i=1}^{N}\left[g_i T_k(\boldsymbol{x}) + \frac{1}{2} h_i [T_k(\boldsymbol{x})]^2 \right] + \gamma T + \frac{1}{2}\lambda \sum_{j=1}^{T} {\bar{c}_{kj}}^2 \\
&= \sum_{j=1}^{T}\left[\left(\sum_{\boldsymbol{x}_i \in D_{kj}} g_i \right) \bar{c}_{kj} + \frac{1}{2}\left(\sum_{\boldsymbol{x}_i \in D_{kj}} h_i + \lambda \right)(\bar{c}_{kj})^2 \right] + \gamma T
\end{aligned}
$$

可以看到，XGBoost 模型对应的损失函数L_k主要与原损失函数的一阶、二阶梯度在当前模型的值g_i、h_i及第k棵 CART 树的叶子节点参数值$\bar{c}_{kj}$有关，而g_i和h_i与第k轮迭代无关，这里先将其视为常数，所以现在要训练第k棵 CART 树，只需考虑$\bar{c}_{kj}$参数。

对$\bar{c}_{kj}$求导并令其为 0，可得：

$$\frac{\partial L_k}{\partial \bar{c}_{kj}} = \sum_{j=1}^{T}\left[\left(\sum_{\boldsymbol{x}_i \in D_{kj}} g_i \right) + \left(\sum_{\boldsymbol{x}_i \in D_{kj}} h_i + \lambda \right)\bar{c}_{kj} \right] = 0$$

$$\bar{c}_{kj} = -\frac{\sum_{\boldsymbol{x}_i \in D_{kj}} g_i}{\left(\sum_{\boldsymbol{x}_i \in D_{kj}} h_i\right) + \lambda}$$

将其反代入上式可得第k轮迭代时的等价损失函数为

$$L_k = -\frac{1}{2}\sum_{j=1}^{T}\left[\left(\sum_{\bm{x}_i\in D_{kj}}g_i\right)^2 \bigg/ \left(\left(\sum_{\bm{x}_i\in D_{kj}}h_i\right)+\lambda\right)\right] + \gamma T$$

实际上第k轮迭代的损失函数的优化过程对应的就是第k棵树的分裂过程：每次分裂对应于将属于某个叶子节点下的训练样本分配到两个新的叶子节点上；而损失函数满足样本之间的累加性，所以可以通过将分裂前叶子节点上所有样本的 loss 与分裂之后两个新叶子节点上的样本的 loss 进行比较，以此作为各个特征分裂点的打分标准；最后选择一个生成该树的最佳分裂方案（这个过程在形式上就和利用基尼系数或平方误差为 CART 寻找最佳特征分裂点一样，区别仅在于该特征分裂打分标准是我们直接从目标损失函数中推导得到的）。

需要注意的是，在实践中，当训练数据量较大时，我们不可能穷举每一棵树进行打分来选择最好的，这个计算量过于庞大。那怎么办呢？很简单，直接采用贪心方式来逐层选择最佳分裂点。假设一个叶子节点I分裂成两个新的叶子节点I_L和I_R，则该节点分裂产生的增益为

$$G_{\text{spilt}} = \frac{1}{2}\left[\frac{\left(\sum_{\bm{x}_i\in I_L}g_i\right)^2}{\left(\sum_{\bm{x}_i\in I_L}h_i\right)+\lambda} + \frac{\left(\sum_{\bm{x}_i\in I_R}g_i\right)^2}{\left(\sum_{\bm{x}_i\in I_R}h_i\right)+\lambda} - \frac{\left(\sum_{\bm{x}_i\in I}g_i\right)^2}{\left(\sum_{\bm{x}_i\in I}h_i\right)+\lambda}\right] - \gamma$$

上面的G_{spilt}表示的就是一个叶子节点I按照某特征下的某分裂点分裂成两个新的叶子节点I_L和I_R后可以获得的"增益"，该增益值与模型的损失函数值成负相关关系（因为它在损失函数的基础上取了负号），即该值越大，就表示按照该分裂方式分裂可以使模型的整体损失减小得越多。

所以反过来看，其实 XGBoost 采用的是解析解思维，即对损失函数进行二阶泰勒展开，求得解析解，然后用这个解析解作为"增益"来辅助建立 CART 回归树，最终使得整体损失达到最优。

11.3.2　XGBoost 调参

XGBoost 的作者把所有的参数分成了三类：通用参数、Booster 参数和学习目标参数。

1. 通用参数：宏观函数控制

- booster：基学习器的选择。有两种选择：gbtree（基于树的模型）和 gbliner（线性模型），默认为 gbtree。
- nthread：开启的线程数。用来进行多线程控制，应当输入系统的核数；默认为最大可能的线程数。

2. Booster 参数：控制每一步的 booster

- learning_rate：通过减少每一步的权重，来提高模型的鲁棒性，默认为 0.3。
- min_child_weight：XGBoost 的这个参数是最小样本权重的和，而 GBM 参数是最小样本总数，默认为 1。
- max_depth：树的最大深度，默认为 6。
- max_leaf_nodes：树上最大的节点或叶子的数量。
- gamma：指定了节点分裂所需的最小损失函数下降值，默认为 0。
- max_delta_step：限制每棵树权重改变的最大步长。该参数一般用不到，但当各类别的样本十分不平衡时，它对 Logistic 回归是很有帮助的，默认为 0。
- subsample：控制对于每棵树随机采样的比例，默认为 0。
- colsample_bytree：用来控制每棵树随机采样的列数的占比，默认为 1。
- reg_lambda：权重的 L2 正则化项，用来控制 XGBoost 的正则化部分，默认为 1。
- reg_alpha：权重的 L1 正则化项，默认为 1。
- scale_pos_weight：在各类别样本十分不平衡时，把这个参数设定为一个正值，可以使算法更快收敛，默认为 1。

3. 学习目标参数：控制训练目标的表现

（1）Objective：定义需要被最小化的损失函数。最常用的值有 binary:logistic（二分类的 Logistic 回归，返回预测的概率，不是类别）、multi:softmax（使用 softmax 的多分类器，返回预测的类别，不是概率。在这种情况下，还需要多设置一个参数：num_class，即类别数目）、multi:softprob（和 multi:softmax 参数一样，但是返回的是每个数据属于各个类别的概率）。

（2）eval_metric：对于有效数据的度量方法，对于回归问题，默认值是 rmse；对于分类问题，默认值是 error。典型值有：rmse（均方根误差）、mae（平均绝对误差）、logloss（负对数似然函数值）、error（二分类错误率（阈值为 0.5））、merror（多分类错误率）、mlogloss（多分类 logloss 损失函数）和 AUC（曲线下面积）。

（3）seed：随机数的种子，设置它既可以复现随机数据的结果，又可以用于调整参数，默认为 0。

11.3.3　XGBoost 与 GBDT 的比较

与传统的 GBDT/GBRT 相比，XGBoost 的主要优势如下。

1. 引入损失函数的二阶导信息

传统的 GBDT/GBRT 模型只用到了损失函数的一阶导信息（一阶泰勒展开），而 XGBoost 模型用到了损失函数的二阶展开，效果上更好一些。

2. 支持自定义损失函数

XGBoost 支持自定义损失函数，只要满足定义的损失函数二阶可导即可，这大大增加了处理问题的灵活性。

3. 加入正则化项

XGBoost 在 GBDT 的基础上加入了一个正则化项，用于控制模型的复杂度，正则化项里面包含了树的叶子节点数和各个叶子节点输出值的平方之和。从方差—偏差角度来看，正则化项可以降低模型的方差，使学习出来的模型更加简单，防止模型过拟合。

4. 引入列抽样

XGBoost 模型借鉴了随机森林的做法，支持对特征进行抽样，这也可以起到降低过拟合风险和减少计算量的作用。

5. 剪枝处理

当遇到一个负"增益"时，GBDT/GBRT 会马上停止分裂，但 XGBoost 会一直分裂到指定的最大深度，然后回过头来剪枝。如果某个节点之后不再有负值，则会除掉这个分裂；但是如果负值后面又出现正值，并且最后综合起来还是正值，则该分裂会被保留。

6. 增加对缺失值的处理

XGBoost 对于不同节点遇到的特征缺失将采用不同的处理方式，并且会逐渐学习出处理缺失值的方式，当后面再遇到有缺失特征时就可以按学习出的处理方式进行处理，这样更加科学。

7. 支持并行

XGBoost 支持并行，但是注意，XGBoost 的并行和 RF 的并行不是同一类型的：RF 可以并行是因为其基学习器之间是没有关联的，每个基学习器的训练都是在总体训练样本中由放回的随机采样得到，因此可以同时训练各个基学习器；而 XGBoost 的基学习器之间具有强关联，每一个基学习器的训练都是建立在前面基学习器基础之上进行的，因此不可能直接做到各个基学习器之间的并行化处理。我们知道，决策树的学习过程最耗时的一个步骤就是对特征的值进行排序以确定最佳分割点，所以 XGBoost 在训练之前，预先对各特征数据进行了排序，并将其保存为 block 结构，利用这个 block 结构，各个特征的增益计算可以多线程进行，而且后面的迭代中可以重复地使用这个结构，从而大大减少了计算量。所以 XGBoost 的并行不是在 tree 粒度上，而是在特征粒度上。

8. 模型训练速度更快

GBDT/GBRT 模型采用的是数值优化思维，即利用 CART 回归树去拟合损失函数的负梯度在当前模型的值，达到减小损失函数的目的；而 XGBoost 采用的是解析解思想，即对损失函数进行二阶泰勒展开，求得解析解，然后用这个解析解作为"增益"来辅助建立 CART 回归树，最终使得整体损失达到最优，因此 XGBoost 的训练速度更快。

## 第 12 章

聚类

12.1 聚类问题介绍

我们常说"物以类聚，人以群分"，当一群人在一起的时候，我们可以根据大家的兴趣爱好或者职业性质等特征将这群人划分成几类，这其实就是一个聚类的过程。聚类又称为群分析，目标是将样本划分为有紧密关系的子集或簇。聚类后的结果如图 12-1 所示。

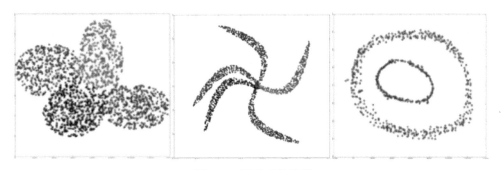

图 12-1　聚类后的结果

常见的聚类方法有 K-Means 聚类、层次聚类、密度聚类、谱聚类和高斯混合聚类等，本章我们将对这几种聚类方式进行详细说明。

12.2 K-Means 聚类

12.2.1 K-Means 聚类过程和原理

1. K-Means 聚类过程

K-Means 算法是一种无监督的聚类算法，在聚类问题中经常被使用。其核心思想是：对于给定的样本集，按照样本点之间的距离大小，将样本集划分为K个簇，并让簇内的点尽量紧凑，而让簇间的点尽量分开。

K-Means 算法流程如图 12-2 所示。

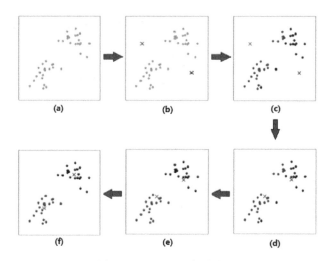

图 12-2　K-Means 算法流程

如图 12-2 所示，以$K = 2$为例：我们需要将图 12-2(a)中的样本点划分为两类，则 K-Means 聚类过程如下。

第 1 步：从 M 个数据对象中任意选择 2 个对象作为初始聚类中心，如图 12-2（b）所示。

第 2 步：计算每个对象到这两个聚类中心的距离，把各样本划分到与它们最近的中心所代表的类别中去，如图 12-2（c）所示，并计算当前状态下的损失值。

第 3 步：计算各类别所包含点的均值点，将其作为新的类别中心，如图 12-2（d）所示。

第 4 步：重复第 2 步和第 3 步，直到连续两次的损失值相差为某一设定值为止。

可以看到，虽然刚开始时是随机选择的两个点作为初始聚类中心，但经过反复迭代第 2 步和第 3 步后，最终聚类中心会逐渐趋于稳定，如图 12-2（f）所示；聚类中心稳定后，所有样本点的划分也会趋于稳定，从而达到比较理想的聚类效果。

2. K-Means 聚类原理

前面讲 K-Means 聚类过程时，涉及四个关键点，即聚类簇数 K 值的选择、K 个聚类中心点的初始值选择、距离度量方式、损失函数的选择。

（1）聚类簇数 K 值的选择

聚类簇数 K 值的选择是一个比较难处理的点，它会对 K-Means 算法的最终结果起到关键作用，但实际情况下，一般我们很难事先知道应该聚成几类。传统的 K-Means 算法在处理这个问题时主要依靠人工试探或者超参数搜索的形式来确定。

（2）K 个聚类中心点的初始值选择

K 个聚类中心点的初始值选择也很关键，它会直接影响需要更新迭代的次数。传统的 K-Means 算法是先随机从样本点中选择 K 个点作为聚类中心点的初始值，这并不是最好的方式，后面会讲到它的改进方法。

（3）距离度量方式

样本点之间的距离度量用得比较多的还是欧氏距离。假设样本点的特征维度是 N 维，则两个 N 维向量 $A = (x_{11}, x_{12}, ..., x_{1N})$ 和 $B = (x_{21}, x_{22}, ..., x_{2N})$ 之间的欧氏距离为

$$d_{12} = \sqrt{\sum_{i=1}^{N} (x_{1i} - x_{2i})^2}$$

（4）损失函数的选择

判断聚类迭代是否趋于稳定需要根据聚类损失函数的变化情况来判断。聚类问题的损失函数是各个簇中样本向量到对应簇均值向量的均方误差，假设样本点 $\{x_1, x_2, …, x_N\}$ 需要被聚类成 K 个簇 $\{C_1, C_2, …, C_K\}$，则各个簇内样本点的均值向量为

$$\boldsymbol{\mu}_k = \frac{1}{N_k} \sum_{x_i \in C_k} \boldsymbol{x}_i$$

其中，N_k 为簇 C_k 中包含的样本数目，所有簇的总均方误差为

$$E = \sum_{k=1}^{K} \sum_{x_i \in C_k} ||\boldsymbol{x}_i - \boldsymbol{\mu}_k||_2^2$$

显然，我们的目标就是最小化这个均方误差。

3. K-Means 算法流程

输入：待聚类样本集 $D = \{\boldsymbol{x}_1, \boldsymbol{x}_2, …, \boldsymbol{x}_M\}$，聚类簇数 K，最大迭代次数 n。

输出：聚类好的簇 $C = \{C_1, C_2, …, C_K\}$。

步骤如下。

第 1 步：从数据集 D 中随机选择 K 个聚类中心，设对应向量为 $(\boldsymbol{\mu}_1, \boldsymbol{\mu}_2, …, \boldsymbol{\mu}_K)$。

第 2 步：计算各个样本点到 K 个聚类中心的距离 $||\boldsymbol{x}_i - \boldsymbol{\mu}_k||_2^2$，将各个样本点归入离其距离最近的簇中。

第 3 步：重新计算第 2 步得到的 K 个簇的中心向量。

$$\boldsymbol{\mu}_k = \frac{1}{N_k} \sum_{x_i \in C_k} \boldsymbol{x}_i$$

将其作为新的聚类中心。

第 4 步：重复第 2 步和第 3 步，直到满足最大迭代次数 n 或所有簇的中心向量不再发生变化，输出聚类好的簇 $C = \{C_1, C_2, …, C_K\}$。

12.2.2 K-Means 算法优化

1. K 个聚类中心初始值的选择

前面说过,K-Means 算法中 K 个聚类中心的初始值选择会直接影响需要迭代的次数,传统的 K-Means 算法是先随机从 M 个样本点中选择 K 个点作为聚类中心点的初始值,但这样有较大的偶然性,并不是最好的方法。

一种改进方法叫作 k-means++,如图 12-3 所示。

初始聚类中心的选择

k-means++聚类过程

图 12-3 k-means++改进方法

第 1 步:先随机从 M 个样本点中选择一个样本点作为聚类中心,设其为 $\boldsymbol{\mu}_1$,然后计算各个样本点到该聚类中心的距离 $||\boldsymbol{x}_i - \boldsymbol{\mu}_1||_2^2$;选择距离最远的一个样本点,将其作为第二个聚类中心 $\boldsymbol{\mu}_2$。

第 2 步:计算各个样本点到已有的聚类中心的距离,并将各样本点归入离其最近的一个聚类中心。

第 3 步:把到自身聚类中心距离最远的那个样本点作为新加入的聚类中心。

第 4 步:重复第 2 步和第 3 步,直到获得 K 个聚类中心,然后利用这 K 个聚类中心作为初始聚类中心,重新开始前面的 K-Means 算法流程。

2. 样本数据较大时

传统的 K-Means 算法中,需要计算所有的样本点到所有聚类中心的距离,如果样本量较大,则这个过程将非常耗时。而大数据时代,这样的场景越来越多,因此研究者提出 K-Means 算法的另一种改进版——Mini Batch K-Means。

Mini Batch KMeans 就是在做 K-Means 算法前先对大样本数据进行一个随机采样

（一般是无放回的），对采样得到的样本再用 K-Means 算法进行聚类。为了提高聚类的准确性，一般进行多次 Mini Batch 后再进行多次 K-Means 聚类，最后选择最优的聚类簇。

12.2.3 小结

1. 优点

（1）原理简单，容易实现，收敛速度较快，可解释性较强。

（2）需要调节的参数较少（主要是聚类簇数K），且聚类效果较好。

2. 缺点

（1）聚类簇数K值的选择不好把握，一般只能通过暴力搜索法来确定。

（2）只适合簇型数据，对其他类型的数据聚类效果一般。

（3）当数据类别严重不平衡时，聚类效果不佳。

（4）当数据量较大时，计算量也比较大，采用 Mini Batch K-Means 的方式虽然可以缓解，但可能会牺牲准确度。

> **注意**：不要把 K-Means 中的K和 K 近邻算法中的K相混淆。K-Means 中的K指的是聚类后的类别数目，而 K 近邻中的K指的是与待分类样本点相距最近的K个样本点，二者所指的对象完全不同。

12.2.4 K-Means 应用实例

K-Means 和 Mini Batch K-Means 在 scikit-learn 分别通过 sklearn.cluster.KMeans 类和 sklearn.cluster.MiniBatchKMeans 类进行实现，下面介绍主要参数和方法，并介绍一个实际的 K-Means 聚类例子。

1. K-Means 的 scikit-learn 实现

```
sklearn.cluster.KMeans(n_clusters=8,
                       max_iter=300,
                       init='k-means++',
                       n_init=10,
                       algorithm='auto',
                       random_state=None)
```

参数

- n_clusters：即 K 值，一般需要多试一些值，以获得较好的聚类效果。
- max_iter：最大迭代次数，默认为 300。
- init：选择初始化聚类中心的方式，可选 k-means++或 random，默认是 k-means++，建议选择默认。
- n_init：指定选择不同的初始化聚类中心运行算法的次数，默认是 10。由于 K-Means 的结果是受初始值影响的局部最优迭代算法，因此一般需要多选择几组初始聚类中心进行尝试,最后选择最好的结果作为最终聚类结果。
- algorithm：选择距离度量算法，有 auto、full 和 elkan 三种选择。full 表示传统的 K-Means 算法,使用二范数度量距离；elkan 表示使用 elkan K-Means 算法，当数据比较稠密时，选择该算法可以减少计算量。一般建议直接选择默认的 auto，让其自动选择。
- random_state：用于产生初始化聚类中心的随机化种子。

属性

- cluster_centers_：输出各个聚类中心向量。
- labels_：输出各个簇的标签。

方法

- fit(X)：训练聚类模型。
- fit_predict(X)：在 X 上执行数据集，返回样本 X 的簇标记。
- predict(X)：预测样本集 X 中每个样本最接近的簇。

2. Mini Batch K-Means 的 scikit-learn 实现

```
sklearn.cluster.MiniBatchKMeans(n_clusters=8,
```

```
                                    max_iter=100,
                                    init='k-means++',
                                    n_init=3,
                                    init_size=None,
                                    random_state=None,
                                    batch_size=100,
                                    reassignment_ratio=0.01,
                                    max_no_improvement=10)
```

参数

- n_clusters：即 K 值，默认为 8，一般需要多试一些值，以获得较好的聚类效果。
- max_iter：最大迭代次数，默认为 100。
- init：选择初始化聚类中心的方式，可选 k-means++或 random，默认是 k-means++，建议选择默认。
- n_init：指定选择不同初始化聚类中心运行算法的次数，默认是 3；这里和 K-Means 稍有不同：K-Means 类里的 n_init 是用同样的训练集数据来"跑"不同的初始化聚类中心，而 Mini Batch K-Means 类的 n_init 每次用不同的采样数据集来"跑"不同的初始聚类中心。
- init_size：用来做聚类中心初始值候选的样本个数，默认是 batch_size 的 3 倍。
- random_state：用于产生初始化聚类中心的随机化种子。
- batch_size：采样得到的各个小批量样本中包含的样本数目，默认为 100。
- reassignment_ratio：某个聚类中心被重新赋值的次数占所有聚类中心被重新赋值的次数的比例，默认是 0.01。
- max_no_improvement：当连续多少个 Mini Batch 没有改善聚类效果时，就停止算法，用于控制算法运行时间，默认为 10。

属性

- cluster_centers_：输出各个聚类中心向量。
- labels_：输出各个簇的标签。

方法

- fit(X)：在 X 上执行数据集，可以配合 labels_属性使用。

- fit_predict(X)：在 X 上执行数据集，返回样本 X 的簇标记。
- partial_fit(X)：在单个 Mini Batch 上更新 K-Means。
- predict(X)：预测样本集 X 中每个样本最接近的簇。

3. K-Means 应用实例

程序如下：

```
import numpy as np
from sklearn.datasets.samples_generator import make_blobs
X, y = make_blobs(n_samples=1000, n_features=2, centers=[[-1,-1],
    [0,0], [1,1], [2,2]], cluster_std=[0.4, 0.2, 0.2, 0.2],
    random_state=6)

import matplotlib.pyplot as plt
from sklearn.cluster import KMeans
for index, k in enumerate((1,2,3,4)):
    plt.subplot(2,2,index+1)
    y_pred = KMeans(n_clusters=k, random_state=6).fit_predict(X)
    plt.scatter(X[:, 0], X[:, 1], c=y_pred)
    plt.text(.99, .06, 'k=%d' %k,transform=plt.gca().transAxes,
        horizontalalignment='right')

plt.show()
```

结果如图 12-4 所示。

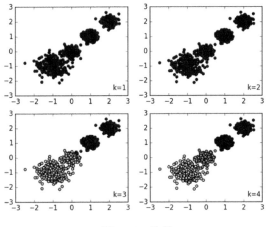

图 12-4　结果

在图 12-4 中，$K = 1$表示原样本数据集分布情况，$K = 2$、$K = 3$和$K = 4$分别表示不同K值时的聚类结果。可以看出，当K值选择得当时（此例中$K = 4$），K-Means的聚类效果还是比较理想的。

12.3 层次聚类

12.3.1 层次聚类的过程和原理

1. 层次聚类介绍

层次聚类（Hierarchical Clustering），顾名思义，就是一层一层地进行聚类。它是一类算法的总称，主要通过从下往上不断合并簇，或者从上往下不断分离簇形成嵌套的簇。我们把从下往上对小类进行聚合的方式叫作凝聚法，把从上往下将大类分割成小类的方式叫作分裂法。

2. AgglomerativeClustering 算法

AgglomerativeClustering 算法是一种典型的层次聚类算法，其原理很简单：开始时将所有数据点本身作为簇，然后找出距离最近的两个簇将它们合并为一个，不断重复以上步骤，直到达到预设的簇的个数，如图 12-5 所示。

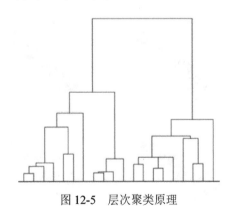

图 12-5　层次聚类原理

具体步骤如下。

第 1 步：将每个样本点当作一个类簇，原始类簇大小等于样本点的个数。

第 2 步：计算各簇间的距离，然后合并距离最近的两个簇。

第 3 步：重复第 2 步，直到达到某种条件或者达到设定的聚类数目。

从上面的过程可以看出，AgglomerativeClustering 算法的原理非常简单，关键之处就是计算簇间的距离后合并相近的簇。距离度量方式有三种：

- 最小距离：由两个簇的最近样本决定。
- 最大距离：由两个簇的最远样本决定。
- 平均距离：由两个簇的所有样本共同决定，即各类簇中心之间的距离。

以图 12-6 所示为例，假设现在所有样本已经被划分成了三类，而我们的目标是将所有样本聚为两类。这时候如果使用 AgglomerativeClustering 算法，就是需要将图 12-6 中的其中两个类别再合并一次。

- 如果按照最小距离，应该是上方的两类合并为一类。
- 但如果按照平均距离，那么应该是右侧的两类进行合并，因为右侧两类的簇中心距离比上方两类的簇中心距离要近。

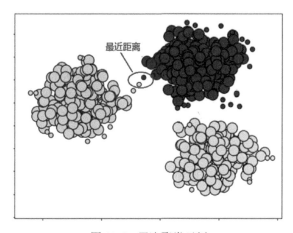

图 12-6　层次聚类示例

实际上，这些聚类方式各有利弊。综合来说，若采用最小距离或最大距离，则聚类结果可能受噪声点的影响较大，但计算量较小；若采用平均距离，则抗噪声能力较强，但计算量会增大。

12.3.2 小结

1. 优点

（1）能够展现数据层次结构，易于理解。

（2）可以先基于层次，然后再选择类的个数（可以先将样本点自下而上凝聚成一棵树，然后聚类的时候由上往下选择；比如需要聚成K类，那么选择子节点个数为K的那一层就可以）。

2. 缺点

计算量比较大（需要计算所有样本点相互之间的距离），不适合样本量大的情况。

12.3.3 层次聚类应用实例

AgglomerativeClustering 算法在 scikit-learn 通过 sklearn.cluster.AgglomerativeClustering 类进行了实现，下面介绍该类的主要参数和方法，并介绍一个实际的层次聚类例子。

1. scikit-learn 实现

```
sklearn.cluster.AgglomerativeClustering(n_clusters=2,
                                        affinity=' euclidean'
                                        compute_full_tree='auto',
                                        linkage='ward')
```

参数

- n_clusters：指定聚类簇的数量。
- affinity：选择用于计算距离的方式。可选项有：euclidean、l1、l2、mantattan、cosine 和 precomputed，如果 linkage=ward，则 affinity 必须为 euclidean。
- linkage：选择用于度量距离的方式，可选项如下。

  ward：采用最小距离 dmin（默认选择）。

  complete：采用最大距离 dmax。

  average：采用平均距离 davg。
- compute_full_tree：通常训练了 n_clusters 后，训练过程就会停止。但是如果 compute_full_tree=True，则会继续训练，从而生成一棵完整的树。

属性

- labels_：每个样本的簇标记。
- n_leaves_：分层树的叶子节点数量。
- children：每个非叶子节点包含的子节点数量。

方法

- fit(X)：在 X 上执行数据集，可以配合 labels_ 属性使用。
- fit_predict(X)：在 X 上执行数据集并返回样本 X 的簇标记。

2. 应用实例

（1）程序

```
import numpy as np
import matplotlib.pyplot as plt
import mpl_toolkits.mplot3d.axes3d as p3
from sklearn.cluster import AgglomerativeClustering
from sklearn.datasets.samples_generator import make_swiss_roll

# 生成样本点
n_samples = 1500
noise = 0.05
X, _ = make_swiss_roll(n_samples, noise)
X[:, 1] *= .5

# 训练
ward = AgglomerativeClustering(n_clusters=3, linkage='ward').fit(X)
label = ward.labels_
print("样本点数目: %i" % label.size)

# 可视化结果
fig = plt.figure()
ax = p3.Axes3D(fig)
ax.view_init(7, -80)
for l in np.unique(label):
    ax.scatter(X[label==l,0], X[label==l,1], X[label==l,2],
color=plt.cm.jet(np.float(l)/np.max(label+1)),s=20, edgecolor='k')
plt.show()
```

（2）结果

样本点数目：1500，如图 12-7 所示。

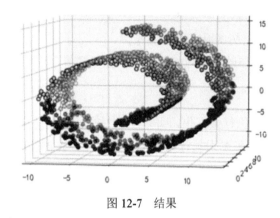

图 12-7　结果

12.4　密度聚类

12.4.1　密度聚类过程和原理

密度聚类算法假设聚类结构能够通过样本分布的紧密程度确定，其从样本密度的角度考察样本之间的可连接性，并且基于可连续样本不断扩展聚类簇，以获得最终的聚类结果。

基于密度的空间聚类噪声应用（DBSCAN）算法

DBSCAN 算法是一种著名的密度聚类算法，其基于一组"邻域"$(\epsilon, \text{MinPts})$参数来刻画样本分布的紧密程度。

这里涉及一些基本概念，说明如下。

- ϵ-邻域：对样本$\boldsymbol{x}_i$，其ϵ-邻域包含样本集中与$\boldsymbol{x}_i$的距离不小于ϵ的样本。
- 核心对象：若$\boldsymbol{x}_i$的ϵ-邻域至少包含MinPts个样本，则$\boldsymbol{x}_i$是一个核心对象。
- 密度直达：若$\boldsymbol{x}_i$是核心对象，且$\boldsymbol{x}_i$位于$\boldsymbol{x}_i$的ϵ-邻域中，则称$\boldsymbol{x}_i$由$\boldsymbol{x}_i$密度直达。
- 密度可达：若存在样本序列$p_1, p_2, \cdots, p_N$，且p_{i+1}可由p_i密度直达，而

$x_i = p_1$，$x_j = p_N$，则x_j可由x_i密度可达（密度直达的传递性）。

- 密度相连：所有密度可达样本序列的ϵ-邻域内的所有的样本相互为密度相连。

举个实际的例子，如图 12-8 所示。

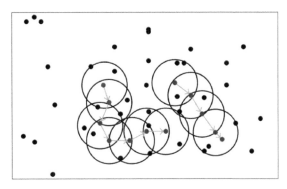

图 12-8　密度相连示例

当 MinPts=5 时，红色点（箭头连起来的点）都是核心对象（因为其ϵ-邻域至少有 5 个样本），黑色样本（其他点）是非核心对象。所有核心对象密度直达的样本在以红色核心对象为中心的超球体内。箭头连起来的核心对象组成了密度可达的样本序列。在这些密度可达的样本序列的ϵ-邻域内，所有的样本都是密度相连的。

算法过程如下。

第 1 步：通过距离度量确定各样本的ϵ-邻域，判断是否为核心对象，得到核心对象集合Ω。

第 2 步：如果核心对象集合$\Omega = \emptyset$，算法结束，否则转到第 3 步。

第 3 步：在集合Ω中，随机选择一个核心对象o作为种子，找到由它密度可达的所有样本构成一个聚类簇C_k。

第 4 步：从集合Ω中剔除聚类簇C_k中包含的核心对象作为新的核心对象集合Ω。

第 5 步：重复第 2 步、第 3 步和第 4 步，直到集合$\Omega = \emptyset$，得到最后的聚类簇$C_1, C_2, …, C_K$。

算法注意点：

（1）有些样本点不在任何一个核心对象的周围，在 DBSCAN 算法中，我们一般将这些样本点标记为噪声点。

（2）距离度量问题；一般采用某一种距离度量来衡量样本距离，如欧氏距离。若样本量较大，可采用 KD 树搜索。

（3）某些样本到两个非密度直达核心对象的距离都小于 ϵ，此时 DBSCAN 算法采用先来后到的方式，即先进行聚类的类别簇会标记这个样本为它的类别（所以 BDSCAN 算法不是完全稳定的算法）。

12.4.2 小结

1. 优点

（1）不需要指定簇的个数。

（2）聚类结果没有偏倚（K-Means 的初始值聚类中心对聚类结果有很大影响）。

（3）可以在聚类的同时发现异常点，对数据集中的异常点不敏感。

（4）可以对任意形状的稠密数据集进行聚类（K-Means 聚类一般只适用于凸数据集）。

（5）速度较快，可适用于较大的数据集。

2. 缺点

（1）如果样本集的密度不均匀，簇间距差相差很大时，聚类质量较差。

（2）调参相比 K-Means 之类的聚类算法稍复杂（需要对距离阈值 ϵ 与邻域样本数阈值MinPts联合调参）。

（3）当样本集较大时，内存消耗较大（距离矩阵的存储比较耗内存），聚类收敛时间较长，这时可以通过对搜索最近邻时建立的 KD 树来改进。

12.4.3 密度聚类应用实例

DBSCAN 算法在 scikit-learn 库中通过 sklearn.cluster. DBSCAN 类进行了实现，下面介绍该类的主要参数和方法，并介绍一个实际的密度聚类例子。

1. scikit-learn 实现

```
sklearn.cluster.DBSCAN(eps=0.5,
                       min_samples=5,
                       metric='euclidean',
                       algorithm='auto',
                       leaf_size=30)
```

参数

- eps：ϵ-邻域。
- min_samples：一个点被判定为核心对象时，其ϵ-邻域中至少包含的样本个数。
- metric：选择距离度量方式，可选项如下。
    manhattan：曼哈顿距离。
    euclidean：欧氏距离（默认选择）。
    chebyshev：切比雪夫距离。
    minkowski：闵可夫斯基距离。
    wminkowski：带权重闵可夫斯基距离。
- algorithm：选择最近邻点的搜索算法，可选项如下。
    auto：自动选择。
    kd_tree：基于 KD 搜索树。
    ball_tree：基于球搜索树。
    brute：暴力计算法。
- leaf_size：当选择 KD 树或者球搜索树时，用来限定停止建子树的叶子节点数，该参数可影响计算的速度。

属性

- Labels_：每个样本的簇标记。

方法

- fit(X)：在 X 上执行数据集，可以配合 labels_ 属性使用。
- fit_predict(X)：在 X 上执行数据集并返回样本 X 的簇标记。

2. 应用实例

程序 1：生成原始数据

```
import numpy as np
from sklearn.datasets.samples_generator import make_blobs
from sklearn import datasets
import matplotlib.pyplot as plt

# 生成两个混合数据集
centers = [[1.4, 1], [-1.4, -1], [1.2, -1]]
X1, y1 = make_blobs(n_samples=600, centers=centers, cluster_std=0.1,
    random_state=0)
X2, y2 = datasets.make_circles(n_samples=6000, factor=.6, noise=.05)
X = np.concatenate((X1, X2))

plt.title('原始数据')
plt.scatter(X[:, 0], X[:, 1], marker='o')
plt.show()
```

结果如图 12-9 所示。

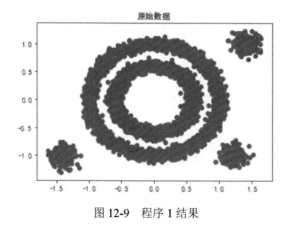

图 12-9　程序 1 结果

程序 2：对上面的数据运用密度聚类

```
from sklearn.cluster import DBSCAN

eps_list = [0.5, 0.2, 0.08, 0.05]      # eps 分别取不同的值，其他参数值一样
for eps in eps_list:
    y_pred = DBSCAN(eps=eps).fit_predict(X)
    plt.title('DBSCAN 聚类: eps=%s'%eps)
    plt.scatter(X[:, 0], X[:, 1], c=y_pred)
    plt.show()
```

结果如图 12-10 所示。

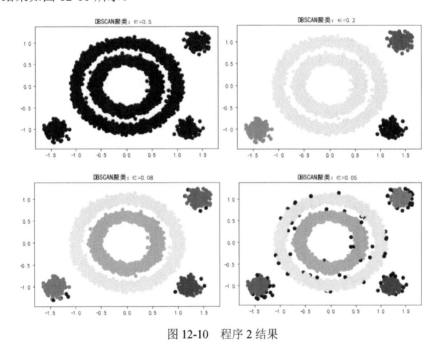

图 12-10　程序 2 结果

从上面的结果可以看出，对于同一个数据集，ϵ-邻域取不同值时，聚类的效果相差可能非常大。当 ϵ = 0.5时，DBSCAN 算法将整体聚成了一个类，也就是没有类别间的区分；而当 ϵ = 0.08时，DBSCAN 基本可以顺利地将类别分开；但当 ϵ 的值进一步减小时，周围的非密度可达点就变多了。

从这个例子我们可以看出两个问题：

（1）DBSCAN 中的 ϵ 参数对聚类结果的影响非常大，调参时需要谨慎。

（2）不同的数据集类型，适用的聚类方法可能不同，因而选择聚类算法时要根

据实际情况灵活处理，不要迷信某一个模型。

12.5 谱聚类

12.5.1 谱聚类的过程和原理

1. 谱聚类介绍

谱聚类（Spectral Clustering）是从图论中演化出来的算法，也是一种广泛使用的聚类算法。与传统的 K-Means 算法或层次聚类算法等相比，谱聚类对数据分布的适应性更强，聚类效果比较优秀，同时聚类的计算量也小很多。

谱聚类的主要思想：把所有的样本数据看作空间中的点，点之间用边连接起来形成图。图里面边的权重与点之间的距离有关，距离较远的两点之间的边权重值较低，而距离较近的两点之间的边权重值较高。对所有数据点组成的图进行切图，让切图后不同子图间边的权重和的值尽可能小，而子图内边的权重和的值尽可能下，从而达到聚类的目的，如图 12-11 所示。

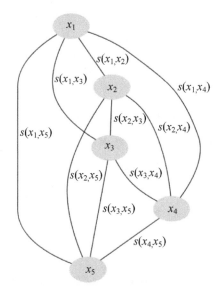

图 12-11　谱聚类

2. 谱聚类原理

在介绍了谱聚类的主要思想后，下面讲解谱聚类的详细原理。

（1）邻接矩阵&度矩阵

了解图论的读者应该知道，对于一个图 G，一般用点的集合 V 和边的集合 E 来描述，记为 G(V,E)。其中，V 包括我们数据集里面所有的点 $\{v_1, v_2, ..., v_N\}$；对于 V 中的任意两个点，可以有边连接，也可以没有边连接。

定义点 v_i 和点 v_j 之间的边权重为 w_{ij}。其中，对于有边连接的两个点 v_i 和 v_j，$w_{ij} > 0$；对于没有边连接的两个点 v_i 和 v_j，$w_{ij} = 0$，无向图即满足 $w_{ij} = w_{ji}$。利用所有点之间的权重值，可得到图的邻接矩阵 W，第 i 行的第 j 个值对应我们的权重 w_{ij}，即

$$W = \begin{bmatrix} w_{11} & w_{12} & ... & w_{1N} \\ w_{21} & w_{22} & ... & w_{2N} \\ \vdots & \vdots & \ddots & \vdots \\ w_{N1} & w_{N2} & ... & w_{NN} \end{bmatrix}$$

对于图中的任意一个点 v_i，它的度 d_i 定义为和它相连的所有边的权重之和，即

$$d_i = \sum_{j=1}^{N} w_{ij}$$

利用每个点的度的定义，可得到一个 $N \times N$ 的度矩阵 D；其为一个对角矩阵，主对角线值 d_i 对应第 i 行的第 i 个点 v_i 的度数，定义如下：

$$D = \begin{bmatrix} d_1 & 0 & ... & 0 \\ 0 & d_2 & ... & 0 \\ \vdots & \vdots & \ddots & \vdots \\ 0 & 0 & ... & d_N \end{bmatrix}$$

（2）邻接矩阵的获取

邻接矩阵 W 的获取方法有三种，即 ϵ-邻近法、K 邻近法、全连接法。

ϵ-邻近法

第一种方法是 ϵ-邻近法。首先设置一个距离阈值 ϵ，然后用两点间的欧氏距离 s_{ij} 和

该阈值的关系来定义任意两点x_i和x_j的边权重，具体为

$$w_{ij} = w_{ji} = \begin{cases} 0 & , \ s_{ij} > \epsilon \\ \epsilon & , \ s_{ij} \leqslant \epsilon \end{cases}$$

这里欧氏距离为$s_{ij} = ||x_i - x_j||_2^2$。

由上式可知，两点间的权重要么为ϵ，要么为 0。很明显，采用这种方法来度量距离的远近其实是很不精确的，因此在实际应用中，较少使用ϵ-邻近法。

K 近邻法

第二种方法是 K 近邻法。首先利用 KNN 算法遍历所有的样本点，找出每个样本x_i最近的K个点作为近邻，然后根据两个点相互之间是否为最近邻来定义这两个点（x_i和x_j）之间的边权重w_{ij}。具体来说，一般采取以下两种方法之一：

$$w_{ij} = w_{ji} = \begin{cases} \exp\left(-\dfrac{||x_i - x_j||_2^2}{2\sigma^2}\right) & , \quad x_i \in \text{KNN}(x_j) \ \text{或} \ x_j \in \text{KNN}(x_i) \\ 0 & , \quad\quad\quad\quad\quad\quad\quad\quad\quad\quad \text{其他} \end{cases}$$

$$w_{ij} = w_{ji} = \begin{cases} \exp\left(-\dfrac{||x_i - x_j||_2^2}{2\sigma^2}\right) & , \quad x_i \in \text{KNN}(x_j) \ \text{和} \ x_j \in \text{KNN}(x_i) \\ 0 & , \quad\quad\quad\quad\quad\quad\quad\quad\quad\quad \text{其他} \end{cases}$$

全连接法

第三种方法是全连接法，这三种方法会使所有的点之间的权重值都大于 0，即选择不同的核函数来定义边权重，常用的有多项式核函数、高斯核函数和 Sigmoid 核函数。最常用的是高斯核函数，此时的邻接矩阵定义为

$$w_{ij} = w_{ji} = \exp\left(-\frac{||x_i - x_j||_2^2}{2\sigma^2}\right)$$

（3）拉普拉斯矩阵

拉普拉斯矩阵$\boldsymbol{L}$定义为度矩阵$\boldsymbol{D}$与邻接矩阵$\boldsymbol{W}$的差，即

$$\boldsymbol{L} = \boldsymbol{D} - \boldsymbol{W}$$

拉普拉斯矩阵有一些很好的性质：

- 由 **D** 和 **W** 都是对称矩阵可知，拉普拉斯矩阵是对称矩阵。
- 由于拉普拉斯矩阵是对称矩阵，因此它的所有特征值都是实数。
- 对于任意向量 **f**，有：

$$f^T L f = \frac{1}{2} \sum_{i,j=1}^{N} w_{ij}(f_i - f_j)^2$$

推导过程：

$$f^T L f = f^T D f - f^T W f$$
$$= \sum_{i=1}^{N} d_i f_i^2 - \sum_{i,j=1}^{N} w_{ij} f_i f_j$$
$$= \frac{1}{2} \left(\sum_{i=1}^{N} d_i f_i^2 - 2 \sum_{i,j=1}^{N} w_{ij} f_i f_j + \sum_{j=1}^{N} d_j f_j^2 \right) = \frac{1}{2} \sum_{i,j=1}^{N} w_{ij}(f_i - f_j)^2$$

- 拉普拉斯矩阵是半正定的，且对应的 N 个实数特征值都大于等于 0，且最小的特征值为 0（由性质 3 得出），即 $\lambda_N \geqslant ... \geqslant \lambda_2 \geqslant \lambda_1 = 0$。

（4）谱聚类切图

谱聚类切图有两种主流方式：RatioCut 和 Ncut，其目的是找到一条权重最小，又能平衡切出子图大小的边，如图 12-12 所示。

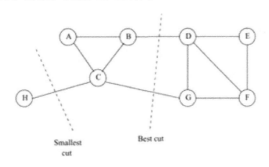

图 12-12　谱聚类切图

假设 V 为所有样本点的集合，$\{A_1, A_2, ..., A_M\}$ 表示 V 的所有非相交子集集合，即 $A_1 \cup A_2 \cup ... \cup A_M = V$ 且 $A_i \cup A_j = \emptyset$，则子集与子集之间连边的权重和为

$$\text{cut}(A_1, A_2, \dots, A_M) = \frac{1}{2}\sum_{i=1}^{M} W(A_i, \overline{A_i})$$

其中，$\overline{A_i}$为A_i的补集，$W(A_i, \overline{A_i})$为A_i与其他子集的连边和，即

$$W(A_i, \overline{A_i}) = \sum_{m \in A_i, n \in \overline{A_i}} w_{m,n}$$

其中，$w_{m,n}$为邻接矩阵$\boldsymbol{W}$中的元素。

切图的目的是使得每个子图内部结构相似，这个相似表现为，子图内连边的权重都互相连接且平均值都较大，而子图间则尽量没有边相连，或者连边的权重很低。可以表述为

$$\min \quad \text{cut}(A_1, A_2, \dots, A_M)$$

使用这种方法切图时，会使V被切成很多个单点离散的图，如图 12-13 所示。

图 12-13　散点

这样虽然最快且最能满足最小化要求，但明显并不是我们想要的结果，所以有了 RatioCut 切图和 Ncut 切图，具体为：

$$\text{Ratiocut}(A_1, A_2, \dots, A_M) = \frac{1}{2}\sum_{i=1}^{M} \frac{W(A_i, \overline{A_i})}{|A_i|}$$

$$\text{Ncut}(A_1, A_2, \dots, A_M) = \frac{1}{2}\sum_{i=1}^{M} \frac{W(A_i, \overline{A_i})}{\text{vol}(A_i)}$$

其中$|A_i|$为A_i中点的个数，$\text{vol}(A_i)$为A_i中所有边的权重和。RatioCut 切图考虑了目标子图的大小，避免了单个样本点作为一个簇的情况发生，平衡了各个子图的大小。

RatioCut 切图

引入指示向量$\boldsymbol{h}_j = (h_{j1}, h_{j2}, \dots, h_{jN}), j = 1, 2, \dots, M$，它是一个$N$维向量（$N$为样本

数目），h_{ji}定义如下：

$$h_{ji} = \begin{cases} 0 & , \quad v_i \notin A_j \\ \dfrac{1}{\sqrt{|A_j|}} & , \quad v_i \in A_j \end{cases}$$

即每个子集A_j对应一个指示向量$\boldsymbol{h}_j$，而每个$\boldsymbol{h}_j$里有N个元素，分别代表N个样本点的指示结果。如果在原始数据中第i个样本被分割到子集A_j里，则$\boldsymbol{h}_j$的第i个元素为$\dfrac{1}{\sqrt{|A_j|}}$，否则为 0。

可以推导出：

$$\begin{aligned}
\boldsymbol{h}_i^{\mathrm{T}} \boldsymbol{L} \boldsymbol{h}_i &= \boldsymbol{h}_i^{\mathrm{T}}(\boldsymbol{D} - \boldsymbol{W})\boldsymbol{h}_i = \boldsymbol{h}_i^{\mathrm{T}} \boldsymbol{D} \boldsymbol{h}_i - \boldsymbol{h}_i^{\mathrm{T}} \boldsymbol{W} \boldsymbol{h}_i \\
&= \sum_{m=1}\sum_{n=1} h_{im} h_{in} d_{mn} - \sum_{m=1}\sum_{n=1} h_{im} h_{in} w_{mn} \\
&= \sum_{m=1} h_{im}^2 d_{mn} - \sum_{m=1}\sum_{n=1} h_{im} h_{in} w_{mn} \\
&= \frac{1}{2}\left(\sum_{m=1} h_{im}^2 d_{mm} - 2\sum_{m=1}\sum_{n=1} h_{im} h_{in} w_{mn} + \sum_{n=1} h_{in}^2 d_{nn} \right) \\
&= \frac{1}{2}\left(\sum_{m=1}\sum_{n=1} h_{im}^2 w_{mn} - 2\sum_{m=1}\sum_{n=1} h_{im} h_{in} w_{mn} + \sum_{n=1}\sum_{m=1} h_{in}^2 w_{nm} \right) \\
&= \frac{1}{2}\sum_{m=1}\sum_{n=1} w_{mn}(h_{im} - h_{in})^2 \\
&= \frac{1}{2}\left(\sum_{m\in A_i, n\notin A_i} w_{mn}\left(\frac{1}{\sqrt{|A_i|}} - 0 \right)^2 + \sum_{m\notin A_i, n\in A_i} w_{mn}\left(0 - \frac{1}{\sqrt{|A_i|}} \right)^2 \right) \\
&= \frac{1}{2}\left(\sum_{m\in A_i, n\notin A_i} w_{mn}\frac{1}{|A_i|} + \sum_{m\notin A_i, n\in A_i} w_{mn}\frac{1}{|A_i|} \right) \\
&= \frac{1}{2}\left(\frac{\mathrm{cut}(A_i, \overline{A_i})}{|A_i|} + \frac{\mathrm{cut}(\overline{A_i}, A_i)}{|A_i|} \right) \\
&= \frac{\mathrm{cut}(\overline{A_i}, A_i)}{|A_i|} = \mathrm{Ratiocut}(A_i, \overline{A_i})
\end{aligned}$$

即对于某一个子图i，它的 RatioCut 对应于$\boldsymbol{h}_i^{\mathrm{T}} \boldsymbol{L} \boldsymbol{h}_i$。

那么M个子图对应的 RatioCut 函数表达式为

$$\text{RatioCut}(A_1, A_2, ..., A_M) = \sum_{i=1}^{M} h_i^{\mathrm{T}} L h_i = \sum_{i=1}^{M} (H^{\mathrm{T}} L H)_{ii} = tr(H^{\mathrm{T}} L H)$$

其中，$tr(H^{\mathrm{T}} L H)$ 为矩阵的迹。

所以，RatioCut 切图实际上就是最小化 $tr(H^{\mathrm{T}} L H)$。

矩阵 H 中每一个指示向量都是 N 维的，向量中每个变量的取值为 0 或 $\frac{1}{\sqrt{|A_j|}}$，有 2^N 种取值。果有 M 个子图，就有 M 个指示向量；因此共有 $M \times 2^N$ 种 H，这是一个 NP 难题。

注意，$tr(H^{\mathrm{T}} L H)$ 中每一个优化子目标为 $h_i^{\mathrm{T}} L h_i$，其中，L 为对称矩阵，h_i 为单位正交基，因此 $h_i^{\mathrm{T}} L h_i$ 的最大值为 L 的最大特征值，最小值为 L 的最小特征值。所以，这里找最佳二分切图等价于找到目标的最小特征值，并得到对应的特征向量，即这里使用降维的思想去近似解决该 NP 难题。

通过找到 L 的 K 个最小特征值得到对应的 K 个特征向量，这 K 个特征向量组成一个 $N \times K$ 维度的特征矩阵，记为 F。由于我们在使用降维的时候损失了少量信息，导致得到的优化后的指示向量 h 对应的 H 不能完全指示各样本的归属，因此一般在得到 $N \times K$ 维度的矩阵 H 后还需对每一行进行一次传统的聚类，比如使用 K-Means 聚类。

Ncut 切图

Ncut 切图和 RatioCut 切图类似，但是把 RatioCut 的分母 $|A_i|$ 换成了 $\text{vol}(A_i)$，即把 A_i 中点的个数，换成了 A_i 中所有边的权重和。

由于子图样本的个数多并不一定权重就大，从而切图时基于权重也更符合我们的目标，一般来说，Ncut 切图要优于 RatioCut 切图。具体推导过程这里不再详述。

3. 谱聚类过程

输入：样本集 $D = \{x_1, x_2, ..., x_N\}$，相似矩阵的生成方式（$\epsilon$-邻近法、K 近邻法、全连接法），降维后的维度 K_1，聚类方法（如 K-Means），聚类后的维度 K_2。

输出：簇划分 $C = \{C_1, C_2, ..., C_K\}$。

步骤如下。

第 1 步：根据输入的相似矩阵的生成方式构建样本的邻接矩阵$\boldsymbol{W}$。

第 2 步：由邻接矩阵$\boldsymbol{W}$，按照关系式$d_i = \sum_{j=1}^{N} w_{ij}$构建度矩阵$\boldsymbol{D}$。

第 3 步：计算出拉普拉斯矩阵$\boldsymbol{L} = \boldsymbol{D} - \boldsymbol{W}$。

第 4 步：构建标准化后的拉普拉斯矩阵$\boldsymbol{D}^{-\frac{1}{2}} \boldsymbol{L} \boldsymbol{D}^{-\frac{1}{2}}$。

第 5 步：计算$\boldsymbol{D}^{-\frac{1}{2}} \boldsymbol{L} \boldsymbol{D}^{-\frac{1}{2}}$最小的$K_1$个特征值所各自对应的特征向量$\boldsymbol{f}$。

第 6 步：将各自对应的特征向量$\boldsymbol{f}$组成的矩阵按行标准化，最终组成$N \times K_1$维的特征矩阵$\boldsymbol{F}$。

第 7 步：将$\boldsymbol{F}$中的每一行作为一个K_1维的样本，共N个样本，用输入的聚类方法进行聚类，聚类维数为K_2。

第 8 步：得到簇划分$C = \{C_1, C_2, \ldots, C_{K_2}\}$。

注：最常用的相似矩阵的生成方式是基于高斯核距离的全连接方式，最常用的切图方式是 Ncut，最常用的聚类方法为 K-Means。

12.5.2　小结

1. 优点

（1）谱聚类对数据结构并没有太多的假设要求（K-Means 要求数据为凸集，后面要讲的 GMM 假设数据集服从高斯分布）。

（2）谱聚类通过构造稀疏相似图，在大数据集上的计算速度明显优于其他算法。

（3）谱聚类对处理稀疏数据的聚类很有效。

（4）由于使用了降维，因此在处理高维数据聚类时的复杂度比传统聚类算法要好。

2. 缺点

（1）如果最终聚类的维度非常高，并且降维的幅度不够，则会大大降低谱聚类的运行速度，最后的聚类效果也不好。

（2）聚类效果依赖于相似矩阵，不同的相似矩阵得到的聚类效果可能有很大不同。

12.5.3 谱聚类应用实例

在 scikit-learn 中通过 sklearn.cluster. spectral_clustering 类实现了基于 Ncut 的谱聚类，下面介绍该类的主要参数和方法，并介绍一个实际的谱聚类例子。

1. scikit-learn 实现

```
sklearn.cluster.spectral_clustering(n_clusters=8,
                                    affinity,
                                    assign_labels='kmeans')
```

参数

- n_clusters：指定聚类簇的数目，默认是 8；在 scikit-learn 中，降维后的维度K_1，聚类后的维度K_2被统一于这个参数，简化了调参过程。
- affinity：选择邻接矩阵的获取方式，可选项如下。

    nearest_neighbors：最近邻法。

    全连接法：可以使用各种核函数来定义邻接矩阵，最常用的是内置高斯核函数 rbf。

    precomputed：自定义邻接矩阵的方式。
- assign_labels：选择聚类的方式，可选项如下。

    kmeans：K-Means 聚类，为默认选择。

    discretize：K-Means 聚类虽然是比较受欢迎的选择，但其对初始聚类中心的选择比较敏感，所以提供另外一种 discretize 方式供选择，读者可自行查阅相关资料了解。

属性

- labels：簇的类别标签。

2. 应用实例

程序

```
import time
import numpy as np
import scipy as sp
import matplotlib.pyplot as plt
from sklearn.feature_extraction import image
from sklearn.cluster import spectral_clustering

# 加载数据集
from scipy.misc import face
face = face(gray=True)
face = sp.misc.imresize(face, 0.10)/255.
# 缩小为原来的10%，以加速训练过程

# 将图片转换成图
graph = image.img_to_graph(face)

beta = 5
eps = 1e-6
graph.data = np.exp(-beta * graph.data / graph.data.std()) + eps

# 应用谱聚类并进行可视化
for assign_labels in ('kmeans', 'discretize'):
t0 = time.time()
    labels = spectral_clustering(graph, n_clusters=25,
        assign_labels=assign_labels, random_state=1)
    t1 = time.time()
    labels = labels.reshape(face.shape)

    plt.figure(figsize=(5, 5))
    plt.imshow(face, cmap=plt.cm.gray)
    for l in range(N_REGIONS):
        plt.contour(labels == l, contours=1,
            colors=[plt.cm.nipy_spectral(l/float(N_REGIONS))])
    plt.xticks(())
    plt.yticks(())
    title = '谱聚类: %s, %.2fs' % (assign_labels, (t1 - t0))
    plt.title(title)
plt.show()
```

结果如图 12-14 所示。

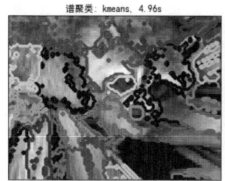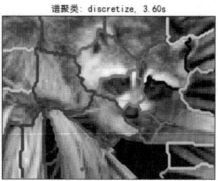

图 12-14　结果

12.6　高斯混合聚类

12.6.1　高斯混合聚类过程和原理

1. 高斯混合模型介绍

高斯混合模型（Gaussian Mixture Model，GMM）简单来说，就是 K 个服从高斯分布的成分混合而成的一种概率模型，如图 12-15 所示。

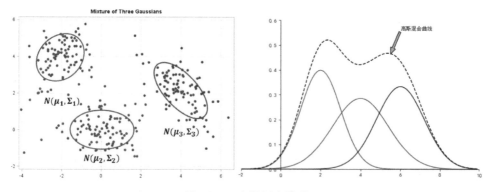

图 12-15　高斯混合模型

GMM 的基本思想是：任意形态都来可以用多个高斯函数来加权求和得到，只不过这些高斯函数有不同的维度和不同的中心，用数学表达式写出来如下：

$$\text{Pr}(\boldsymbol{x}) = \sum_{k=1}^{K} \pi_k N(\boldsymbol{x}; \boldsymbol{\mu}_k, \boldsymbol{\Sigma}_k)$$

其中，π_k是权重因子；$N(\boldsymbol{x}; \boldsymbol{\mu}_k, \boldsymbol{\Sigma}_k), k = 1, 2, \ldots, K$，表示任意一个单高斯分布，叫作该模型的一个 component（成分）。K需要先确定好，只要K足够大，该模型就可用来逼近任意连续的概率密度分布，即 GMM 可以模仿出特征空间中的任意一个样本点。

将 GMM 用于聚类时，相当于假设数据服从混合的高斯分布；我们先根据数据推出 GMM 的概率分布，然后 GMM 的K个 component 就对应所要聚类的K个簇。

2. 高斯混合模型原理

（1）单高斯分布

概率论中学过，如果随机变量X服从均值为μ、方差为σ^2的高斯分布，即$X \sim N(\mu, \sigma^2)$，则X的概率密度函数为

$$p(\boldsymbol{x}; \mu, \sigma^2) = \frac{1}{\sqrt{2\pi}\sigma} \exp\left[-\frac{(\boldsymbol{x} - \boldsymbol{\mu})^2}{2\sigma^2}\right]$$

假设随机变量$\boldsymbol{x}$是一个M维向量，则上式变为：

$$p(\boldsymbol{x}; \boldsymbol{\mu}, \boldsymbol{\Sigma}) = \frac{1}{\sqrt{(2\pi)^n |\boldsymbol{\Sigma}|}} \exp\left[-\frac{1}{2}(\boldsymbol{x} - \boldsymbol{\mu})^{\text{T}} \boldsymbol{\Sigma}^{-1} (\boldsymbol{x} - \boldsymbol{\mu})\right]$$

其中，$\boldsymbol{\mu}$是模型的期望，为一个向量；$\boldsymbol{\Sigma}$是模型的协方差矩阵。

（2）混合高斯分布

混合高斯分布就是多个单高斯分布（$k = 1, 2, 3, \ldots$）按照一定比例（比例因子π_k）加权得到的分布，表达式为

$$Pr(\boldsymbol{x}) = \sum_{k=1}^{K} \pi_k N(\boldsymbol{x}; \boldsymbol{\mu}_k, \boldsymbol{\Sigma}_k)$$

这里我们以$K = 2$为例，即假设高斯混合模型由两个单高斯模型混合而成，则有：

$$\Pr(\boldsymbol{x}) = \pi_1 N(\boldsymbol{x}; \boldsymbol{\mu}_1, \boldsymbol{\Sigma}_1) + \pi_2 N(\boldsymbol{x}; \boldsymbol{\mu}_2, \boldsymbol{\Sigma}_2)$$

现在所有样本点均服从概率分布为$\Pr(\boldsymbol{x})$的混合分布。那么反过来，利用一批服从该分布的给定样本点，理论上我们可以估计出该混合分布中的π_1、$\boldsymbol{\mu}_1$、$\boldsymbol{\Sigma}_1$和π_2、$\boldsymbol{\mu}_2$、$\boldsymbol{\Sigma}_2$这 6 个未知参数。而一旦这 6 个未知参数被估计出来后，对于这批样本点，我们就可以很清楚地知道各个样本属于$N(\boldsymbol{x}; \boldsymbol{\mu}_1, \boldsymbol{\Sigma}_1)$和$N(\boldsymbol{x}; \boldsymbol{\mu}_2, \boldsymbol{\Sigma}_2)$的概率各为多少；然后将样本点划分到概率最大的那一个单高斯分布中去，最终即可实现聚类的目的。

但问题是，我们如何从一批给定的数据中去估计出这些未知参数π_k、$\boldsymbol{\mu}_k$、$\boldsymbol{\Sigma}_k$ $(k = 1,2,\dots,K)$呢？这就需要用到 EM 算法。

12.6.2　EM 算法

EM 算法是一种用来求解含有隐变量优化问题的方法，推导过程中主要会用到数学期望的性质、Jessen 不等式和似然函数。

1.　期望的性质

若随机变量X的概率分布为p_k ，$k = 1,2,\cdots$，则X的数学期望定义为

$$E(X) = \sum_{k=1}^{\infty} x_k \cdot p_k$$

若随机变量Y与随机变量X之间存在映射关系$Y = f(X)$，则随机变量Y的数学期望为

$$E(Y) = E[f(X)] = \sum_{k=1}^{\infty} f(x_k) \cdot p_k$$

2.　Jessen 不等式

如果$f(x)$是凸函数，X为随机变量，那么存在：

$$E[f(X)] \geqslant f(E(X))$$

如果$f(x)$是严格的凸函数，那么当且仅当X为常数C时，上式成立。

注意：如果是严格凹函数，则$E[f(X)] \leqslant f(E(X))$。

---

3. 似然函数

最大似然也称为最大概似估计，即在"模型已定，但模型中的参数θ未知"的情况下，通过观测数据集估计未知参数θ的一种思想或方法。其基本思想是：给定样本取值后，该样本最有可能来自参数为何值的总体。

若随机变量X的概率分布为$p(x_i, \theta), k = 1, 2, \ldots, M$，则$X$的似然估计函数为

$$L(\theta) = \prod_{i=1}^{M} p(x_i; \theta)$$

对应的对数似然函数为

$$\ln L(\theta) = \sum_{i=1}^{M} \log p(x_i; \theta)$$

4. EM 算法原理

EM 算法的全称是 Expectation-Maximization Algorithm。其基本思想是：先随机选取一个值θ^0去初始化待估计的参数θ，然后不断地迭代寻找更优的$\theta^{n+1}, n = 0, 1, 2, \cdots$，使得其对应的似然函数$L(\theta^{n+1})$比原来的$L(\theta^n)$要大。其关键之处在于找到$L(\theta)$的一个下界（假设为$q(\theta)$），然后通过不断最大化这个下界来近似得到$L(\theta)$的最大值。

（1）建立含有未知参数θ的分布$p(x_i, \theta)$的对数似然函数

$$\begin{aligned} L(\theta) &= \sum_{i=1}^{M} \log p(x_i; \theta) \\ &= \sum_{i=1}^{M} \log \sum_{z_i} p(x_i, z_i; \theta) \\ &= \sum_{i=1}^{M} \left\{ \log \sum_{z_i} \left[\frac{p(x_i, z_i; \theta)}{q(z_i)} \cdot q(z_i) \right] \right\} \end{aligned}$$

说明：从第一步到第二步运用了概率的性质，即将$p(x_i, \theta)$展开成关于z_i的完全分布；从第二步到第三步相当于引入一个新的随机变量Z，其对应的概率分布为$q(z_i)$，这个分布目前还是未知的，后面可以推导出其就是随机变量X的后验概率$p(z_i | x_i; \theta)$。

（2）"E步"和"M步"。

令：

$$g(z) = \frac{p(x_i, z_i; \theta)}{q(z_i)}$$

则$g(z)$就是一个关于随机变量Z的复合分布，而前面说过，随机变量Z的概率分布为$q(z_i)$，所以根据复合分布期望的性质，$g(z)$的期望为

$$\begin{aligned} E[g(z)] &= \sum_{z_i} [g(z_i) q(z_i)] \\ &= \sum_{z_i} \left[\frac{p(x_i, z_i; \theta)}{q(z_i)} q(z_i) \right] \end{aligned}$$

又因log函数为严格的凹函数，所以由 Jessen 不等式有$\log E[g(z)] \geqslant E[\log g(z)]$（当且仅当$g(z) = C$时等号成立）。

再把$\log g(z)$看成是关于随机变量Z的另外一个复合分布，利用复合分布期望的性质有：

$$E[\log g(z)] = \sum_{z_i} [\log g(z_i)] \, q(z_i) = \sum_{z_i} \left[\log \frac{p(x_i, z_i; \theta)}{q(z_i)} \right] q(z_i)$$

将其代入$\log E[g(z)] \geqslant E[\log g(z)]$，得：

$$\log \sum_{z_i} \left[\frac{p(x_i, z_i; \theta)}{q(z_i)} q(z_i) \right] \geqslant \sum_{z_i} \left[q(z_i) \log \frac{p(x_i, z_i; \theta)}{q(z_i)} \right]$$

进一步推出：

$$\sum_{i=1}^{M} \left\{ \log \sum_{z_i} \left[\frac{p(x_i, z_i; \theta)}{q(z_i)} \cdot q(z_i) \right] \right\} \geqslant \sum_{i=1}^{M} \sum_{z_i} \left[q(z_i) \cdot \log \frac{p(x_i, z_i; \theta)}{q(z_i)} \right]$$

即

$$L(\theta) \geqslant \sum_{i=1}^{M} \sum_{z_i} \left[q(z_i) \cdot \log \frac{p(x_i, z_i; \theta)}{q(z_i)} \right]$$

前面说了，当且仅当 $g(z) = C$ 时上式中的等号成立，即：

$$\frac{p(x_i, z_i, \theta)}{q(z_i)} = C$$

推出：

$$p(x_i, z_i, \theta) = C \cdot q(z_i)$$

即

$$q(z_i) \propto p(x_i, z_i; \theta)$$

又 $q(z_i)$ 是随机变量 Z 的概率分布，因此必须满足：

$$\sum_{z_i} q(z_i) = 1$$

所以综合上述两式可以推断出 $q(z_i)$ 的关系式为

$$q(z_i) = \frac{p(x_i, z_i; \theta)}{\sum_{z_i} p(x_i, z_i; \theta)}$$

又：

$$\begin{aligned}
\frac{p(x_i, z_i; \theta)}{\sum_{z_i} p(x_i, z_i; \theta)} \\
= \frac{p(x_i, z_i; \theta)}{p(x_i; \theta)} \\
= p(z_i | x_i; \theta)
\end{aligned}$$

说明：上式第一步到第二步运用的是将 $p(x_i, \theta)$ 展开成关于 z_i 的完全分布的逆过程；第二步到第三步运用的是贝叶斯定理。

所以最终有：

$$q(z_i) = p(z_i|x_i; \theta)$$

即前面我们假设的关于随机变量Z的未知概率分布$q(z_i)$原来就是随机变量Z关于随机变量X的后验概率，知道这个后我们就知道实际操作中$q(z_i)$该如何选择了。

（3）总结一下前面的过程

对数似然函数$L(\theta)$表示的是对复合分布$g(z)$求期望后取对数再求和，我们利用期望的性质和 Jessen 不等式将其等价转换成≥先对$g(z)$取对数再求期望再求和，所以这一步就称为"E 步"。

经过"E 步"后我们就可以确定出$L(\theta)$的下界，然后，下一步只要不断最大化这个下界（可以使用任意最优化算法）就可以使$L(\theta)$逐渐变到最优，因此下一步称为"M步"。

（4）EM 算法的整体步骤

第 1 步：随机选取初始化值$\theta^{(0)}$。

第 2 步：不断迭代以下两步。

E 步：对于每一个i，计算隐变量的后验概率$q(z_i) = p(z_i|x_i; \theta)$。

M 步：使用任意一种优化算法（如梯度下降法）计算下式：

$$\theta = \arg\max \sum_{i=1}^{M} \sum_{z_i} \left[q(z_i) \log \frac{p(x_i, z_i; \theta)}{q(z_i)} \right]$$

5. 高斯混合聚类参数的 EM 算法学习过程

利用 EM 算法估计高斯混合聚类参数的步骤如下。

第 1 步：猜测有几个类别，即有几个高斯分布，假设为K。

第 2 步：针对每一个高斯分布，随机给其均值和方差进行赋值。

第 3 步：针对每一个样本，计算其在各个高斯分布下的概率。

$$p(\boldsymbol{x}_i, k) = \frac{\pi_k N(\boldsymbol{x}_i; \boldsymbol{\mu}_k, \boldsymbol{\Sigma}_k)}{\sum_{j=1}^{K} \pi_k N(\boldsymbol{x}_i; \boldsymbol{\mu}_k, \boldsymbol{\Sigma}_k)} \quad , \ k = 1, 2, \dots, K$$

第 4 步：针对每一个高斯分布，每一个样本对该高斯分布的贡献可由其下的概率$p(\boldsymbol{x}_i, k)$表示，概率越大，表示贡献越大，反之亦然。以样本对该高斯分布的贡献作为权重来计算加权的均值和方差，用其代替原本的均值和方差。

第 5 步：重复第 3 步和第 4 步，直到每一个高斯分布的均值和方差收敛。

12.6.3 小结

1. 优点

（1）多维情况下，高斯混合模型在计算均值和方差时使用了协方差，应用了不同维度之间的相互约束关系，在各类尺寸不同、聚类间有相关关系时，GMM 可能比 K-Means 聚类更适合。

（2）GMM 基于概率密度函数进行学习，所以除在聚类应用外，还常应用于密度检测。

（3）K-Means 是硬分类，要么属于这类，要么属于那类；而 GMM 是软分类，比如一个样本 60%属于 A，40%属于 B。

2. 缺点

（1）类别个数只能靠猜测。

（2）结果受初始值的影响。

（3）可能限于局部最优解。

12.6.4 GMM 应用实例

在 scikit-learn 中通过 sklearn.cluster. GaussianMixture 类实现，下面介绍该类的主要参数和方法，并介绍一个实际的高斯混合聚类的例子。

1. scikit-learn 实现

```
sklearn.mixture.GaussianMixture(n_components=1,
                                tol=0.001,
                                max_iter=100)
```

参数

- n_components：指定混合高斯模型的成分数目。
- tol：指定收敛阈值，当下限平均增益低于该阈值时，EM 停止迭代。
- max_iter：指定要执行的 EM 迭代次数。

方法

- fit(X, y)：使用 EM 算法估计模型参数。
- predict(X)：预测样本 X 的标签。
- predict_proba(X)：预测样本 X 属于各个成分的概率。
- score(X, y)：计算样本的平均对数损失值。

2. 应用实例

程序

```
import numpy as np
import matplotlib.pyplot as plt
from sklearn import mixture

# 生成数据：两个成分
C = np.array([[0., -0.08], [1.4, .3]])
X = np.r_[np.dot(np.random.randn(1000, 2), C), .8 *
    np.random.randn(800, 2) + np.array([-6, 3])]

# 运用高斯混合聚类：选择 2 个成分
components = 5
gmm = mixture.GaussianMixture(n_components=components,
    covariance_type='full').fit(X)
y_pred = gmm.predict(X)

title = '高斯混合聚类: components=%s' %components
plt.title(title)
plt.scatter(X[:, 0], X[:, 1], c=y_pred)
```

```
plt.show()
```

结果如图 12-16 所示。

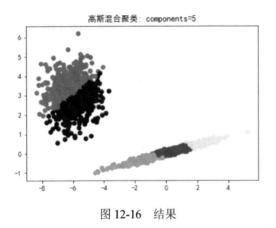

图 12-16 结果

## 第 13 章

降维

训练机器学习模型时，往往需要将样本处理成标准的矩阵形式。但很多时候，样本的特征数目会比较大，而且有些特征对模型训练可能并无贡献，所以在训练之前，一般需要对特征进行降维。

奇异值分解（Singular Value Decomposition，SVD）、主成分分析（Principal Components Analysis，PCA）和线性判别分析（Linear Discriminant Analysis，LDA）都可以用于样本的特征降维。SVD 将矩阵分解为奇异向量和奇异值的形式，PCA 和 LDA 都是通过某个投影矩阵对原始样本点进行投影来降维，只不过二者的指导思想不同，导致寻找投影矩阵的方式不同。PCA 的核心思想是投影后的样本点在投影超平面上尽量分开，即投影方差最大；LDA 的核心思想是投影后类内方差最小，类间方差最大，选择分类性能最好的方向进行投影。二者的不同思想导致二者寻找的投影矩阵不同，但二者在求解投影矩阵时默认使用的都是 SVD。

13.1 奇异值分解

13.1.1 矩阵的特征分解

如果一个方阵（方块矩阵）A 相似于对角矩阵，或者说，如果存在一个可逆矩阵 P 使得 $P^{-1}AP$ 是对角矩阵，则矩阵 A 被称为可对角化的。可对角化的矩阵可以做特征分解，即可以将可对角化的矩阵分解为由其特征值和特征向量表示的矩阵之积：

$$A = Q\Sigma Q^{-1}$$

其中 Σ 是由方阵 A 的各个特征值组成的对角矩阵，Q 是由方阵 A 的各特征值对应的特征向量标准化后组成的矩阵。

但实际情况中，大部分矩阵并不是可对角化的，比如训练集样本数据 $T = \{(\boldsymbol{x}_1, y_1), (\boldsymbol{x}_2, y_2), \dots, (\boldsymbol{x}_M, y_M)\}$，由$M$个样本组成，每个样本$\boldsymbol{x}_i$含有$N$个特征，则样本和样本特征组成一个$M$行$N$列的矩阵$\boldsymbol{A} = (\boldsymbol{x}_1, \boldsymbol{x}_2, \dots, \boldsymbol{x}_M)$，其中样本向量 $\boldsymbol{x}_i = \left(x_i^{(1)}, x_i^{(2)}, \dots, x_i^{(N)}\right)$，这时候不能直接利用上面的分解方法，而是需要引入一种叫奇异值分解的方法。

13.1.2 奇异值分解

奇异值分解（SVD）就是用来解决非方阵型矩阵的特征分解的，其将矩阵分解为奇异向量和奇异值：设$\boldsymbol{A}$是一个$M \times N$矩阵，且其秩为$R(\boldsymbol{A}) = K$，则可将$\boldsymbol{A}$分解为如下形式：

$$\boldsymbol{A}_{M \times N} = \boldsymbol{U}_{M \times M} \boldsymbol{\Sigma}_{M \times N} \boldsymbol{V}^{\mathrm{T}}_{N \times N}$$

其中，$\boldsymbol{U}$是$M \times M$方阵，里面的向量是正交的，称为左奇异向量；$\boldsymbol{V}$是$N \times N$方阵，里面的向量是正交的，称为右奇异向量；$\boldsymbol{\Sigma}$是$M \times N$矩阵，除对角线外其他元素全部为0，即

$$\boldsymbol{\Sigma} = \begin{bmatrix} \sigma_1 & 0 & 0 & \cdots & 0 \\ 0 & \sigma_2 & 0 & \cdots & 0 \\ \vdots & \vdots & \vdots & \ddots & \vdots \\ 0 & 0 & 0 & \cdots & \sigma_K \end{bmatrix}$$

从图 13-1 可以很形象地看出上面 SVD 的定义。

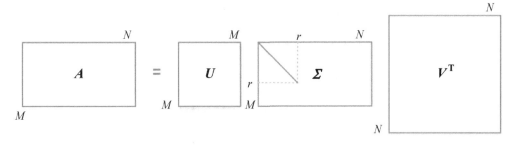

图 13-1　SVD 分解示意图

根据正交矩阵的性质，有：

$$UU^{\mathrm{T}} = I$$

$$VV^{\mathrm{T}} = I$$

A是$M \times N$矩阵 $\Longrightarrow$ AA^{T}是$M \times M$方阵，$A^{\mathrm{T}}A$是$N \times N$方阵。

利用下面的式子可以求出两方阵各自的特征值和特征向量，即

$$(AA^{\mathrm{T}})u = \lambda u$$

$$(A^{\mathrm{T}}A)v = \lambda v$$

又：

$$AA^{\mathrm{T}} = U\Sigma V^{\mathrm{T}}(U\Sigma V^{\mathrm{T}})^{\mathrm{T}} = U\Sigma(V^{\mathrm{T}}V)\Sigma^{\mathrm{T}}U^{\mathrm{T}} = U\Sigma\Sigma^{\mathrm{T}}U^{\mathrm{T}}$$

$$\Longrightarrow AA^{\mathrm{T}}U = U\Sigma\Sigma^{\mathrm{T}}U^{\mathrm{T}}U = U\Sigma\Sigma^{\mathrm{T}}$$

$$A^{\mathrm{T}}A = (U\Sigma V^{\mathrm{T}})^{\mathrm{T}}U\Sigma V^{\mathrm{T}} = V\Sigma^{\mathrm{T}}(U^{\mathrm{T}}U)\Sigma V^{\mathrm{T}} = V\Sigma^{\mathrm{T}}\Sigma V^{\mathrm{T}}$$

$$\Longrightarrow A^{\mathrm{T}}AV = V\Sigma^{\mathrm{T}}\Sigma V^{\mathrm{T}}V = V\Sigma^{\mathrm{T}}\Sigma$$

而Σ是对角矩阵，假设$\sigma_i \cdot \sigma_i = \lambda_i$，这里$i = 1, 2, \ldots, K$，有：

$$\Sigma\Sigma^{\mathrm{T}} = \begin{bmatrix} \sigma_1 & 0 & 0 & \cdots & 0 \\ 0 & \sigma_2 & 0 & \cdots & 0 \\ \vdots & \vdots & \vdots & \ddots & \vdots \\ 0 & 0 & 0 & \cdots & \sigma_K \end{bmatrix} \begin{bmatrix} \sigma_1 & 0 & 0 & \cdots & 0 \\ 0 & \sigma_2 & 0 & \cdots & 0 \\ \vdots & \vdots & \vdots & \ddots & \vdots \\ 0 & 0 & 0 & \cdots & \sigma_K \end{bmatrix}^{\mathrm{T}} = \begin{bmatrix} \lambda_1 & 0 & 0 & \cdots & 0 \\ 0 & \lambda_2 & 0 & \cdots & 0 \\ \vdots & \vdots & \vdots & \ddots & \vdots \\ 0 & 0 & 0 & \cdots & \lambda_K \end{bmatrix} = \Sigma^{\mathrm{T}}\Sigma$$

将其记为矩阵M，即

$$M = \begin{bmatrix} \lambda_1 & 0 & 0 & \cdots & 0 \\ 0 & \lambda_2 & 0 & \cdots & 0 \\ \vdots & \vdots & \vdots & \ddots & \vdots \\ 0 & 0 & 0 & \cdots & \lambda_K \end{bmatrix} = \Sigma\Sigma^{\mathrm{T}} = \Sigma^{\mathrm{T}}\Sigma$$

则有：

$$AA^{\mathrm{T}}U = U\Sigma\Sigma^{\mathrm{T}} = UM = MU$$

$$A^{\mathrm{T}}AV = V\Sigma^{\mathrm{T}}\Sigma = VM = MV$$

即

$$AA^{\mathrm{T}}U = MU$$

$$A^{\mathrm{T}}AV = MV$$

与公式 $(AA^{\mathrm{T}})u = \lambda u$ 和 $(A^{\mathrm{T}}A)v = \lambda v$ 比较可知：

- 左奇异矩阵 U 对应的是矩阵 AA^{T} 的特征向量组成的矩阵，为 $M \times M$ 方阵。
- 右奇异矩阵 V 对应的是矩阵 $A^{\mathrm{T}}A$ 的特征向量组成的矩阵，为 $N \times N$ 方阵。
- 对角矩阵 $\boldsymbol{\Sigma}$ 中元素 σ_i 对应的是矩阵 AA^{T} 的特征值 λ_i 开平方，即

$$\sigma_i = \sqrt{\lambda_i}, i = 1,2,\dots,K$$

例子：将矩阵 $A = \begin{pmatrix} 1 & 0 & 1 \\ 0 & 1 & 0 \end{pmatrix}$ 进行奇异值分解。

第 1 步：先求 AA^{T} 和 $A^{\mathrm{T}}A$。

$$AA^{\mathrm{T}} = \begin{bmatrix} 1 & 0 & 1 \\ 0 & 1 & 0 \end{bmatrix} \begin{bmatrix} 1 & 0 \\ 0 & 1 \\ 1 & 0 \end{bmatrix} = \begin{bmatrix} 2 & 0 \\ 0 & 1 \end{bmatrix}$$

$$A^{\mathrm{T}}A = \begin{bmatrix} 1 & 0 \\ 0 & 1 \\ 1 & 0 \end{bmatrix} \begin{bmatrix} 1 & 0 & 1 \\ 0 & 1 & 0 \end{bmatrix} = \begin{bmatrix} 1 & 0 & 1 \\ 0 & 1 & 0 \\ 1 & 0 & 1 \end{bmatrix}$$

第 2 步：再求 AA^{T} 的特征值和特征向量。

$$\lambda_1 = 2, \lambda_2 = 1$$

对应的特征向量为 $u_1 = \begin{bmatrix} 1 \\ 0 \end{bmatrix}$，$u_2 = \begin{bmatrix} 0 \\ 1 \end{bmatrix}$。

第 3 步：再求 $A^{\mathrm{T}}A$ 的特征值和特征向量。

$$\lambda_1 = 2, \lambda_2 = 1, \lambda_3 = 0$$

对应的特征向量为 $v_1 = \begin{bmatrix} \frac{1}{\sqrt{2}} \\ 0 \\ \frac{1}{\sqrt{2}} \end{bmatrix}$，$v_2 = \begin{bmatrix} 0 \\ 1 \\ 0 \end{bmatrix}$，$v_3 = \begin{bmatrix} -\frac{1}{\sqrt{2}} \\ 0 \\ \frac{1}{\sqrt{2}} \end{bmatrix}$。

第 4 步：得到左奇异矩阵 U，右奇异矩阵 V，对角阵 $\boldsymbol{\Sigma}$。

$$U = \begin{bmatrix} 1 & 0 \\ 0 & 1 \end{bmatrix}, V = \begin{bmatrix} \dfrac{1}{\sqrt{2}} & 0 & -\dfrac{1}{\sqrt{2}} \\ 0 & 1 & 0 \\ \dfrac{1}{\sqrt{2}} & 0 & \dfrac{1}{\sqrt{2}} \end{bmatrix}, \Sigma = \begin{bmatrix} \sqrt{2} & 0 & 0 \\ 0 & 1 & 0 \end{bmatrix}$$

对角阵 Σ 的对角元素是将 AA^T 或 A^TA 的非零特征值按照从大到小顺序排列后开根号的值，其维度与原矩阵 A 一致。

第 5 步：最终得到矩阵 A 的奇异值分解为

$$A = U\Sigma V^T = \begin{bmatrix} 1 & 0 \\ 0 & 1 \end{bmatrix} \begin{bmatrix} \sqrt{2} & 0 & 0 \\ 0 & 1 & 0 \end{bmatrix} \begin{bmatrix} \dfrac{1}{\sqrt{2}} & 0 & \dfrac{1}{\sqrt{2}} \\ 0 & 1 & 0 \\ -\dfrac{1}{\sqrt{2}} & 0 & \dfrac{1}{\sqrt{2}} \end{bmatrix} = \begin{bmatrix} 1 & 0 & 1 \\ 0 & 1 & 0 \end{bmatrix}$$

实际使用当中，一般将奇异值在矩阵按从大到小的顺序排列，然后截取其中的前百分之多少作为整体的一个近似。实际上，在很多情况下，前 10% 的奇异值就占了所有奇异值之和的 90% 以上，所以一般可以用前 K 个奇异值和对应的奇异向量来近似描述矩阵，即

$$A_{M \times N} = U_{M \times M} \Sigma_{M \times N} V^T_{N \times N} \approx U_{M \times K} \Sigma_{K \times K} V^T_{K \times N}$$

其中，K 要比 M 和 N 小得多。正是由于这个性质，所以 SVD 可以被降维，应用在图像压缩、降噪等业务当中。

13.2　主成分分析

主成分分析（PCA）也是一种很重要的无监督降维方法，其基本思想是：找出原始数据里最主要的方面来代替原始数据，使得在损失少部分原始信息的基础上极大地降低原始数据的维度。

先用一个简单的例子来说明：假设现在有一批样本，样本类别数为 3，每个样本的特征数维数为 2，样本可视化如图 13-2 所示。

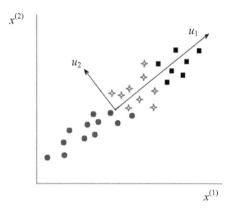

图 13-2　样本可视化

现在，想把这批样本数据降维到一维，我们可以选择一个投影方向将这批样本数据投影到该方向上的一条直线上；但这条直线的方向就比较关键了。如图 13-2 中有u_1和u_2两个方向，明显将样本点投影到u_1方向时比投影到u_2方向时对三种类别的区分度要好。

这里有两个基本原则，第一是样本点到u_1方向直线的距离更近，第二是样本点在u_1方向直线上的投影能尽可能地分开，即同时满足紧凑性和可分性的要求。

下面我们将一维推广到多维，并基于这两个要求从数学上对 PCA 的原理进行推导，这里先说明一下，上面所说的"投影"用矩阵表述就是"坐标变换"。

13.2.1　PCA 原理推导

假设有 M 个样本 $\boldsymbol{x}_1, \boldsymbol{x}_2, ..., \boldsymbol{x}_M$，每个样本 $\boldsymbol{x}_i$ 含有 N 个特征，即 $\boldsymbol{x}_i = \left(x_i^{(1)}, x_i^{(2)}, ..., x_i^{(N)}\right)$，这个 N 维特征空间的原始坐标系为$\boldsymbol{I} = (\boldsymbol{i}_1, \boldsymbol{i}_2, ..., \boldsymbol{i}_N)$，$\boldsymbol{I}$是一组标准正交基，即$\|\boldsymbol{i}_s\|_2 = 1$，$\boldsymbol{i}_s^{\mathrm{T}} \cdot \boldsymbol{i}_t = 0$，$s \neq t$，则样本点$\boldsymbol{x}_i$在该原始坐标系中的表示为

$$\boldsymbol{x}_i = [\boldsymbol{i}_1, \boldsymbol{i}_2, ..., \boldsymbol{i}_N] \begin{bmatrix} x_i^{(1)} \\ x_i^{(2)} \\ \vdots \\ x_i^{(N)} \end{bmatrix}, \qquad i = 1,2, ..., M$$

假设经过线性变换后的新坐标系为$\boldsymbol{J} = (\boldsymbol{j}_1, \boldsymbol{j}_2, ..., \boldsymbol{j}_{N'})$，这里$\boldsymbol{J}$是一组标准正交基，

即$||j_s||_2 = 1$, $j_s^T \cdot j_t = 0$, $s \neq t$，设样本点x_i在该新坐标系中的近似表示为

$$\tilde{x}_i = [j_1, j_2, \ldots, j_{N'}] \begin{bmatrix} z_i^{(1)} \\ z_i^{(2)} \\ \vdots \\ z_i^{(N')} \end{bmatrix}, \qquad i = 1, 2, \ldots, M$$

又利用i_s的正交性质，j_s可以等价写成如下形式：

$$j_s = [i_1, i_2, \ldots, i_N] \begin{bmatrix} j_s \cdot i_1 \\ j_s \cdot i_2 \\ \vdots \\ j_s \cdot i_N \end{bmatrix}, \qquad s = 1, 2, \ldots, M'$$

记：

$$\begin{bmatrix} j_s \cdot i_1 \\ j_s \cdot i_2 \\ \vdots \\ j_s \cdot i_N \end{bmatrix} = w_s, \qquad s = 1, 2, \ldots, N'$$

则w_s是一个新的基向量，其各分量就是基向量j_s在原始坐标系$(i_1, i_2, \ldots, i_N)$中的投影；至此，j_s又可写为

$$j_s = [i_1, i_2, \ldots, i_N] w_s, \qquad s = 1, 2, \ldots, N'$$

并且根据正交基的性质，有$||w_s||_2 = 1$, $w_s^T \cdot w_t = 0$, $s \neq t$。

类似的有$w_1, w_2, \ldots, w_{N'}$，将其写成矩阵形式为：

$$[w_1, w_2, \ldots, w_{N'}] = \begin{bmatrix} j_1 \cdot i_1 & j_2 \cdot i_1 & \cdots & j_{N'} \cdot i_1 \\ j_1 \cdot i_2 & j_2 \cdot i_2 & \cdots & j_{N'} \cdot i_2 \\ \vdots & \vdots & \ddots & \vdots \\ j_1 \cdot i_N & j_2 \cdot i_N & \cdots & j_{N'} \cdot i_N \end{bmatrix}$$

将其记为W，即$W = [w_1, w_2, \ldots, w_{N'}]$，则$W$就称为坐标变换矩阵，且有$W = W^T$, $WW^T = I$。利用坐标变化矩阵，新坐标系和原始坐标系间的关系可表示为

$$[j_1, j_2, \ldots, j_{N'}] = [i_1, i_2, \ldots, i_N] W$$

将其代入前面x_i在新坐标系中的近似表达式，可得：

$$\widetilde{x_i} = [j_1, j_2, \dots, j_{N'}]\begin{bmatrix} z_i^{(1)} \\ z_i^{(2)} \\ \vdots \\ z_i^{(N')} \end{bmatrix} = [i_1, i_2, \dots, i_N]W\begin{bmatrix} z_i^{(1)} \\ z_i^{(2)} \\ \vdots \\ z_i^{(N')} \end{bmatrix}$$

再将其与x_i在原坐标系中的表达式$x_i = [i_1, i_2, \dots, i_N]\begin{bmatrix} x_i^{(1)} \\ x_i^{(2)} \\ \vdots \\ x_i^{(N)} \end{bmatrix}$比较可知，通过坐标变

换来降维，相当于是用Wz_i去近似表示了x_i，使：

$$x_i = Wz_i$$

即

$$z_i = W^{-1}x_i = W^{\mathrm{T}}x_i$$

则有：

$$z_i^{(s)} = w_s^{\mathrm{T}}x_i, \qquad s = 1, 2, \dots, N'$$

一般，N'会远小于N，这样就可以达到降维的目的了。这个过程相当于我们人为的丢弃了部分坐标，将维度由M降到M'，但问题是到底丢弃了多少坐标，丢弃哪些坐标呢？我们的要求是：基于降维后的坐标重构样本时，得到的重构样本与原始样本坐标尽量相近。对于样本点x_i来说，即要使Wz_i和x_i的距离最小化；推广到整体样本点，即

$$\min \sum_{i=1}^{M} ||Wz_i - x_i||_2^2$$

先计算$||Wz_i - x_i||_2^2$，即

$$\sum_{i=1}^{M} ||Wz_i - x_i||_2^2$$
$$= \sum_{i=1}^{M} \left[(Wz_i)^{\mathrm{T}}(Wz_i) - 2(Wz_i)^{\mathrm{T}}x_i + x_i^{\mathrm{T}}x_i \right]$$

$$= \sum_{i=1}^{M} [\boldsymbol{z}_i^{\mathrm{T}} \boldsymbol{W}^{\mathrm{T}} \boldsymbol{W} \boldsymbol{z}_i - 2\boldsymbol{z}_i^{\mathrm{T}} \boldsymbol{W}^{\mathrm{T}} \boldsymbol{x}_i + \boldsymbol{x}_i^{\mathrm{T}} \boldsymbol{x}_i]$$

$$= \sum_{i=1}^{M} [\boldsymbol{z}_i^{\mathrm{T}} \boldsymbol{z}_i - 2\boldsymbol{z}_i^{\mathrm{T}} \boldsymbol{z}_i + \boldsymbol{x}_i^{\mathrm{T}} \boldsymbol{x}_i]$$

$$= \sum_{i=1}^{M} [\boldsymbol{x}_i^{\mathrm{T}} \boldsymbol{x}_i - \boldsymbol{z}_i^{\mathrm{T}} \boldsymbol{z}_i]$$

$$= \sum_{i=1}^{M} [\boldsymbol{x}_i^{\mathrm{T}} \boldsymbol{x}_i - (\boldsymbol{W}^{\mathrm{T}} \boldsymbol{x}_i)^{\mathrm{T}} (\boldsymbol{W}^{\mathrm{T}} \boldsymbol{x}_i)]$$

$$= \left(\sum_{i=1}^{M} \boldsymbol{x}_i^{\mathrm{T}} \boldsymbol{x}_i \right) - \mathrm{tr} \left[\boldsymbol{W}^{\mathrm{T}} \left(\sum_{i=1}^{M} \boldsymbol{x}_i \boldsymbol{x}_i^{\mathrm{T}} \right) \boldsymbol{W} \right]$$

$$= \left(\sum_{i=1}^{M} \boldsymbol{x}_i^{\mathrm{T}} \boldsymbol{x}_i \right) - \mathrm{tr}(\boldsymbol{W}^{\mathrm{T}} \boldsymbol{X} \boldsymbol{X}^{\mathrm{T}} \boldsymbol{W})$$

因为对于给定的 M 个样本，$\sum_{i=1}^{N} \boldsymbol{x}_i^{\mathrm{T}} \boldsymbol{x}_i$ 是一个固定的值，因此最小化上面的结果等价于：

$$\min_{\boldsymbol{W}} -\mathrm{tr}(\boldsymbol{W}^{\mathrm{T}} \boldsymbol{X} \boldsymbol{X}^{\mathrm{T}} \boldsymbol{W})$$

$$s.t.\ \boldsymbol{W}^{\mathrm{T}} \boldsymbol{W} = \boldsymbol{I}$$

构造拉格朗日函数：

$$L(\boldsymbol{W}) = -\mathrm{tr}(\boldsymbol{W}^{\mathrm{T}} \boldsymbol{X} \boldsymbol{X}^{\mathrm{T}} \boldsymbol{W}) + \lambda(\boldsymbol{W}^{\mathrm{T}} \boldsymbol{W} - \boldsymbol{I})$$

对 $\boldsymbol{W}$ 求导，可得：

$$-\boldsymbol{X} \boldsymbol{X}^{\mathrm{T}} \boldsymbol{W} + \lambda \boldsymbol{W} = \boldsymbol{0}$$

整理，得：

$$\boldsymbol{X} \boldsymbol{X}^{\mathrm{T}} \boldsymbol{W} = \lambda \boldsymbol{W}$$

可以看出：坐标变换矩阵 $\boldsymbol{W}$ 为 $\boldsymbol{X} \boldsymbol{X}^{\mathrm{T}}$ 的 M' 个特征向量组成的矩阵，而 λ 为 $\boldsymbol{X} \boldsymbol{X}^{\mathrm{T}}$ 的特征值。当我们将原始数据集从 N 降到 N' 维时，只需找到 $\boldsymbol{X} \boldsymbol{X}^{\mathrm{T}}$ 最大的 N' 个特征值对应的特征向量，将其组成投影矩阵 $\boldsymbol{W}$，然后利用 $\boldsymbol{z}_i = \boldsymbol{W}^{\mathrm{T}} \boldsymbol{x}_i$ 即可实现目标降维。

另外可以证明，满足上述条件（重构样本与原始样本坐标尽量相近）等价于满足最大可分条件（变换后的样本点在投影超平面上尽量分开，即投影方差最大）。

对于任意一个样本 $\boldsymbol{x}_i$，经过投影矩阵 $\boldsymbol{W}$ 投影后，在新坐标系中为 $\boldsymbol{z}_i$，则有 $\boldsymbol{z}_i = \boldsymbol{W}^\mathrm{T}\boldsymbol{x}_i$；其在新坐标系中的投影方差为

$$\sum_{i=1}^{M} \boldsymbol{z}_i\boldsymbol{z}_i{}^\mathrm{T} = \sum_{i=1}^{M} \boldsymbol{W}^\mathrm{T}\boldsymbol{x}_i(\boldsymbol{W}^\mathrm{T}\boldsymbol{x}_i)^\mathrm{T} = \sum_{i=1}^{M} \boldsymbol{W}^\mathrm{T}\boldsymbol{x}_i\boldsymbol{x}_i{}^\mathrm{T}\boldsymbol{W}$$

所以最大投影方差，即

$$\max_{\boldsymbol{W}} \ \mathrm{tr}(\boldsymbol{W}^\mathrm{T}\boldsymbol{x}_i\boldsymbol{x}_i{}^\mathrm{T}\boldsymbol{W})$$

$$s.t. \ \boldsymbol{W}^\mathrm{T}\boldsymbol{W} = \boldsymbol{I}$$

利用拉格朗日函数，可得：

$$L(\boldsymbol{W}) = \mathrm{tr}(\boldsymbol{W}^\mathrm{T}\boldsymbol{X}\boldsymbol{X}^\mathrm{T}\boldsymbol{W}) + \lambda(\boldsymbol{W}^\mathrm{T}\boldsymbol{W} - \boldsymbol{I})$$

对 $\boldsymbol{W}$ 求导，可得：

$$\boldsymbol{X}\boldsymbol{X}^\mathrm{T}\boldsymbol{W} + \lambda\boldsymbol{W} = \boldsymbol{0}$$

整理，得：

$$\boldsymbol{X}\boldsymbol{X}^\mathrm{T}\boldsymbol{W} = -\lambda\boldsymbol{W}$$

和前面一样，坐标变换矩阵 $\boldsymbol{W}$ 为 $\boldsymbol{X}\boldsymbol{X}^\mathrm{T}$ 的 N' 个特征向量组成的矩阵，而 $-\lambda$ 为 $\boldsymbol{X}\boldsymbol{X}^\mathrm{T}$ 的特征值。当我们将原始数据集从 N 降到 N' 维时，只需找到 $\boldsymbol{X}\boldsymbol{X}^\mathrm{T}$ 最大的 N' 个特征值对应的特征向量，将其组成投影矩阵 $\boldsymbol{W}$，然后利用 $\boldsymbol{z}_i = \boldsymbol{W}^\mathrm{T}\boldsymbol{x}_i$ 即可实现目标降维。

PCA 的本质是将方差最大的方向作为其主成分，然后将最相关的特征投影到同一个主成分上，从而达到降维的效果。投影的标准是保留最大方差。实际中，我们一般计算特征之间的协方差矩阵，通过对协方差矩阵的特征分解来得出特征向量和特征值。当将特征值由大到小排列时，相对应的特征向量所组成的矩阵就是我们所需的降维后的结果。

注意：协方差矩阵作为实对称矩阵，其主要性质之一就是可以正交对角化，因此就一定可以分解为特征向量和特征值。

PCA 过程

输入：样本数据$D = \{x_1, x_2, \ldots, x_M\}$，目标维数为$N'$。

输出：降维后的样本集$D' = \{z_1, z_2, \ldots, z_M\}$。

步骤如下。

第 1 步：对样本进行去中心化操作。

$$x_i = x_i - \frac{1}{M}\sum_{i=1}^{M} x_i, \qquad i = 1,2,\ldots,M$$

第 2 步：计算样本矩阵的协方差矩阵$S = \frac{1}{N}XX^{\mathrm{T}}$。

第 3 步：对协方差矩阵S进行特征分解，设特征值为λ_k，对应特征向量为v_k，即

$$Sv_k = \lambda_k v_k$$

第 4 步：取出最大的N'个特征值对应的特征向量$w_1, w_2, \ldots, w_{N'}$，将其标准化后组成投影矩阵$W = [w_1, w_2, \ldots, w_{N'}]$。

第 5 步：利用投影矩阵对各个样本向量进行转化，即

$$z_i = W^{\mathrm{T}}x_i, \qquad i = 1,2,\ldots,M$$

得到新的降维后的样本集$D' = \{z_1, z_2, \ldots, z_M\}$。

说明

上面的低维空间维数N'的选取一般有两种方法：

（1）从算法原理的角度预先设立一个阈值，比如 0.95，然后选取使得下式成立的最小的N'值

$$\frac{\sum_{i=1}^{N'} \lambda_i}{\sum_{i=1}^{N} \lambda_i} \geqslant 0.95$$

（2）通过交叉验证方式选择较好的 N' 值，即降维后机器学习模型的性能比较好。

13.2.2 核化 PCA

前面讲到的 PCA 方法将样本特征从高维投影到低维时，采用的是一种线性映射的方式，即默认存在一个线性超平面，可以让我们对样本数据点进行投影。但在很多实际任务中，可能并不存在这样一个比较理想的线性超平面，所以研究者想到能否用一个非线性的超平面来进行投影呢？答案是肯定的。

前面我们看到，在线性投影中，当需要将原始数据集从 N 降到 N' 维时，只求解 $XX^TW = \lambda W$ 就可得到投影矩阵 W，然后利用 $z_i = W^T x_i$ 即可达到降维的目的。类似于支持向量机中的思想，我们引入核函数，先将需要降维的样本数据进行一次非线性映射，对映射后得到的结果使用线性 PCA 的流程，即

$$\left[\sum_{i=1}^{M} \phi(x_i)\phi(x_i)\right] W = \lambda W$$

这种基于核技巧的 PCA 方法称为核主成分分析（Kernelized PCA，KPCA）。

13.2.3 PCA/KPCA 的 scikit-learn 实现

PCA 在 scikit-learn 通过 sklearn.decomposition.PCA 类进行了实现，下面介绍该类的主要参数和方法。

1. PCA 的 scikit-learn 实现

```
class sklearn.decomposition.PCA(n_components=None,
                                whiten=False,
                                svd_solver='auto')
```

参数

- n_components：指定降维后的维度；默认为 None，选择的值为 min(n_samples,n_features)。如果选择 mle，则使用 Minka's MLE 算法来猜

测降维后的维度。如果给定一个浮点数，则表示指定降维后的维度占原始维度的百分比。

- whiten：选择是否进行白化操作，默认是 False，如果选择 True，则会将特征向量除以 n_samples 倍的特征值，从而保证非相关输出的方差为 1。对于 PCA 降维本身来说，一般不需要白化，但如果 PCA 降维后有后续的数据处理动作，可以考虑白化。

- svd_solver：指定奇异值分解 SVD 的方法，有 4 个可以选择的值：{'auto', 'full', 'arpack', 'randomized'}。特征分解是奇异值分解 SVD 的一个特例，因而一般的 PCA 库都是基于 SVD 实现的。full 是传统意义上的 SVD，使用了 scipy 库对应的实现。arpack 直接使用了 scipy 库的 sparse SVD 实现。randomized 一般适用于数据量大，数据维度多，同时主成分数目比例又较低的情况，它使用了一些加快 SVD 的随机算法。默认是 auto，即 PCA 类自己在前面讲到的三种算法里面，选择一个合适的 SVD 算法来降维。

属性

- n_components_：指示主成分有多少元素。
- components_：主成分数组。
- explained_variance_：降维后的各主成分的方差值，该值越大，说明对应的主成分越重要。
- explained_variance_ratio_：降维后各主成分的方差值占总方差值的比例，这个值越大，表示对应的主成分越重要。

方法

- fit(X)：在 X 数据集上训练模型。
- transform(X)：执行降维。
- fit_transform(X)：训练模型并降维。

2. KPCA 的 scikit-learn 实现

```
sklearn.decomposition.KernelPCA(n_components=None,
                                kernel='linear',
                                gamma=None,
                                degree=3,
```

```
                            coef0=1,
                            tol=0,
                            max_iter=None,
                            remove_zero_eig=False,
                            n_jobs=1)
```

参数

- n_components：指定降维后的维度；默认为 None，选择的值为 min(n_samples,n_features)。如果选择 mle，则会使用 Minka's MLE 算法来猜测降维后的维度。如果给定一个浮点数，则表示指定降维后的维度占原始维度的百分比。
- kernel：指定选用的核函数类型，可选 linear（线性）、poly（多项式核）、rbf（高斯核）、sigmoid（多层感知机核）、cosine（余弦）或 precomputed（表示已经提供了一个 kernel 矩阵），默认为 linear。
- gamma：指定 poly 或 rbf 的系数，当选择其他核函数时，忽略该系数，默认认为特征总数的倒数。
- degree：当核函数是 poly 时，指定其 p 值，默认为 3。
- coaf0：当核函数是 poly 或 Sigmoid 时，指定其 r 值，默认为 1。
- tol：设定判断迭代收敛的阈值，默认为 0。
- max_iter：设定最大迭代次数，默认为 None，表示无限制。
- n_jobs：运行的 CPU 核心数，默认为 1。如果为-1，则将使用所有可用的 CPU 内核。
- remove_zero_eig：如果为 True，那么所有具有零特征值的组件都被删除。默认为 False，表示忽略此参数。

方法

- fit(X)：在 X 数据集上训练模型。
- transform(X)：对 X 数据集的特征进行转换。
- fit_transform(X)：对 X 数据集的特征进行转换并训练模型。
- get_params()：获取本轮参数。

3. PCA 的应用实例

例 1 使用 scikit-learn 自带的人脸图片库，用 PCA 来生成特征脸。该数据集一共包含 40 个人的脸部图像，每个人取 10 张不同表情的图片，各张图片均为 64×64 像素。

程序如下：

```python
from sklearn.datasets import fetch_olivetti_faces
from sklearn import decomposition
import matplotlib.pyplot as plt

# 导入 fetch_olivetti_faces 数据
dataset = fetch_olivetti_faces(shuffle=True)
faces = dataset.data
n_samples, n_features = faces.shape
print n_samples, n_features

n_row, n_col = 3, 8
n_components = n_row * n_col        # 指定降维后的维数

# 全局均值
faces_centered = faces - faces.mean(axis=0)

# 各图片均值
faces_centered -= faces_centered.mean(axis=1).reshape(n_samples, -1)

print("Dataset consists of %d faces" % n_samples)

image_shape = (64, 64)      # 每幅图片的大小

# 可视化函数
def plot_gallery(title, images):
    plt.figure(figsize=(2. * n_col, 2.26 * n_row))
    plt.suptitle(title, size=16)
    for i, comp in enumerate(images):
        plt.subplot(n_row, n_col, i + 1)
        vmax = max(comp.max(), -comp.min())
        plt.imshow(comp.reshape(image_shape), cmap=plt.cm.gray,
                   interpolation='nearest',
                   vmin=-vmax, vmax=vmax)
```

```
        plt.xticks(())
        plt.yticks(())
    plt.subplots_adjust(0.01, 0.05, 0.99, 0.93, 0.04, 0.)

# 原始图片
plot_gallery("original face", faces_centered[:n_components])

# PCA 生成特征脸
estimator = decomposition.PCA(n_components=None,whiten=True)
estimator.fit(faces_centered)
plot_gallery('PCA face',estimator.components_[:n_components])
plt.show()
```

结果如图 13-3 所示。

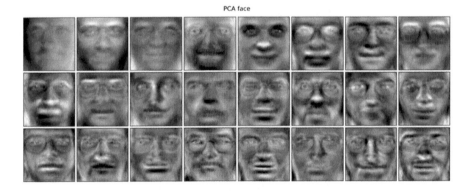

图 13-3　结果

例 2　比较 PCA 和 KPCA 的降维效果。

程序如下：

```
# 1. 生成数据集
import numpy as np
from sklearn.datasets import make_circles
np.random.seed(0)
X, y = make_circles(n_samples=400, factor=.3, noise=.05)
print X.shape, y.shape

# 2. 使用 PCA 降维
from sklearn.decomposition import PCA
pca = PCA()
```

```
X_pca = pca.fit_transform(X)

# 3. 使用 KPCA 降维
from sklearn.decomposition import KernelPCA
kpca = KernelPCA(kernel="rbf", fit_inverse_transform=True, gamma=10)
X_kpca = kpca.fit_transform(X)
X_back = kpca.inverse_transform(X_kpca)

# 4. 可视化
import matplotlib.pyplot as plt

plt.figure()
plt.subplot(2, 2, 1, aspect='equal')
plt.title("Original space")
reds = y == 0
blues = y == 1

plt.plot(X[reds, 0], X[reds, 1], "ro")
plt.plot(X[blues, 0], X[blues, 1], "bo")
plt.xlabel("$x_1$")
plt.ylabel("$x_2$")

X1, X2 = np.meshgrid(np.linspace(-1.5, 1.5, 50), np.linspace
    (-1.5, 1.5, 50))
X_grid = np.array([np.ravel(X1), np.ravel(X2)]).T
Z_grid = kpca.transform(X_grid)[:, 0].reshape(X1.shape)
plt.contour(X1, X2, Z_grid, colors='grey', linewidths=1,
    origin='lower')

plt.subplot(2, 2, 2, aspect='equal')
plt.plot(X_back[reds, 0], X_back[reds, 1], "ro")
plt.plot(X_back[blues, 0], X_back[blues, 1], "bo")
plt.title("Original space after inverse transform")
plt.xlabel("$x_1$")
plt.ylabel("$x_2$")

plt.subplot(2, 2, 3, aspect='equal')
plt.plot(X_pca[reds, 0], X_pca[reds, 1], "ro")
plt.plot(X_pca[blues, 0], X_pca[blues, 1], "bo")
plt.title("PCA")
plt.xlabel("1st principal component")
plt.ylabel("2nd component")
```

```
plt.subplot(2, 2, 4, aspect='equal')
plt.plot(X_kpca[reds, 0], X_kpca[reds, 1], "ro")
plt.plot(X_kpca[blues, 0], X_kpca[blues, 1], "bo")
plt.title("KPCA")
plt.xlabel("1st principal component in space induced by $\phi$")
plt.ylabel("2nd component")

plt.subplots_adjust(0.02, 0.10, 0.98, 0.94, 0.04, 0.35)

plt.show()
```

结果如图 13-4 所示。

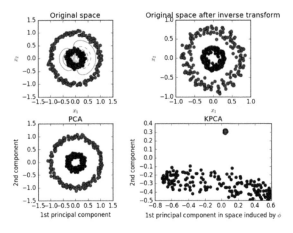

图 13-4　结果

从结果图中可以看出，使用 PCA 和 KPCA 降维后，两类样本点均能被分开，但是使用 KPCA 的结果是直接把数据变成了线性可分的，即这里我们只需再利用一个简单的线性分类器就可以完美地对 KPCA 降维后的两类样本点进行分类。

13.3　线性判别分析

线性判别分析（Linear Discriminant Analysis，LDA）也叫作 Fisher Linear Discriminant，在模式识别领域应用非常广泛。与 PCA 相同的是，LDA 也基于某个投影矩阵对样本点进行降维；与 PCA 不同的是，LDA 需要利用样本的类别信息，是一种有监督降维方法。

这里有必要将其与自然语言处理中的隐含狄利克雷分布（Latent Dirichlet Allocation，LDA）区分开，在自然语言处理领域，Latent Dirichlet Allocation 是一种文档主题模型，和这里的 Linear Discriminant Analysis 是两个不同的概念，本章后面所讲的 LDA 指的都是线性判别分析 LDA。

用一句话概括 LDA 的思想就是：投影后类内方差最小，类间方差最大。即我们要将数据投影到低维空间，并希望投影后每一种类别数据的投影点尽可能接近，而不同类别数据的类别中心之间的距离尽可能的大。下面阐述其详细原理。

13.3.1　LDA 原理推导

PCA 降维的核心思想是使投影方差最大，以此为出发点可推导出，只需找到 XX^T 最大的 N' 个特征值对应的特征向量，将其组成投影矩阵 W，然后利用 $z_i = W^T x_i$ 即可实现目标降维。LDA 和 PCA 的核心思想有些差别，LDA 的核心思想是：投影后类内方差最小、类间方差最大。但它的实现手段和 PCA 是一致的，即找到一个满足该思想的投影矩阵 W，然后利用 $z_i = W^T x_i$ 实现目标降维。所以，LDA 和 PCA 的主要区别在于采用不同的思想，得到不同的投影矩阵。

下面从数学的角度进行阐述和推导。由于 LDA 需要借助样本的类别信息，这里为了简单，我们先以两种类别的样本点为例，不同投影矩阵的结果如图 13-5 所示，假设有下面红蓝两类样本点，左图为采用投影矩阵 W_1 得到的结果，右图为采用投影矩阵 W_2 得到的结果。直观上看，二者都可以将两类样本点投影到自身投影矩阵所对应的直线上，从而把数据从二维降到一维。但很明显，采用第一种方式降维后，红色和蓝色两类样本点的某些部分相互混叠在了一起，无法区分出来，而采用第二种方式降维后两类样本点能较好地被区分，因此第二种投影方向更优。

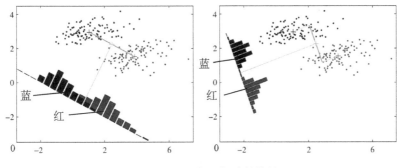

图 13-5　不同投影矩阵的结果

采用不同的投影矩阵，投影出来的效果是不一样的，而 LDA 是有监督学习，所以我们的目标是借助已有样本的类别信息，学习出一个最优的投影矩阵$\boldsymbol{W}$，具体过程如下。

假设有一批 K 个类别的样本点 $D = \{(\boldsymbol{x}_1, y_1), (\boldsymbol{x}_2, y_2), \ldots, (\boldsymbol{x}_M, y_M)\}$，$y_i \in \{C_1, C_2, \ldots, C_K\}$，$i = 1,2, \ldots, M$，则第$k$类样本的均值向量为

$$\boldsymbol{\mu}_k = \frac{1}{M_k} \sum_{i \in C_k} \boldsymbol{x}_i$$

其中，N_k为第k类样本的数量。

假设投影矩阵为$\boldsymbol{W}$，则样本的均值向量$\boldsymbol{\mu}_k$投影后的值为

$$\boldsymbol{a}_k = \boldsymbol{W}^{\mathrm{T}} \boldsymbol{\mu}_k$$

同样，样本$\boldsymbol{x}_i$经过投影后的值为

$$\boldsymbol{z}_i = \boldsymbol{W}^{\mathrm{T}} \boldsymbol{x}_i$$

则投影后第k类样本的类内方差为

$$S_k^2 = \sum_{i \in C_k} (\boldsymbol{z}_i - \boldsymbol{a}_k)^2 = \sum_{i \in C_k} (\boldsymbol{W}^{\mathrm{T}} \boldsymbol{x}_i - \boldsymbol{W}^{\mathrm{T}} \boldsymbol{\mu}_k)^2 = \boldsymbol{W}^{\mathrm{T}} \left[\sum_{i \in C_k} (\boldsymbol{x}_i - \boldsymbol{\mu}_k)(\boldsymbol{x}_i - \boldsymbol{\mu}_k)^{\mathrm{T}} \right] \boldsymbol{W}$$

1. 对于二分类问题

由于是两类数据，因此我们只需将数据投影到一条直线上即可，所以投影矩阵$\boldsymbol{W}$

此时是一个向量，记为w。

又两类样本的均值向量分别为

$$\mu_1 = \frac{1}{N_1} \sum_{i \in C_1} x_i \ , \qquad \mu_2 = \frac{1}{N_2} \sum_{i \in C_2} x_i$$

投影后的值分别为a_1和a_2，所以两类样本的类间方差为

$$S_{12}^2 = (a_2 - a_1)^2 = (w^T \mu_2 - w^T \mu_1)^2 = w^T(\mu_2 - \mu_1)(\mu_2 - \mu_1)^T w$$

定义类间方差和类内方差的比值为$J(w)$，对于二分类：

$$J(w) = \frac{S_{12}^2}{S_1^2 + S_2^2}$$

即

$$J(w) = \frac{w^T(\mu_2 - \mu_1)(\mu_2 - \mu_1)^T w}{w^T\left[\sum_{i \in C_1}(x_i - \mu_k)(x_i - \mu_k)^T\right]w + w^T\left[\sum_{i \in C_2}(x_i - \mu_k)(x_i - \mu_k)^T\right]w}$$

记类内散度矩阵S_w和类间散度矩阵S_b如下：

$$S_w = \sum_{i \in C_1}(x_i - \mu_k)(x_i - \mu_k)^T + \sum_{i \in C_2}(x_i - \mu_k)(x_i - \mu_k)^T$$

$$S_b = (\mu_2 - \mu_1)(\mu_2 - \mu_1)^T$$

则有：

$$J(w) = \frac{w^T S_b w}{w^T S_w w}$$

根据 LDA 的思想（投影后类内方差最小，类间方差最大），即得到如下优化函数：

$$\max_w \frac{w^T S_b w}{w^T S_w w}$$

实际上，$J(w)$就是广义瑞利熵，利用广义瑞利熵的性质，可以得到：$J(w)$的最大值为矩阵$S_w^{-1}S_b$的最大特征值，而对应的取该最大值时的w为该最大特征值对应的特征向量。

设 $S_w^{-1}S_b$ 的特征值为 λ，特征向量为 w，则：

$$(S_w^{-1}S_b)w = \lambda w$$

又对于二分类情况，由 $S_b = (\mu_2 - \mu_1)(\mu_2 - \mu_1)^{\mathrm{T}}$ 可知 $S_b w$ 的方向总与 $\mu_2 - \mu_1$ 一致，不妨设 $S_b w = \lambda(\mu_2 - \mu_1)$，将其代入上式，则有：

$$S_w^{-1}\lambda(\mu_2 - \mu_1) = \lambda w$$

即

$$w = S_w^{-1}(\mu_2 - \mu_1)$$

也就是说，只要求出原始二类样本的均值和方差就可以确定最佳的投影方向了。

2. 对于多分类问题

类内散度矩阵：

$$S_w = \sum_{k=1}^{K}\sum_{i \in C_k}(x_i - \mu_k)(x_i - \mu_k)^{\mathrm{T}}$$

类间散度矩阵：

$$S_b = \sum_{k=1}^{K}N_k(\mu_k - \mu)(\mu_k - \mu)^{\mathrm{T}}$$

其中 N_k 为第 k 类样本的数量，μ_k 为第 k 类样本的均值向量，μ 为所有样本均值向量。优化目标变为

$$\max_{W} \frac{W^{\mathrm{T}}S_b W}{W^{\mathrm{T}}S_w W}$$

和上面不同的是，这里 $W^{\mathrm{T}}S_b W$ 和 $W^{\mathrm{T}}S_w W$ 都是矩阵，不是标量，我们想办法来构造一个标量。有多种构造方式，一般我们选择：

$$\max_{W} \frac{\prod_{\mathrm{diag}}W^{\mathrm{T}}S_b W}{\prod_{\mathrm{diag}}W^{\mathrm{T}}S_w W}$$

其中 $\prod_{\mathrm{diag}}A$ 表示取矩阵 A 的对角线元素的乘积；这里因为投影矩阵 W 为 $N \times N'$

（N'为降维后的维度），所以有：

$$\frac{\prod_{\text{diag}} W^{\text{T}} S_b W}{\prod_{\text{diag}} W^{\text{T}} S_w W} = \frac{\prod_{i=1}^{N'} w_i^{\text{T}} S_b w_i}{\prod_{i=1}^{N'} w_i^{\text{T}} S_w w_i} = \prod_{i=1}^{N'} \frac{w_i^{\text{T}} S_b w_i}{w_i^{\text{T}} S_w w_i}$$

其中w_i为投影矩阵W的列向量。这样，上式就转化成了和二分类类似的广义瑞利熵形式，所以直接利用广义瑞利熵性质有：最大值为矩阵$S_w^{-1} S_b$的最大特征值，最大的N'个值的乘积就是$S_w^{-1} S_b$的最大的N'个特征值的乘积，此时对应的投影矩阵W为该最大N'个特征值对应的特征向量组成的矩阵。

3. LDA 过程

输入：样本数据$D = \{(x_1, y_1), (x_2, y_2), \dots, (x_M, y_M)\}, y_i \in \{C_1, C_2, \dots, C_K\}$，目标维数为$N'$。

输出：降维后的样本集$D' = \{(z_1, y_1), (z_2, y_2), \dots, (z_M, y_M)\}$。

步骤如下。

第 1 步：计算类内散度矩阵S_w和类间散度矩阵S_b，即

$$S_w = \sum_{k=1}^{K} \sum_{i \in C_k} (x_i - \mu_k)(x_i - \mu_k)^{\text{T}}$$

$$S_b = \sum_{k=1}^{K} N_k (\mu_k - \mu)(\mu_k - \mu)^{\text{T}}$$

第 2 步：计算矩阵$S_w^{-1} S_b$。

第 3 步：对矩阵$S_w^{-1} S_b$进行特征分解，设特征值为λ_k，对应特征向量为v_k，即

$$S v_k = \lambda_k v_k$$

第 4 步：取出最大的N'个特征值对应的特征向量$w_1, w_2, \dots, w_{N'}$，将其标准化后组成投影矩阵$W = (w_1, w_2, \dots, w_{N'})$。

第 5 步：利用投影矩阵对各个样本向量进行转化，即

$$z_i = W^{\text{T}} x_i, \qquad i = 1, 2, \dots, M$$

得到新的降维后的样本集$D' = \{(z_1, y_1), (z_2, y_2), ..., (z_M, y_M)\}$。

说明：有一点需要注意，LDA 降维要基于样本的类别信息，是一种有监督学习方法，也因为这一点，使得采用 LDA 降维时，降维后样本特征的维度$N' \leqslant k - 1$，所以如果想要降维后的样本特征维度$N' > k - 1$，一般不能使用 LDA。

13.3.2 LDA 与 PCA 的比较

从 LDA 过程可以看出，其与 PCA 有一定的区别，但又有一定的联系，下面列出二者的主要异同点。

1. 不同点

（1）LDA 降维利用了样本的类别信息，属于一种有监督学习方法，而 PCA 是无监督的。

（2）LDA 降维的核心思想是投影后类内方差最小，类间方差最大，选择的是分类性能最好的方向进行投影；而 PCA 降维的核心思想是投影后的样本点在投影超平面上尽量分开，即投影方差最大。

（3）LDA 降维后的维度有限制，必然小于类别总数，即$N' \leqslant k - 1$，而 PCA 无该限制。

（4）LDA 不仅可以进行降维，稍加改造还可以用于分类。

2. 相同点

（1）二者都可以用于降维。

（2）二者降维时均采用了矩阵的特征分解思想。

（3）二者默认都假设被降维的样本数据服从高斯分布。

13.3.3 LDA 应用实例

LDA 在 scikit-learn 中通过 sklearn.discriminant_analysis.LinearDiscriminantAnalysis 类进行了实现，下面介绍该类的主要参数和方法。

1. LDA 的 scikit-learn 实现

```
sklearn.discriminant_analysis.LinearDiscriminantAnalysis(
                                    n_components=None,
                                    solver='svd',
                                    tol=0.0001)
```

参数

- n_components：降维后的维度 N'，要求小于样本的类别总数，即 $N' \leqslant k-1$。
- solver：矩阵的特征分解采用的方法，可选项如下。
  svd：奇异值分解，默认选择 svd。
  lsqr：最小二乘。
  eigen：特征分解。
- tol：用于 SVD 求解器中的秩估计的阈值。

属性

- coef_：权重向量。
- intercept_：偏置。
- covariance_：协方差矩阵。
- explained_variance_ratio_：降维后各主成分的方差值占总方差值的比例，这个值越大，表示对应的主成分越重要。
- means_：类别均值。
- scalings_：对各个特征取值按类别中心进行缩放。
- xbar_：总体均值。
- classes_：类别标签。

方法

- fit(X)：在 X 数据集上训练模型。
- transform(X)：对 X 数据集的特征进行转换。

- fit_transform(X)：对 X 数据集的特征进行转换并训练模型。
- predict(X)：预测测试集 X 的类别。
- predict_proba(X)：预测测试集 X 属于各类别的概率。
- predict_log_proba(X)：预测测试集 X 属于各类别的对数概率。
- score(X, y)：返回在测试集(X, y)上的平均准确度。

2. LDA 的应用实例

这里在 Iris 数据集上比较一下 PCA 和 LDA 的效果。Iris 数据集共有 4 个特征，分为 3 个类别。特征有 Sepal.Length（花萼长度）、Sepal.Width（花萼宽度）、Petal.Length（花瓣长度）和 Petal.Width（花瓣宽度）。种类有 Iris Setosa（山鸢尾）、Iris Versicolour（杂色鸢尾）及 Iris Virginica（维吉尼亚鸢尾）。

下面分别用 PCA 和 LDA 将 Iris 数据集降维到 2 维。

程序如下：

```
# 1. 导入数据集
from sklearn import datasets
iris = datasets.load_iris()
X = iris.data
y = iris.target
target_names = iris.target_names
print X.shape,y.shape

# 2. 使用 PCA 和 LDA
from sklearn.decomposition import PCA
pca = PCA(n_components=2)
X_r = pca.fit(X).transform(X)

from sklearn.discriminant_analysis import LinearDiscriminantAnalysis
lda = LinearDiscriminantAnalysis(n_components=2)
X_r2 = lda.fit(X, y).transform(X)

# 3. 可视化
import matplotlib.pyplot as plt

print 'first two components: %s' % str(pca.explained_variance_ratio_)
plt.figure()
```

```
colors = ['navy', 'turquoise', 'darkorange']
lw = 2

for color, i, target_name in zip(colors, [0, 1, 2], target_names):
    plt.scatter(X_r[y == i, 0], X_r[y == i, 1], color=color, alpha=.8, lw=lw,
        label=target_name)
plt.legend(loc='best', shadow=False, scatterpoints=1)
plt.title('PCA of IRIS dataset')

plt.figure()
for color, i, target_name in zip(colors, [0, 1, 2], target_names):
    plt.scatter(X_r2[y == i, 0], X_r2[y == i, 1], alpha=.8, color=color,
        label=target_name)
plt.legend(loc='best', shadow=False, scatterpoints=1)
plt.title('LDA of IRIS dataset')

plt.show()
```

结果如图 13-6 所示。

从降维结果可以看出，PCA 和 LDA 都顺利地将原来 4 维的数据集降到了 2 维，而且都较好地维持了原类别间的区分度。维持甚至改善类别间的区分度一般是我们期待降维算法能做到的，因为降维完成后，一般下一步的目标就是进行分类了。如果降维后不同类别都混在了一起，那么降维后的分类效果肯定是特别不理想的。

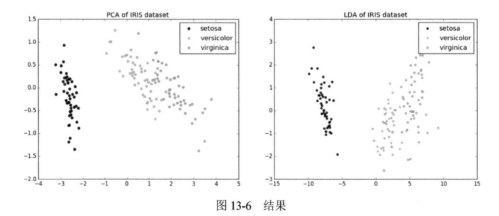

图 13-6　结果

13.4　局部线性嵌入

13.4.1　局部线性嵌入介绍

局部线性嵌入（Locally Linear Embedding，LLE）也是非常重要的降维方法。与 PCA 和 LDA 等关注样本方差的降维方法相比，LLE 更关注于降维时保持样本局部的线性特征，局部线性嵌入如图 13-7 所示。

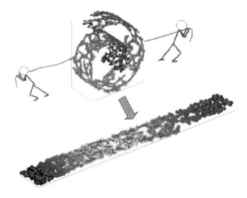

图 13-7　局部线性嵌入

LLE 首先假设数据在较小的局部是线性的，即某一个数据可以由它邻域中的几个样本来线性表示，例如：

$$x_1 = w_{12}x_2 + w_{13}x_3 + w_{14}x_4$$

其中，w_{12}、w_{13}、w_{14} 为权重系数。

通过 LLE 降维后，希望 x_1 在低维空间对应的投影 x_1' 和 x_2, x_3, x_4 对应的投影 x_2', x_3', x_4' 也尽量保持同样的线性关系：

$$x_1' \approx w_{12}x_2' + w_{13}x_3' + w_{14}x_4'$$

即投影前后线性关系的权重系数 w_{12}、w_{13}、w_{14} 尽量不变或改变是最小的。

13.4.2　局部线性嵌入过程和原理

LLE 主要分为两步，第一步是求出线性关系权重系数，第二步是求出映射后的低维数据，下面对其过程和原理进行详细推导。

1. 求出线性关系权重系数

假设以K个最近邻作为样本$\boldsymbol{x}_i$的邻域，先采取类似 K 近邻的欧氏距离法确定这K个最近邻点。其次，找出样本$\boldsymbol{x}_i$与其K个最近邻之间的线性关系，这是一个回归问题，以均方误差作为损失，即

$$J(\boldsymbol{w}) = \sum_{i=1}^{M} ||\boldsymbol{x}_i - \sum_{j=1}^{K} w_{ij}\boldsymbol{x}_j||_2^2$$

一般对权重系数w_{ij}做归一化限制，即

$$\sum_{j=1}^{K} w_{ij} = 1$$

通过上面两式求出我们的权重系数，即

$$\min_{\boldsymbol{w}} \quad J(\boldsymbol{w})$$

$$s.t. \quad \sum_{j=1}^{K} w_{ij} = 1$$

先做如下转化：

$$J(\boldsymbol{w}) = \sum_{i=1}^{M} \left\| \boldsymbol{x}_i - \sum_{j=1}^{K} w_{ij}\boldsymbol{x}_j \right\|_2^2$$

$$= \sum_{i=1}^{M} \left\| \left(\sum_{j=1}^{K} w_{ij} \right) \boldsymbol{x}_i - \sum_{j=1}^{K} w_{ij}\boldsymbol{x}_j \right\|_2^2$$

$$= \sum_{i=1}^{M} \left\| \sum_{j=1}^{K} w_{ij}\boldsymbol{x}_i - \sum_{j=1}^{K} w_{ij}\boldsymbol{x}_j \right\|_2^2$$

$$= \sum_{i=1}^{M} || \sum_{j=1}^{K} w_{ij} (x_i - x_j) ||_2^2$$

即 $W_i = (w_{i1}, w_{i2}, ..., w_{iK})^{\mathrm{T}}$，则：

$$J(w) = \sum_{i=1}^{M} ||(x_i - x_j)W_i||_2^2 = \sum_{i=1}^{M} W_i^{\mathrm{T}}(x_i - x_j)^{\mathrm{T}}(x_i - x_j)W_i$$

令 $Z_i = (x_i - x_j)^{\mathrm{T}}(x_i - x_j)$，则：

$$J(w) = \sum_{i=1}^{M} W_i^{\mathrm{T}} Z_i W_i$$

又式子 $\sum_{j=1}^{K} w_{ij} = 1$ 等价于：

$$W_i^{\mathrm{T}} l_K = 1$$

其中，l_K 为全 1 的 K 维列向量。

综上，运用拉格朗日乘子法，原优化问题转化为

$$\min_{w} \quad \sum_{i=1}^{M} W_i^{\mathrm{T}} Z_i W_i + \lambda (W_i^{\mathrm{T}} l_K - 1)$$

对 W_i 求导并令其为 0，得：

$$2 Z_i W_i + \lambda l_K = 0$$

即

$$W_i = -\frac{1}{2} \lambda Z_i^{-1} l_K$$

将其代入 $W_i^{\mathrm{T}} l_K = 1$，可得：

$$\left(-\frac{1}{2} \lambda Z_i^{-1} l_K \right)^{\mathrm{T}} l_K = 1 \quad 即 \quad -\frac{\lambda}{2} l_k^{\mathrm{T}} (Z_i^{-1})^{\mathrm{T}} l_K = 1$$

又：

$$Z_i = (x_i - x_j)^{\mathrm{T}}(x_i - x_j) \quad \Rightarrow \quad Z_i^{\mathrm{T}} = Z_i$$

整理，得：

$$-\frac{\lambda}{2} = l_k{}^\mathrm{T} Z_i{}^{-1} l_K$$

所以，最终的$\boldsymbol{W}_i$为

$$\boldsymbol{W}_i = \frac{Z_i{}^{-1} l_K}{l_k{}^\mathrm{T} Z_i{}^{-1} l_K}$$

2. 求出映射后的低维数据

假设原样本数据集$D = \{\boldsymbol{x}_1, \boldsymbol{x}_2, \ldots, \boldsymbol{x}_M\}$为$N$维，目标维数为$N'$，降维后的样本集$D' = \{\boldsymbol{y}_1, \boldsymbol{y}_2, \ldots, \boldsymbol{y}_M\}$。

得到高维权重系数向量$\boldsymbol{W}_i$后，希望这些权重系数对应的线性关系在降维后的低维样本中得到保持，即希望对应的标准差损失函数最小：

$$J(\boldsymbol{Y}) = \sum_{i=1}^{M} \left\| \boldsymbol{y}_i - \sum_{j=1}^{K} w_{ij} \boldsymbol{y}_j \right\|_2^2$$

上式与在高维的损失函数几乎相同，唯一区别是高维式子中，高维数据已知，目标是求最小值对应的权重系数矩阵$\boldsymbol{W}$，而在低维是权重系数矩阵$\boldsymbol{W}$已知，求对应的低维数据。

为得到标准化的低维数据，加入如下约束条件：

$$\sum_{i=1}^{M} \boldsymbol{y}_i = \boldsymbol{0} \ , \ \frac{1}{M} \sum_{i=1}^{M} \boldsymbol{y}_i \boldsymbol{y}_i{}^\mathrm{T} = \boldsymbol{I}$$

其中，$\boldsymbol{I}$为$N' \times N'$阶的单位矩阵。

则：

$$J(\boldsymbol{Y}) = \sum_{i=1}^{M} \left\| \boldsymbol{y}_i - \sum_{j=1}^{K} w_{ij} \boldsymbol{y}_j \right\|_2^2$$

$$= \sum_{i=1}^{M} \left\| YI_i - YW_i \right\|_2^2$$

$$= \mathrm{tr}(Y^{\mathrm{T}}(I-W)^{\mathrm{T}}(I-W)Y)$$

令 $M = (I-W)^{\mathrm{T}}(I-W)$，则优化的目标函数为

$$J(Y) = \mathrm{tr}(Y^{\mathrm{T}}MY)$$

约束条件为 $\frac{1}{N} Y^{\mathrm{T}} Y = I$。

综上，运用拉格朗日乘子法，原优化问题转化为

$$\min_{Y} \quad tr(Y^{\mathrm{T}}MY) + \lambda(Y^{\mathrm{T}}Y - NI)$$

对 Y 求导并令其为 0，得

$$2MY + 2\lambda Y = 0$$

即

$$MY = \lambda' Y$$

很明显，所求的 Y 矩阵就是矩阵 M 最小的 N' 个特征值所对应的特征向量组成的矩阵 $V = (v_1, v_2, \dots, v_{N'})$。

一般，M 最小的特征值为 0，此时对应的特征向量为全 1，不能反映数据特征，因此实际情况中往往选择 M 的第 $2{\sim}N'{+}1$ 个最小的特征值对应的特征向量组成 $V = (v_2, v_3, \dots, v_{N'+1})$。

3. LLE 步骤

输入：样本数据集 $D = \{x_1, x_2, \dots, x_M\}$，目标维数为 N'。

输出：降维后的样本集 $D' = \{y_1, y_2, \dots, y_M\}$。

步骤如下。

第 1 步：依次计算样本 x_i 的 K 个最近邻 $x_{i1}, x_{i2}, \dots, x_{iK}$，$i = 1, 2, \dots, M$。

第 2 步：求出局部协方差矩阵 $Z_i = (x_i - x_i)^T(x_i - x_i)$，并计算相应的权重系数向量。

$$W_i = \frac{Z_i^{-1}l_k}{l_k^T Z_i^{-1}l_k}$$

第 3 步：权重系数向量 W_i 组成权重系数矩阵 W，计算矩阵 $M = (I - W)^T(I - W)$。

第 4 步：计算矩阵 M 的前 $N' + 1$ 个特征值及其对应的特征向量 $(v_1, v_2, ..., v_{M'+1})$。

第 5 步：$2\sim(N' + 1)$ 个特征向量所组成的矩阵即为输出的低维样本集 $D' = \{y_1, y_2, ..., y_M\}$。

4. LLE 小结

优点：

（1）可学习任意维的局部线性的低维流形。

（2）算法归结为稀疏矩阵特征分解，计算复杂度相对较小。

缺点：

（1）算法所学习的流形只能是不闭合的，且样本集是稠密均匀的。

（2）算法对最近邻样本数的选择敏感。

13.4.3 LLE 应用实例

LLE 算法在 scikit-learn 中通过 sklearn.manifold.LocallyLinearEmbedding 类进行了实现，下面介绍该类的主要参数和方法，并介绍一个实际的局部线性嵌入例子。

1. scikit-learn 实现

```
sklearn.manifold.LocallyLinearEmbedding(n_neighbors=5,
                                        n_components=2,
                                        method='standard',
                                        neighbors_algorithm='auto')
```

参数

- n_neighbors：指定每个点要考虑的邻居数量，默认是 5。
- n_components：指定需要降到的维数。
- method：standard、hessian、modified 或 ltsa。
- neighbors_algorithm：最近邻搜索算法，可选项有 auto、brute、kd_tree 和 ball_tree。

方法

- fit(X)：计算数据集 X 的嵌入向量。
- fit_transform(X)：计算数据集 X 的嵌入向量并转换 X。

2. 应用实例

程序

```
from time import time
import matplotlib.pyplot as plt
from mpl_toolkits.mplot3d import Axes3D
from matplotlib.ticker import NullFormatter
from sklearn import manifold, datasets

# 生成数据
n_points = 1000
X, color = datasets.samples_generator.make_s_curve(n_points,
    random_state=0)

# 可视化原始数据
fig = plt.figure(figsize=(15, 8))
ax = fig.add_subplot(251, projection='3d')
ax.scatter(X[:, 0], X[:, 1], X[:, 2], c=color, cmap=plt.cm.Spectral)
ax.view_init(4, -72)
ax = fig.add_subplot(252 + i)
plt.scatter(Y[:, 0], Y[:, 1], c=color, cmap=plt.cm.Spectral)
plt.title("%s (%.2g sec)" % ('LLE', t1 - t0))
ax.xaxis.set_major_formatter(NullFormatter())
ax.yaxis.set_major_formatter(NullFormatter())
plt.axis('tight')
```

```
# 训练降维模型并可视化降维结果
n_neighbors = 10
n_components = 2
methods = ['standard', 'ltsa', 'hessian', 'modified']
labels = ['LLE', 'LTSA', 'Hessian LLE', 'Modified LLE']

for i, method in enumerate(methods):
    t0 = time()
Y = manifold.LocallyLinearEmbedding(n_neighbors, n_components,
    method=method).fit_transform(X)
    t1 = time()

    ax = fig.add_subplot(252 + i)
    plt.scatter(Y[:, 0], Y[:, 1], c=color, cmap=plt.cm.Spectral)
    plt.title("%s (%.2g sec)" % (labels[i], t1 - t0))
    ax.xaxis.set_major_formatter(NullFormatter())
    ax.yaxis.set_major_formatter(NullFormatter())
    plt.axis('tight')

plt.show()
```

结果如图 13-8 所示。

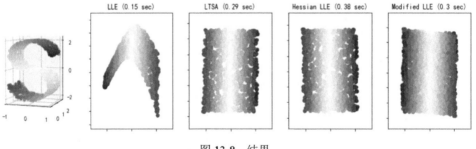

图 13-8   结果

## 第 14 章

Word2Vec 和 Doc2Vec
词向量模型

14.1　Word2Vec

14.1.1　Word2Vec 概述

Word2Vec 是 Google 在 2013 年推出的一个 NLP 工具，它的基本思想是：把自然语言中的每一个词都表示成一个统一意义、统一维度的短向量（Word Embedding），这样，词与词之间的关系就可以用短向量之间的关系度量。值得说明的是，Word2Vec 可以在百万数量级的词典和上亿的数据集上进行高效训练，得到每一个词语的短向量；并且词语向量之间的距离可以表示词语之间的相似度。

Word2Vec 模型包括两种：CBOW（Continuous Bag-of-Words Model）模型和 Skip-gram（Continuous Skip-Gram Model）模型。两种模型都可以使用基于哈夫曼树的 Hierarchical Softmax 方法或基于负采样的 Negative Sampling 方法来进行设计，关系如图 14-1 所示。

从图 14-1 可知，CBOW 模型的目标是在给定某个词 W_t 的上下文的情况下，需要预测词 W_t 自身；而 Skip-Gram 模型正好相反，它是给定某个词 W_t 的情况下，需要预测该词的上下文。下面对这两个模型的结构和对应的原理进行详细讲解。

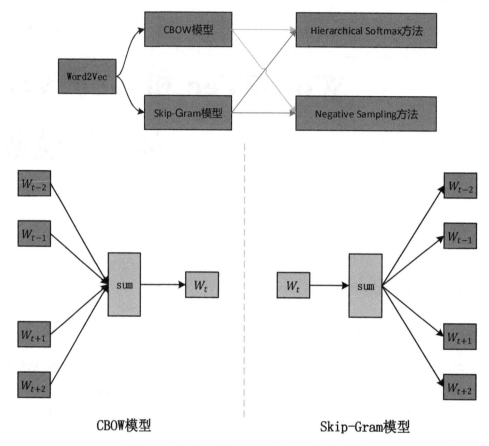

图 14-1　CBOW 模型和 SKip-Gram 模型的关系

14.1.2　基于 Hierarchical Softmax 方法的 CBOW 模型

假设没有一批文本语料，我们首先可以对其进行分词，分词后统计语料中各个词的出现次数，然后根据各个词在整个语料中的频次生成一棵 Huffman 树并进行 Huffman 编码。这些准备好后就可以构造 CBOW 模型了，CBOW 模型如图 14-2 所示。

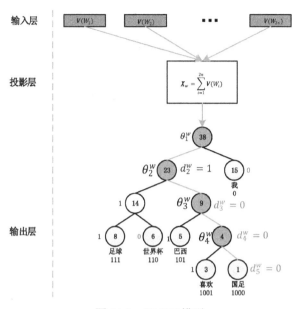

图 14-2　CBOW 模型

当然，上面的 Huffman 树并不是完整的通用情况，而是具体例子中所用到的实际情况。下面进一步定义通用型 Huffman 树的基本数值特征：

- P^w：从根节点到达 W 对应子节点的路径。
- L^w：路径 P^w 中节点的个数。
- $\boldsymbol{\theta}_j^w$：路径 P^w 中第 j 个非叶子节点对应的向量。
- d_j^w：路径 P^w 中第 j 个非叶子节点对应的编码，即 $d_j^w = 0$ 或 1。

1. 推导

一般化，就是：

$$P\big(W\big|\mathrm{context}(W)\big) = \prod_{j=2}^{L^w} P\big(d_j^w\big|\boldsymbol{X}_w, \boldsymbol{\theta}_{j-1}^w\big)$$

其中：

$$P\big(d_j^w\big|\boldsymbol{X}_w, \boldsymbol{\theta}_{j-1}^w\big) = \begin{cases} \sigma\big(\boldsymbol{X}_w \cdot \boldsymbol{\theta}_{j-1}^w\big), & d_j^w = 0 \\ 1 - \sigma\big(\boldsymbol{X}_w \cdot \boldsymbol{\theta}_{j-1}^w\big), & d_j^w = 1 \end{cases}$$

写成整体表达式就是：

$$P(d_j^w|\boldsymbol{X}_w,\boldsymbol{\theta}_{j-1}^w) = [\sigma(\boldsymbol{X}_w \cdot \boldsymbol{\theta}_{j-1}^w)]^{1-d_j^w}[1 - \sigma(\boldsymbol{X}_w \cdot \boldsymbol{\theta}_{j-1}^w)]^{d_j^w}$$

所以，对于每一次预测，我们最终得到的目标函数如下

$$P(W|\text{context}(W)) = \prod_{j=2}^{L^w}\left\{[\sigma(\boldsymbol{X}_w \cdot \boldsymbol{\theta}_{j-1}^w)]^{1-d_j^w} \cdot [1 - \sigma(\boldsymbol{X}_w \cdot \boldsymbol{\theta}_{j-1}^w)]^{d_j^w}\right\}$$

前面说过，我们的目标就是使$P(W|\text{context}(W))$最大，则问题就转化成了使上面的目标函数最大化的优化问题。为了方便计算，将目标函数取对数（取对数可以将乘法运算转化为加法运算），得到：

$$L = \sum_{j=2}^{L^w}\left\{(1-d_j^w)\log[\sigma(\boldsymbol{X}_w \cdot \boldsymbol{\theta}_{j-1}^w)] + d_j^w\log[1 - \sigma(\boldsymbol{X}_w \cdot \boldsymbol{\theta}_{j-1}^w)]\right\}$$

进一步，令：

$$L(\boldsymbol{X}_w,\boldsymbol{\theta}_{j-1}^w) = (1-d_j^w)\log[\sigma(\boldsymbol{X}_w \cdot \boldsymbol{\theta}_{j-1}^w)] + d_j^w\log[1 - \sigma(\boldsymbol{X}_w \cdot \boldsymbol{\theta}_{j-1}^w)]$$

则最大化L可以等价于最大化$L(\boldsymbol{X}_w,\boldsymbol{\theta}_{j-1}^w)$。

采用随机梯度下降法，分别求$L(\boldsymbol{X}_w,\boldsymbol{\theta}_{j-1}^w)$对未知参数$\boldsymbol{X}_w$和$\boldsymbol{\theta}_{j-1}^w$的偏导。

（1）求目标函数对未知参数$\boldsymbol{\theta}_{j-1}^w$的偏导

$$\frac{\partial}{\partial \boldsymbol{\theta}_{j-1}^w}L(\boldsymbol{X}_w,\boldsymbol{\theta}_{j-1}^w) = \frac{\partial}{\partial \boldsymbol{\theta}_{j-1}^w}\left\{(1-d_j^w)\log[\sigma(\boldsymbol{X}_w \cdot \boldsymbol{\theta}_{j-1}^w)] + d_j^w\log[1 - \sigma(\boldsymbol{X}_w \cdot \boldsymbol{\theta}_{j-1}^w)]\right\}$$

前面在 Logistic 回归中已经推导过，$[\log\sigma(x)]' = 1 - \sigma(x)$，$[\log(1-\sigma(x))]' = -\sigma(x)$，所以

$$[\log\sigma(\boldsymbol{X}_w \cdot \boldsymbol{\theta}_{j-1}^w)]' = [1 - \sigma(\boldsymbol{X}_w \cdot \boldsymbol{\theta}_{j-1}^w)]\boldsymbol{X}_w$$

$$[\log(1 - \sigma(\boldsymbol{X}_w \cdot \boldsymbol{\theta}_{j-1}^w))]' = -\sigma(\boldsymbol{X}_w \cdot \boldsymbol{\theta}_{j-1}^w)\boldsymbol{X}_w$$

代入上面的求导式子中，可得：

$$\frac{\partial}{\partial \boldsymbol{\theta}_{j-1}^w}L(\boldsymbol{X}_w,\boldsymbol{\theta}_{j-1}^w) = (1-d_j^w)[1 - \sigma(\boldsymbol{X}_w \cdot \boldsymbol{\theta}_{j-1}^w)]\boldsymbol{X}_w - d_j^w\sigma(\boldsymbol{X}_w \cdot \boldsymbol{\theta}_{j-1}^w)\boldsymbol{X}_w$$

$$= \{(1 - d_j^w)[1 - \sigma(X_w \cdot \theta_{j-1}^w)] - d_j^w \sigma(X_w \cdot \theta_{j-1}^w)\} X_w$$

$$= [1 - d_j^w - \sigma(X_w \cdot \theta_{j-1}^w)] X_w$$

于是神经网络的权重系数θ_{j-1}^w的更新公式如下：

$$\theta_{j-1}^w = \theta_{j-1}^w + \eta[1 - d_j^w - \sigma(X_w \cdot \theta_{j-1}^w)] X_w$$

其中，η为学习的步长。

（2）求目标函数对未知参数X_w的偏导

考虑$L(X_w, \theta_{j-1}^w)$中X_w和θ_{j-1}^w的对称性，所以它们的求导结果也具有对称性，所以可直接写出$L(X_w, \theta_{j-1}^w)$对X_w的偏导数如下：

$$\frac{\partial}{\partial X_w} L(X_w, \theta_{j-1}^w) = [1 - d_j^w - \sigma(X_w \cdot \theta_{j-1}^w)] \theta_{j-1}^w$$

但是我们知道，X_w其实是输入的$2n$个词向量求和的结果，而我们最终的目标是得到词典中各个词的词向量$V(W)$，怎么得到呢？Word2Vec 采用的策略很简单，即直接取：

$$V(W) = V(W) + \eta \sum_{j=2}^{L^w} \frac{\partial}{\partial X_w} L(X_w, \theta_{j-1}^w)$$

即

$$V(W) = V(W) + \eta \sum_{j=2}^{L^w} [1 - d_j^w - \sigma(X_w \theta_{j-1}^w)] \theta_{j-1}^w$$

其实这也比较合理。考虑整个 CBOW 的结构，X_w本来就是各个$V(W)$的累加结果，因此将目标函数对X_w的偏导数累加起来后分摊到各个$V(W)$中去也是合适的。

2. 层次 Softmax 方法的实现过程

第 1 步　利用训练语料数据创建词典，对词典中的每个单词进行二叉树 Huffman 编码。

第 2 步　根据定义的窗口大小，截取一个窗口内的单词作为一个训练样本进行一次训练。

第 3 步　对窗口内的左右单词对应的词向量进行累加（不包含自身），并计算出其平均向量 $V(W)$。

第 4 步　每个二叉树非叶子节点链接到 $V(W)$ 后都有一个可学习的参数 W，通过 Sigmoid 函数可以得到每个非叶子节点的激活值（即概率值）。

第 5 步根据输出文字的节点路径，反向求导更新新路径上每个非叶子节点到隐藏层的参数值 W，更新窗口内各个单词的词向量。

14.1.3　基于 Hierarchical Softmax 方法的 Skip-Gram 模型

Skip-Gram 模型是由给定的某个词向量 $V(W)$ 来预测它的上下文，Skip-Gram 模型如图 14-3 所示。

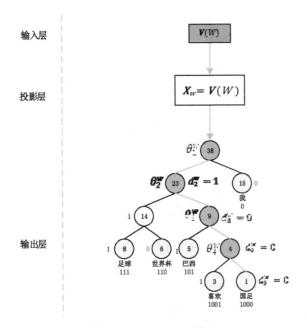

图 14-3　Skip-Gram 模型

可以看出，它的训练过程其实和 CBOW 模型是一样的。只不过由于它需要预测出 $V(W)$ 的上下文的 $2n$ 个词向量，因此需要将 CBOW 的训练过程重复 $2n$ 次。

由上可知，输入层是单个词向量$\boldsymbol{V}(W)$，因此它的投影层也是$\boldsymbol{X}_w = \boldsymbol{V}(W)$，所以我们可以直接套用 CBOW 模型的训练结果，将其中的$\boldsymbol{X}_w$用$\boldsymbol{V}(W)$代入。

（1）模型的权重参数$\boldsymbol{\theta}_{j-1}^w$的更新公式

$$\boldsymbol{\theta}_{j-1}^w = \boldsymbol{\theta}_{j-1}^w + \eta\left[1 - d_j^w - \sigma\left(\boldsymbol{V}(W) \cdot \boldsymbol{\theta}_{j-1}^w\right)\right]\boldsymbol{V}(W)$$

（2）输入词向量$\boldsymbol{V}(W)$的更新公式

$$\boldsymbol{V}(W) = \boldsymbol{V}(W) + \eta\sum_{j=2}^{L^w}\left[1 - d_j^w - \sigma\left(\boldsymbol{V}(W) \cdot \boldsymbol{\theta}_{j-1}^w\right)\right]\boldsymbol{\theta}_{j-1}^w$$

14.1.4　基于 Negative Sampling 方法的 CBOW 模型

Negative Sampling（NEG）方法是 Tomas Mikolov 等人提出的，目的是用来提高 Word2Vec 模型的训练速度，改善得到的词向量的质量。

与基于 Hierarchical Softmax 的方法相比，NEG 不再使用 Huffman 树，而是改用更加简单的随机负采样法。下面详细介绍其原理。

1. 正负样本概念

在 CBOW 模型中，目标是通过某个词W的上下文context(W)来预测出W本身，因此我们可以将词W记为一个正样本，而将W以外的词全部记为负样本。

NEG 的核心思想是：把整个预测输出当作一个二分类过程，即分类结果为正、负两类；其目标就是增加正样本出现的概率，同时降低负样本出现的概率。这点不难理解，因为在分类预测过程中，预测结果属于哪一类实际先得到的是一个属于各类的概率，所以我们的目标肯定是增大正确分类的概率，降低错误分类的概率。这里正确分类就对应着正样本。

可以定义如下标记函数：

$$L^w(u) = \begin{cases} 1, & u = w \\ 0, & u \neq w \end{cases}$$

则$L^w(u)$可表示为词u的正负标签。

2. 基于 Negative Sampling 方法的 CBOW 模型训练过程

这里训练过程中的二分类还是采用 Logistic 回归，则有：

$$P(u|\text{context}(W)) = \begin{cases} \sigma(\boldsymbol{X}_w \cdot \boldsymbol{\theta}_{j-1}^u), & L^w(u) = 1 \text{ 时} \\ 1 - \sigma(\boldsymbol{X}_w \cdot \boldsymbol{\theta}_{j-1}^u), & L^w(u) = 0 \text{ 时} \end{cases}$$

即

$$P(u|\text{context}(W)) = \begin{cases} \sigma(\boldsymbol{X}_w \cdot \boldsymbol{\theta}_{j-1}^u), & u = w \text{时} \\ 1 - \sigma(\boldsymbol{X}_w \cdot \boldsymbol{\theta}_{j-1}^u), & u \neq w \text{时} \end{cases}$$

对于一个给定的训练集正样本$(W, \text{context}(W))$，设它的分类目标函数为$g(w)$，则有：

$$g(w) = \prod_{u \in \{w\} \cup \text{NEG}(W)} P(u|\text{context}(W))$$

代入$P(u|\text{context}(W))$的表达式，即

$$g(w) = \sigma(\boldsymbol{X}_w \cdot \boldsymbol{\theta}_{j-1}^w) \prod_{u \in \text{NEG}(W)} [1 - \sigma(\boldsymbol{X}_w \cdot \boldsymbol{\theta}_{j-1}^u)]$$

$\sigma(\boldsymbol{X}_w \cdot \boldsymbol{\theta}_{j-1}^w)$代表上下文为$\text{context}(W)$时，预测中心词为$W$的概率，即被正确分类的概率；$\sigma(\boldsymbol{X}_w \cdot \boldsymbol{\theta}_{j-1}^u)$表示上下文为$\text{context}(W)$时，预测中心词为$u$的概率，即被误分类的概率。当我们最大化$g(w)$时，会使$\sigma(\boldsymbol{X}_w \cdot \boldsymbol{\theta}_{j-1}^w)$和$1 - \sigma(\boldsymbol{X}_w \cdot \boldsymbol{\theta}_{j-1}^u)$变大，使$\sigma(\boldsymbol{X}_w \cdot \boldsymbol{\theta}_{j-1}^w)$变大而使$\sigma(\boldsymbol{X}_w \cdot \boldsymbol{\theta}_{j-1}^u)$变小，这就达到了前面所说的 NEG 方法的核心思想。所以接下来的重点就转移到怎样使$g(w)$最大化了。

为了简化计算，我们对目标函数$g(w)$取对数，将乘法运算转化为加法运算，在此之前先利用上面的正负样本符号$L^w(u)$将$g(w)$等价写成如下形式：

$$g(w) = \sigma(\boldsymbol{X}_w \cdot \boldsymbol{\theta}_{j-1}^w) \prod_{u \in \text{NEG}(W)} [1 - \sigma(\boldsymbol{X}_w \cdot \boldsymbol{\theta}_{j-1}^u)]$$

$$= \prod_{u \in \{w\} \cup \text{NEG}(W)} \left\{ [\sigma(\boldsymbol{X}_w \cdot \boldsymbol{\theta}_{j-1}^u)]^{L^w(u)} [1 - \sigma(\boldsymbol{X}_w \cdot \boldsymbol{\theta}_{j-1}^u)]^{1-L^w(u)} \right\}$$

再取对数，得：

$$L = \log g(w) = \sum_{u \in \{w\} \cup NEG(W)} \{L^w(u) \log[\sigma(\boldsymbol{X}_w \cdot \boldsymbol{\theta}_{j-1}^u)]$$
$$+ [1 - L^w(u)] \log[1 - \sigma(\boldsymbol{X}_w \cdot \boldsymbol{\theta}_{j-1}^u)]\}$$

进一步取：

$$L(\boldsymbol{X}_w, \boldsymbol{\theta}_{j-1}^u) = L^w(u) \log[\sigma(\boldsymbol{X}_w \cdot \boldsymbol{\theta}_{j-1}^u)] + [1 - L^w(u)] \log[1 - \sigma(\boldsymbol{X}_w \cdot \boldsymbol{\theta}_{j-1}^u)]$$

则最大化 $g(w)$ 等价于最大化 $L(\boldsymbol{X}_w, \boldsymbol{\theta}_{j-1}^u)$。同前面一样，对其求偏导数。

（1）求目标函数 $L(\boldsymbol{X}_w, \boldsymbol{\theta}_{j-1}^u)$ 对未知参数 $\boldsymbol{\theta}_{j-1}^u$ 的偏导

仍然利用 Logistic 回归中的性质：$[\log \sigma(x)]' = 1 - \sigma(x)$，$[\log(1 - \sigma(x))]' = -\sigma(x)$。

得到：

$$[\log \sigma(\boldsymbol{X}_w \cdot \boldsymbol{\theta}_{j-1}^u)]' = [1 - \sigma(\boldsymbol{X}_w \cdot \boldsymbol{\theta}_{j-1}^u)]\boldsymbol{X}_w$$

$$\left[\log\left(1 - \sigma(\boldsymbol{X}_w \cdot \boldsymbol{\theta}_{j-1}^u)\right)\right]' = -\sigma(\boldsymbol{X}_w \cdot \boldsymbol{\theta}_{j-1}^u)\boldsymbol{X}_w$$

代入，可得到：

$$\frac{\partial}{\partial \boldsymbol{\theta}_{j-1}^u} L(\boldsymbol{X}_w, \boldsymbol{\theta}_{j-1}^u)$$
$$= L^w(u)[1 - \sigma(\boldsymbol{X}_w \cdot \boldsymbol{\theta}_{j-1}^u)]\boldsymbol{X}_w - [1 - L^w(u)]\sigma(\boldsymbol{X}_w \cdot \boldsymbol{\theta}_{j-1}^u)\boldsymbol{X}_w$$
$$= [L^w(u) - \sigma(\boldsymbol{X}_w \cdot \boldsymbol{\theta}_{j-1}^u)]\boldsymbol{X}_w$$

所以模型的权重系数 $\boldsymbol{\theta}_{j-1}^u$ 的更新公式为

$$\boldsymbol{\theta}_{j-1}^u = \boldsymbol{\theta}_{j-1}^u + \eta[L^w(u) - \sigma(\boldsymbol{X}_w \cdot \boldsymbol{\theta}_{j-1}^u)]\boldsymbol{X}_w$$

（2）求目标函数 $L(\boldsymbol{X}_w, \boldsymbol{\theta}_{j-1}^u)$ 对未知参数 $\boldsymbol{X}_w$ 的偏导

同样利用 $\boldsymbol{X}_w$ 和 $\boldsymbol{\theta}_{j-1}^u$ 的对称性，可以得到：

$$\frac{\partial}{\partial \boldsymbol{X}_w} L(\boldsymbol{X}_w, \boldsymbol{\theta}_{j-1}^u) = [L^w(u) - \sigma(\boldsymbol{X}_w \cdot \boldsymbol{\theta}_{j-1}^u)]\boldsymbol{\theta}_{j-1}^u$$

做跟基于 Hierarchical Softmax 方法的 CBOW 的类似处理，得到输入词向量的更

新公式如下

$$V(W) = V(W) + \eta \sum_{u \in \{w\} \cup NEG(W)} \frac{\partial}{\partial X_w} L(X_w, \theta_{j-1}^u)$$

即

$$V(W) = V(W) + \eta \sum_{u \in \{w\} \cup NEG(W)} \left[L^w(u) - \sigma(X_w \cdot \theta_{j-1}^u)\right]\theta_{j-1}^u$$

14.1.5　基于 Negative Sampling 方法的 Skip-Gram 模型

和基于 Hierarchical Softmax 方法的 Skip-Gram 模型一样，基于 Negative Sampling 方法的 Skip-Gram 模型和基于 Negative Sampling 方法的 CBOW 模型训练过程类似，这里不再详述，结果如下。

（1）模型的权重参数θ_{j-1}^u的更新公式

$$\theta_{j-1}^u = \theta_{j-1}^u + \eta\left[L^w(u) - \sigma(V(W) \cdot \theta_{j-1}^u)\right]V(W)$$

（2）输入词向量$V(W)$的更新公式

$$V(W) = V(W) + \eta \sum_{u \in \{w\} \cup NEG(W)} \left[L^w(u) - \sigma(V(W) \cdot \theta_{j-1}^u)\right]\theta_{j-1}^u$$

（3）Word2Vec 需要注意的点

- 架构：Skip-Gram（慢、对罕见字有利）vs CBOW（快）。
- 训练算法：分层 Softmax（对罕见字有利）vs 负采样（对常见词和低维向量有利）。
- 使用负例采样准确率提高，但速度会慢；不使用 Negative Sampling 的 Word2Vec 本身非常快，但是准确性不高。
- 欠采样频繁词：可以提高结果的准确性和速度（适用范围 1e–3 到 1e–5）。
- 上下文窗口（window）大小：Skip-Gram 通常在 10 附近，CBOW 通常在 5 附近。

14.1.6　Word2Vec 应用实例

Gensim 是笔者较常用的一个 NLP 工具包，特别是其中的 Word2Vec 模块。下面讲解 Word2Vec 的 Gensim 实现，并展示一个实际的例子。

1. Gensim 实现

```
gensim.models.word2vec.Word2Vec(sentences=None,
                                sg=0,
                                hs=0,
                                cbow_mean=1,
                                size=100,
                                window=5,
                                min_count=5,
                                seed=1,
                                alpha=0.025,
                                min_alpha=0.0001,

                                iter=5,
                                batch_words=10000,
                                workers=3,
                                max_vocab_size=None,
                                sample=0.001,
                                sorted_vocab=1,
                                negative=5)
```

参数

- sentences：需要训练的句子列表，如果不提供句子，则默认为 None，表示模型未初始化。对于大语料集，可以考虑使用流式方式构建。
- sg：用于选择训练模型，默认为 0，表示使用 CBOW 模型；如果设置 sg=1，则表示采用 Skip-Gram 模型。
- hs：用于选择学习算法，默认为 0，表示采用 Negative Sampling 方法；如果设置为 1，则采用 Hierarchica Softmax 方法。
- cbow_mean：用于选择 CBOW 模式下投影层向量的计算方式；如果设置为 0，则采用上下文词向量的和；如果设置为 1，则采用均值，默认为 1。
- size：用于指定特征向量的维度，默认为 100；大的维度需要更多的训练数据，但是效果会更好，建议选择几十到几百之间。

- window：定义上下文窗口大小，是训练词向量时，取上下文的大小，默认为 5。Word2Vec 每次截取出一个窗口内的词作为一个样本进行训练，该参数值只是设定一个 max window size，Word2Vec 底层会生成一个随机大小的窗口，只要满足其范围在 max window size 内即可。Skip-Gram 通常在 10 附近，CBOW 通常在 5 附近。

- min_count：设定对字典做截断的阈值，词频少于 min_count 次数的单词会被舍弃掉，默认为 5。

- seed：随机数发生器种子，与初始化词向量有关。

- alpha：初始学习速率（随着训练进度，线性下降到 min_alpha）。

- min_alpha：最低学习速率。

- iter：用于设定迭代次数，默认为 5。

- batch_words：用于设置每一批传递给线程的单词数量，默认为 10000。

- workers：控制训练时 CPU 的并行数。

- max_vocab_size：设置词向量构建期间的 RAM 限制值，如果所有独立词总数超过这个值，则消除其中最不频繁的一个（每一千万个单词需要大约 1GB 的 RAM）；默认为 None，表示不做限制。

- sample：用于配置那些高频词汇被随机降采样的阈值，默认为 1e–3，可用范围是(0,1e–5)。

- sorted_vocab：默认为 1，表示在分配词索引之前对词汇按频率降序排列。

- negative：如果大于 0，则使用负采样，int 值指定应该绘制多少"噪声字"（通常在 5~20），默认为 5。

2. 应用实例

程序如下：

```
# 引入 Word2Vec
from gensim.models import word2vec

# 引入日志配置
import logging
logging.basicConfig(format='%(asctime)s : %(levelname)s : %(messag
    e)s', level=logging.INFO)
```

```
# 引入分词工具
import jieba

# 引入数据集
raw_sentences = ["但由于中文没有像英文那么自带天然的分词","所以我们第一步采
    用分词"]

# 切分词汇
sentences = []
for s in raw_sentences:
    tmp = []
    for item in jieba.cut(s):
        tmp.append(item)
    sentences.append(tmp)
print(sentences)

# 构建模型
model = word2vec.Word2Vec(sentences, min_count=1)

# 进行词向量输出
model['中文']
```

14.2　Doc2Vec 模型

14.2.1　Doc2Vec 模型原理

通过前面的学习我们知道，Word2Vec 模型训练完成后可以得到语料中各个词（如词W）的向量表示形式（$V(W)$）。不管是 CBOW 模型还是 Skip-Gram 模型，在训练过程中都考虑到了词的上下文 contest(W)，因此得到的词向量维度比之前的 one-hot 向量要短很多，另外还有一个特别有利的性质就是：各个词对应的词向量（之前说过，每个词向量表示一个点）之间的距离远近可以反映这些词语义之间的关系。简单说来就是：该模型不仅考虑了上下文语境信息，还压缩了数据规模。

有了 Word2Vec 模型训练的词向量后，我们可以做的事情很多，最常见的有文本分类和文本聚类。具体做法就是：对测试集中每一篇文档中的词向量求一个平均值，这个平均值就相当于代表了这一篇文章的语义，然后通过比较该平均词向量和训练

集文档中各文档对应的平均词向量的距离，就可以预测这篇文档最有可能属于哪一类了。

但是上述对文档中所有词向量取平均的处理方式有一个小小的缺点，那就是会抹灭文档中各个词的排列顺序产生的作用。为了解决这一问题，就有了下面要介绍的 Doc2Vec 模型了。

实际上，Doc2Vec 模型除在 Word2Vec 模型的基础上增加了一个段落向量（注意，这里实际是将一整篇文档当作一个段落了）外，其他部分和 Word2Vec 模型几乎是完全一样的。同样，Doc2Vec 模型也有两种处理方法，即 Distributed Memory（DM）和 Distributed Bag of Words（DBOW）。

- DM 的目标是在给定某个词的上下文和段落向量的基础上预测该词出现的概率。
- DBOW 则是在仅给定段落向量的基础上预测段落中一组随机单词出现的概率。

Doc2Vec 模型结构如图 14-4 所示。

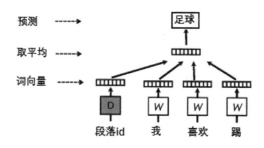

图 14-4　Doc2Vec 模型结构

先看 CBOW 方法，相比于 Word2Vec 的 cbow 模型，区别点如下。

- 训练过程中新增了 paragraph id，即训练语料中每个句子都有一个唯一的 id。paragraph id 和普通的 word 一样，也是先映射成一个向量，即 paragraph vector。paragraph vector 与 word vector 的维数虽然一样，但是来自两个不同的向量空间。在之后的计算里，paragraph vector 和 word vector 累加或者连接起来，作为输出层 Softmax 的输入。在一个句子或者文档的训练过程中，paragraph id 保持不变，共享着同一个 paragraph vector，相当于每次在预测单词的概率时，都利用了整个句子的语义。

- 在预测阶段，给待预测的句子新分配一个 paragraph id，词向量和输出层 Softmax 的参数保持训练阶段得到的参数不变，重新利用梯度下降训练待预测的句子。待收敛后，即得到待预测句子的 paragraph vector。

Sentence2Vec 模型与 Word2Vec 的 Skip-Gram 模型相比，区别点是：在 Sentence2Vec 里，输入都是 Paragraph Vector，输出是该 Paragraph 中随机抽样的词。Sentence2Vec 模型如图 14-5 所示。

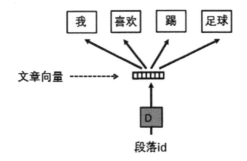

图 14-5　Sentence2Vec 模型

14.2.2　Doc2Vec 应用实例

1. Doc2Vec 的 Gensim 实现

```
gensim.models.doc2vec.Doc2Vec(documents=None,
                              dm=1,
                              hs=0,
                              dm_mean=1,
                              dm_concat=0,
                              dm_tag_count=1,
                              size=100,
                              windows=5,
                              min_count=5,
                              seed=1,
                              alpha=0.025,
                              min_alpha=0.0001,
                              iter=5,
                              batch_words=10000,
```

```
workers=3,
max_vocab_size=None,
sample=0.001,
negative=5)
```

参数

- documents：需要训练的文档列表。如果不提供句子，则默认为 None，表示模型未初始化。对于大语料集，可以考虑使用流式方式构建。
- dm：定义训练模式。如果选择 dm = 0，表示使用 Distributed Bag of Words（DBOW）模式。默认选择 dm = 1，表示选择 Distributed Memory（DM）模式。
- hs：用于选择学习算法，默认为 0，表示采用 Negative Sampling 方法；如果设置为 1，则采用 Hierarchica Softmax 方法。
- dm_mean：用于选择 DM 模式下投影层向量的计算方式。如果设置为 0，则采用上下文词向量的和；如果设置为 1，则采用均值，默认为 1。
- dm_concat：用于选择 DM 模式下投影层向量的计算方式；默认为 0，表示不选择。如果选择 dm_concat=1，则表示对上下文词向量进行拼接，而不是求和或取均值。
- dm_tag_count：当使用 dm_concat 模式时，每个文档需要一个文档标签常数，默认为 dm_tag_count=1。

其他参数释义在前面讲过，不再赘述。

方法

- train(sentences)：通过给定的 sentences 训练模型参数，每个 sentences 必须是一个 unicode 字符串。
- save(fname)：存储模型，fname 为文件路径。
- load(fname)：加载模型。
- update_weights()：更新模型的权重系数。
- similarity(w1,w2)：输出两个词语的相似度。
- accuracy()：计算准确度值。
- create_binary_tree()：使用存储的语料创建一棵 Huffman 树。
- estimate_memory()：评估现有模型需要的内存。

- get_latest_training_loss()：获取最新的训练损失。
- initialize_word_vectors()：初始化词向量。
- most_similar(topn=10)：输出和某个词最相似的 top *n* 个词。

2. 应用实例

```python
import numpy as np

# 将文本数据以以下方式导入到 Doc2vec 中
sources = { '/情感分析训练语料/neg_train.txt':'TRAIN_NEG',
            '/情感分析训练语料/pos_train.txt':'TRAIN_POS',
            '/情感分析训练语料/uns_train.txt':'TRAIN_UNS',
            '/情感分析训练语料/uns_test.txt':'TEST_UNS'}

# 调用将文本转化为 LabeledLineStentece 对象的方法（Doc2vec 需要以
# LabeledLineSentece 对象作为输入）
sentences = LabeledLineSentence(sources)

# 构建 Doc2vec 模型
model = Doc2Vec(min_count=1, window=8, size=80, sample=1e-4,
    negative=5, workers=8)
model.build_vocab(sentences.to_array())


# 训练 Doc2vec 模型（本例迭代次数为 10，如果时间允许，可以迭代更多的次数）
for epoch in range(10):
    model.train(sentences.sentences_perm())

# 将训练好的句子向量装进 array 里面，后文作为分类器的输入
train_arrays = numpy.zeros((18000, 80))
train_labels = numpy.zeros(18000)
test_arrays = []
true_labels = []
train_data = []
train_lb = []


for i in range(18001):
    if(i<=12000):
        prefix_train_neg = 'TRAIN_NEG_' + str(i)
        train_arrays[i] = model.docvecs[prefix_train_neg]
        train_labels[i] = 0
    if(i>12000 and i<=18000):
```

```
        j = i-12001
        prefix_train_pos = 'TRAIN_POS_' + str(j)
        train_arrays[i] = model.docvecs[prefix_train_pos]
        train_labels[i] = 1

# 测试集数据
a = open("/情感分析训练语料/pos_test.txt")
b = open("/情感分析训练语料/neg_test.txt")
test_content1 = a.readlines()
test_content2 = b.readlines()
for i in test_content1:
    test_arrays.append(model.infer_vector(i))
    true_labels.append(1)
for i in test_content2:
    test_arrays.append(model.infer_vector(i))
    true_labels.append(0)

# 构建 GBDT 分类器
from sklearn.ensemble import GradientBoostingClassifier
GBDT = GradientBoostingClassifier(n_estimators=1000,max_depth=14)
GBDT.fit(train_arrays, train_labels)

# 对 Test 数据进行预测
test_labels_GBDT=[]
for i in range(len(test_arrays)):
    test_labels_GBDT.append(GBDT.predict(test_arrays[i]))

# 输出分类结果
import sklearn.metrics as metrics
from sklearn.metrics import confusion_matrix
print(metrics.accuracy_score(test_labels_GBDT,true_labels))
print(confusion_matrix(test_labels_GBDT,true_labels))
```

## 第 15 章

深度神经网络模型

神经网络简单地说就是将多个神经元连接起来组成的一类网络，常见的有深度神经网络（Deep Neural Networks，DNN）、卷积神经网络（Convolutional Neural Network，CNN）、循环神经网络（Recurrent Neuron Network，RNN），以及由这些基本网络优化改进而成的各类深度学习模型。本章我们主要学习深度神经网络的相关内容。首先介绍一下深度学习的基本概念和发展历史；然后讲解深度神经网络的基本原理，包括前向传播和反向传播过程、常用的激活函数、优化算法等；最后会以一深度学习中著名的手写数字识别案例来展示神经网络的训练过程和效果。

15.1 深度学习

15.1.1 概述

深度学习在图像和自然语言等领域取得了十分不错的成就，其实深度学习只是机器学习的一个分支，它的很多基本理论和思想还是根植于机器学习的。图 15-1 展示了人工智能、机器学习和深度学习三者之间的关系。

从图 15-1 可以看到，三者之间是一个包含、继承与发展的关系：人工智能最大，概念也最先问世；然后是机器学习，出现得稍晚；最后才是深度学习。

机器学习的概念来自早期的人工智能研究者，典型的算法模型有决策树、贝叶斯网络等。机器学习简单来说就是使用算法模型分析数据，从中学习并做出推断或预测。前面讲过，与传统软件编程主要使用特定指令集来实现特定任务的做法不同，在机器学习中，我们使用大量数据和算法来"训练"机器，由此来学习如何完成任务。

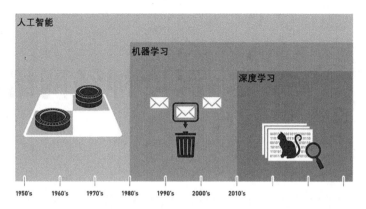

图 15-1　人工智能、机器学习和深度学习三者之间的关系

　　众所周知，普通机器学习算法模型并没有实现通用人工智能的目标。近年来，随着深度学习的出现，人们才重新看到了通用智能的曙光。但深度学习其实出现已经有一段时间了，并且其发展历程也是一波三折。下面就一起看一下深度学习发展史上的标志性进程。

15.1.2　深度学习发展历史

　　深度学习发展重要历史进程如图 15-2 所示。

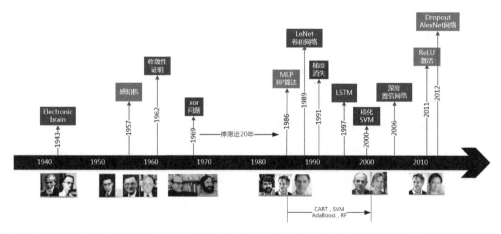

图 15-2　深度学习发展重要历史进程

　　1943 年，心理学家麦卡洛克和数学逻辑学家皮兹一起发表论文提出了神经元模型。神经元模型是模仿神经元的结构和工作原理，构造的一个基于神经网络的数学

模型称为 MP 模型。

MP 模型作为人工神经网络的起源，开创了人工神经网络的新时代，也奠定了神经网络模型的基础。

1. 第一代神经网络：单层感知机（1957—1969）

1957 年，感知机模型的提出引起了大家的关注，带起了第一次深度学习发展高潮。在第 8 章中我们介绍过感知机模型及其原理，实际上就是取上面神经元模型中的激活函数为符号函数，写成向量的形式，即

$$h(x) = \mathrm{sign}(w \cdot x + b) = \begin{cases} -1, & w \cdot x + b < 0 \\ 1, & w \cdot x + b > 0 \end{cases}$$

其分割超平面为

$$h(x) = w \cdot x + b$$

但有研究者发现，感知机模型存在一个致命问题，那就是无法解决"异或问题"，如图 15-3 所示场景。

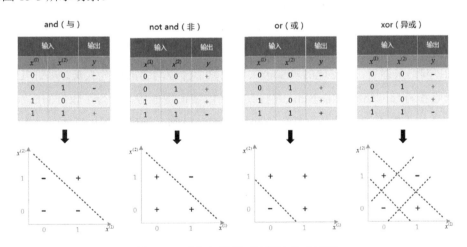

图 15-3　感知机模型无法解决异或问题

这意味着感知机模型只能做线性切割任务，其本质是一种线性组合方式，无法解决复杂的非线性问题，这极大地打击了研究者们的信心，第一次人工智能的低潮也随之来临，人工智能因此一度停滞近 20 年。

2. 第二代神经网络：多层感知机（1986—1998）

感知机模型无法解决异或问题打消了大部分研究者的热情，直到 1986 年 Hinton 前辈提出多层感知机模型（MLP）。多层感知机模型采用 Sigmoid 函数进行非线性映射，解决了单层感知机模型的这一窘境。下面用一个实际例子展示 MLP 模型的非线性分类原理，如图 15-4 所示。

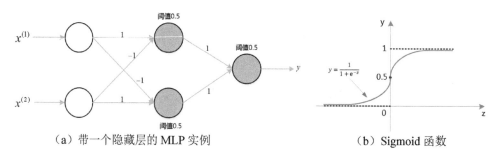

（a）带一个隐藏层的 MLP 实例　　　　　（b）Sigmoid 函数

图 15-4　MLP 的非线性分类原理

异或问题的示意图如图 15-5 所示，图 15-6 是利用 MLP 解决异或问题的演示流程。

除了解决异或问题，Hinton 还提出了用于学习 MLP 参数的反向传播算法，该算法在后来的深度神经网络中占据及其重要的位置。1989 年，MLP 被证明可以万能逼近任意连续函数，即对于任何闭区间内的一个连续函数 $f(\cdot)$，都可以用含有一个隐含层的 BP 网络来逼近。该定理的发现极大地鼓舞了神经网络的研究人员。同期，LeCun 设计出卷积神经网络模型 LeNet，并将其用于数字识别任务，取得了较好的成绩。研究者们开始不断设计更深、更复杂的网络结构，自此，深度学习的发展进入第二次热潮，更深的神经网络结构如图 15-7 所示。

xor（异或）

输入		输出
$x^{(1)}$	$x^{(2)}$	y
0	0	-
0	1	+
1	0	+
1	1	-

图 15-5　异或问题的示意图

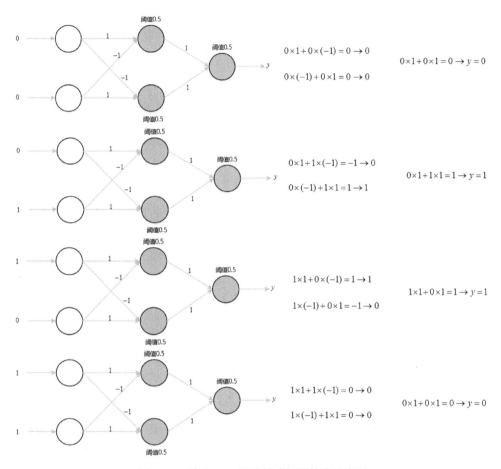

图 15-6　利用 MLP 解决异或问题的演示流程

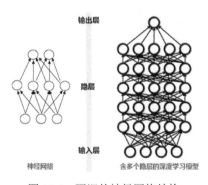

图 15-7　更深的神经网络结构

但到了 1991 年时，冰点又来了。神经网络模型的反向传播算法被指出存在梯度消失问题，即在误差梯度后向传递的过程中，后层梯度以相乘的方式叠加到前层，而由于 Sigmoid 函数的饱和特性，后层梯度本来就较小，因此误差梯度传到较前前面的网络层时几乎变成了 0，导致前层网络无法进行参数更新。该发现再次把深度学习从神坛上拉了下来，深度学习再次开始走向下坡路。这也导致即使 1997 年 LSTM 模型被发明，且该模型在序列建模上的特性非常突出，也没有能引起大家的足够重视。

而这期间，统计机器学习方法进入一个良好的发展状态：1986 年，决策树方法被提出，很快 ID3、ID4、CART 等改进的决策树方法相继出现。1995 年，SVM 被统计学家 Vapnik 提出，后来带有核函数的 SVM 模型也相继出现，解决了 SVM 的非线性分类问题，SVM 模型拥有良好的数学特性，极受研究者们的推崇。1997 年，AdaBoost 模型被提出，催生了一系列的集成学习方法，这些集成学习方法在目前应用依然十分广泛。

3. 第三代神经网络：DL（2006—至今）

2006 年，Hinton 再次提出了深层网络训练中梯度消失问题的解决方案：无监督预训练对权重进行初始化+有监督训练微调，有效地缓解了梯度消失问题。2011 年，ReLU 激活函数被提出，该激活函数能够有效地抑制梯度消失问题。同年，微软首次将深度学习应用在语音识别上，取得了重大突破。2012 年，Hinton 课题组首次参加 ImageNet 图像识别比赛，他们通过构建的 CNN 网络 AlexNet 一举夺得冠军，且碾压第二名（SVM 方法）的分类性能，证明了深度学习的潜力。2013、2014 和 2015 年，随着网络结构、训练方法和 GPU 硬件计算能力的不断进步，深度学习在自然语言处理和其他领域也在不断地征服战场，取得了一系列激动人心的成绩。尤其是 2016 年，谷歌基于深度学习开发的 AlphaGo 以 4：1 的比分战胜了国际顶尖围棋高手李世石，更使得深度学习的热度一时无两。

15.2 神经网络原理

神经网络的基本原理主要涉及前向传播和反向传播两个过程，看似比较难以理解，但如果一层层展开来看，会发现实际并不复杂。

15.2.1 前向传播

图 15-8 是含一个隐藏层的神经网络。

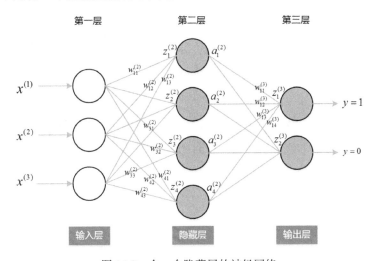

图 15-8 含一个隐藏层的神经网络

简单起见，我们假设输入层的维度是 3，中间隐藏层含有 4 个神经元，输出层含有 2 个神经元。我们先来看一下其前向传播的过程。

第 2 层

$$
\boldsymbol{o}^{(2)} = \begin{bmatrix} o_1^{(2)} \\ o_2^{(2)} \\ o_3^{(2)} \\ o_4^{(2)} \end{bmatrix} = \sigma \begin{bmatrix} z_1^{(2)} \\ z_2^{(2)} \\ z_3^{(2)} \\ z_4^{(2)} \end{bmatrix} = \sigma \begin{bmatrix} w_{11}^{(2)} x_1 + w_{12}^{(2)} x_2 + w_{13}^{(2)} x_3 + b_1^{(2)} \\ w_{21}^{(2)} x_1 + w_{22}^{(2)} x_2 + w_{23}^{(2)} x_3 + b_2^{(2)} \\ w_{31}^{(2)} x_1 + w_{32}^{(2)} x_2 + w_{33}^{(2)} x_3 + b_3^{(2)} \\ w_{41}^{(2)} x_1 + w_{42}^{(2)} x_2 + w_{43}^{(2)} x_3 + b_4^{(2)} \end{bmatrix}
$$

$$= \sigma \left(\begin{bmatrix} w_{11}^{(l)} & w_{12}^{(l)} & w_{13}^{(2)} \\ w_{21}^{(l)} & w_{22}^{(l)} & w_{23}^{(2)} \\ w_{31}^{(2)} & w_{32}^{(2)} & w_{33}^{(2)} \\ w_{41}^{(2)} & w_{42}^{(2)} & w_{43}^{(2)} \end{bmatrix} \begin{bmatrix} x_1 \\ x_2 \\ x_3 \end{bmatrix} + \begin{bmatrix} b_1^{(2)} \\ b_2^{(2)} \\ b_3^{(2)} \\ b_4^{(2)} \end{bmatrix} \right)$$

$$= \sigma\big(\boldsymbol{W}^{(2)}\boldsymbol{x} + \boldsymbol{b}^{(2)}\big)$$

第 3 层

$$\boldsymbol{o}^{(3)} = \begin{bmatrix} o_1^{(3)} \\ o_2^{(3)} \end{bmatrix} = \sigma \begin{bmatrix} z_1^{(3)} \\ z_2^{(3)} \end{bmatrix}$$

$$= \sigma \begin{bmatrix} w_{11}^{(3)}a_1^{(2)} + w_{12}^{(3)}a_2^{(2)} + w_{13}^{(3)}a_3^{(2)} + w_{14}^{(3)}a_4^{(2)} + b_1^{(3)} \\ w_{21}^{(3)}a_1^{(2)} + w_{22}^{(3)}a_2^{(2)} + w_{23}^{(3)}a_3^{(2)} + w_{24}^{(3)}a_4^{(2)} + b_2^{(3)} \end{bmatrix}$$

$$= \sigma \left(\begin{bmatrix} w_{11}^{(3)} & w_{12}^{(3)} & w_{13}^{(3)} & w_{14}^{(3)} \\ w_{21}^{(3)} & w_{22}^{(3)} & w_{23}^{(3)} & w_{24}^{(3)} \end{bmatrix} \begin{bmatrix} o_1^{(2)} \\ o_2^{(2)} \\ o_3^{(2)} \\ o_4^{(2)} \end{bmatrix} + \begin{bmatrix} b_1^{(3)} \\ b_2^{(3)} \end{bmatrix} \right)$$

$$= \sigma\big(\boldsymbol{W}^{(3)}\boldsymbol{o}^{(2)} + \boldsymbol{b}^{(3)}\big)$$

第 l 层

这里引申一下，假设样本 $\boldsymbol{x}$ 包含 N 个特征，即 $\boldsymbol{x} = (\boldsymbol{x}_1, \boldsymbol{x}_2, \dots, \boldsymbol{x}_N)$，神经网络一共有 L 层，其中第 l 层含有 K_l 个神经元，则上述表达可推广为

$$\boldsymbol{a}^{(l)} = \sigma\big(\boldsymbol{W}^{(l)}\boldsymbol{o}^{(l-1)} + \boldsymbol{b}^{(l)}\big)$$

其中，$\boldsymbol{o}^{(l)}$ 是第 l 层的输出，是一个 K_l 维列向量；$\boldsymbol{W}^{(l)}$ 是第 l 层的权重系数矩阵，是一个 $K_l \times K_{l-1}$ 的矩阵；$\boldsymbol{b}^{(l)}$ 是第 l 层的偏置常数，也是一个 K_l 维列向量；函数 σ 表示激活函数，如 Sigmoid 函数。

注意，将一个向量应用于激活函数时，表示对该向量逐元素应用激活函数，即向量化函数运算。例如，假设我们的作用函数是 $f(x) = x^2$，则向量化的 f 函数作用就起到下面的效果：

$$f\left(\begin{bmatrix} 1 \\ 2 \\ 3 \end{bmatrix}\right) = \begin{bmatrix} f(1) \\ f(2) \\ f(3) \end{bmatrix} = \begin{bmatrix} 1 \\ 4 \\ 9 \end{bmatrix}$$

注：上面其实就是神经网络前向传播的通用表达式，写成矩阵和向量的表示形式，其实是十分简捷的。大家注意式中各个矩阵或向量的含义，以及其构成。比如上标在这里始终对应的是神经网络的层，下标则一般对应矩阵或向量的元素编号。

DNN 前向传播算法步骤

输入：总层数 L，输入样本的 N 个特征组成的向量 $\boldsymbol{x}$。

输出：第 l 层的预测输出 $\boldsymbol{o}^{(l)}$，$l = 2, 3, \dots, L$。

步骤如下。

第 1 步：令 $\boldsymbol{o}^{(1)} = \boldsymbol{z}^{(1)} = \boldsymbol{x}$，并初始化 $\boldsymbol{W}^{(2)}$ 和 $\boldsymbol{b}^{(2)}$。

第 2 步：for l from 2 to L，计算

$$\boldsymbol{o}^{(l)} = \sigma\big(\boldsymbol{z}^{(l)}\big) = \sigma\big(\boldsymbol{W}^{(l)}\boldsymbol{o}^{(l-1)} + \boldsymbol{b}^{(l)}\big)$$

最后的结果即为输出的 $\boldsymbol{o}^{(L)}$。

15.2.2 反向传播

选择一个损失函数，度量训练样本计算的输出和真实的训练样本输出之间的损失。这里我们使用最常见的标准差来度量损失，即

$$E = \frac{1}{2} \sum_i \left(o_i^{(L)} - y_i^{(L)} \right)^2$$

$$J(\boldsymbol{W}, \boldsymbol{b}) = \frac{1}{2} \left\| \boldsymbol{o}^{(L)} - \boldsymbol{y} \right\|_2^2 = \frac{1}{2} \left\| \sigma(\boldsymbol{z}^{(L)}) - \boldsymbol{y} \right\|_2^2 = \frac{1}{2} \left\| \sigma(\boldsymbol{W}^{(L)}\boldsymbol{o}^{(L-1)} + \boldsymbol{b}^{(L)}) - \boldsymbol{y} \right\|_2^2$$

其中，$y_i^{(L)}$ 表示第 L 层的第 i 个节点的真实值；$o_i^{(L)}$ 表示模型预测的第 L 层的第 i 个节点的输出值，满足：

$$o_i^{(l)} = \sigma\left(\left(\sum_j w_{ij}^{(l)} o_j^{(l-1)}\right) + b_i^{(l)}\right), \qquad l = 2,3,\dots,L$$

损失函数有了，现在我们开始用梯度下降法迭代求解每一层的$\boldsymbol{W}$和$\boldsymbol{b}$。

1. Hadamard 积

这里先介绍 Hadamard 积的概念，在下面的反向传播推导中会用到。

假设$\boldsymbol{s}$和$\boldsymbol{t}$是两个相同维度的向量，我们使用$\boldsymbol{s}\odot\boldsymbol{t}$来表示按元素的乘积运算，即

$$\boldsymbol{s}\odot\boldsymbol{t} = \begin{bmatrix} s_1 \times t_1 \\ s_2 \times t_2 \\ \vdots \\ s_N \times t_N \end{bmatrix}$$

（1）第L层（即输出层）

采用梯度下降法，求解$\boldsymbol{W}$和$\boldsymbol{b}$的梯度

$$\frac{\partial J(\boldsymbol{W},\boldsymbol{b})}{\partial \boldsymbol{W}^{(L)}} = \frac{\partial J(\boldsymbol{W},\boldsymbol{b})}{\partial \boldsymbol{z}^{(L)}} \times \frac{\partial \boldsymbol{z}^{(L)}}{\partial \boldsymbol{W}^{(L)}}$$

$$\frac{\partial J(\boldsymbol{W},\boldsymbol{b})}{\partial \boldsymbol{b}^{(L)}} = \frac{\partial J(\boldsymbol{W},\boldsymbol{b})}{\partial \boldsymbol{z}^{(L)}} \times \frac{\partial \boldsymbol{z}^{(L)}}{\partial \boldsymbol{b}^{(L)}}$$

因为$J(\boldsymbol{W},\boldsymbol{b}) = \frac{1}{2}\left\|\sigma(\boldsymbol{z}^{(L)}) - \boldsymbol{y}\right\|_2^2$，$\boldsymbol{z}^{(L)} = \boldsymbol{W}^{(L)}\boldsymbol{o}^{(L-1)} + \boldsymbol{b}^{(L)}$，所以有：

$$\frac{\partial J(\boldsymbol{W},\boldsymbol{b})}{\partial \boldsymbol{z}^{(L)}} = \left(\sigma(\boldsymbol{z}^{(L)}) - \boldsymbol{y}\right)\odot\sigma'(\boldsymbol{z}^{(L)})$$

$$\frac{\partial \boldsymbol{z}^{(L)}}{\partial \boldsymbol{W}^{(L)}} = \left(\boldsymbol{o}^{(L-1)}\right)^{\mathrm{T}}$$

$$\frac{\partial \boldsymbol{z}^{(L)}}{\partial \boldsymbol{b}^{(L)}} = 1$$

令$\boldsymbol{\delta}^{(L)} = \frac{\partial J(\boldsymbol{W},\boldsymbol{b})}{\partial \boldsymbol{z}^{(L)}} = \left(\boldsymbol{o}^{(L)} - \boldsymbol{y}\right)\odot\sigma'(\boldsymbol{z}^{(L)})$，则：

$$\begin{cases} \dfrac{\partial J(\boldsymbol{W},\boldsymbol{b})}{\partial \boldsymbol{W}^{(L)}} = \boldsymbol{\delta}^{(L)} * \left(\boldsymbol{o}^{(L-1)}\right)^{\mathrm{T}} \\ \dfrac{\partial J(\boldsymbol{W},\boldsymbol{b})}{\partial \boldsymbol{b}^{(L)}} = \boldsymbol{\delta}^{(L)} \end{cases}$$

（2）第l层（$l = 2,3,\dots,L-1$，即隐藏层）

$$\frac{\partial J(\boldsymbol{W},\boldsymbol{b})}{\partial \boldsymbol{W}^{(l)}} = \frac{\partial J(\boldsymbol{W},\boldsymbol{b})}{\partial \boldsymbol{z}^{(l)}} \times \frac{\partial \boldsymbol{z}^{(l)}}{\partial \boldsymbol{W}^{(l)}} = \boldsymbol{\delta}^{(l)} \times \frac{\partial \boldsymbol{z}^{(l)}}{\partial \boldsymbol{W}^{(l)}}$$

$$\frac{\partial J(\boldsymbol{W},\boldsymbol{b})}{\partial \boldsymbol{b}^{(l)}} = \frac{\partial J(\boldsymbol{W},\boldsymbol{b})}{\partial \boldsymbol{z}^{(l)}} \times \frac{\partial \boldsymbol{z}^{(l)}}{\partial \boldsymbol{b}^{(l)}} = \boldsymbol{\delta}^{(l)} \times \frac{\partial \boldsymbol{z}^{(l)}}{\partial \boldsymbol{b}^{(l)}}$$

其中：

$$\boldsymbol{z}^{(l)} = \boldsymbol{W}^{(l)}\boldsymbol{a}^{(l-1)} + \boldsymbol{b}^{(l)} \;\; \Rightarrow \;\; \begin{cases} \dfrac{\partial \boldsymbol{z}^{(l)}}{\partial \boldsymbol{W}^{(l)}} = \left(\boldsymbol{a}^{(l-1)}\right)^{\mathrm{T}} \\ \dfrac{\partial \boldsymbol{z}^{(l)}}{\partial \boldsymbol{b}^{(l)}} = 1 \end{cases}$$

由链式求导有：

$$\boldsymbol{\delta}^{(l)} = \frac{\partial J(\boldsymbol{W},\boldsymbol{b})}{\partial \boldsymbol{z}^{(l)}} = \frac{\partial J(\boldsymbol{W},\boldsymbol{b})}{\partial \boldsymbol{z}^{(L)}} \times \frac{\partial \boldsymbol{z}^{(L)}}{\partial \boldsymbol{z}^{(L-1)}} \times \frac{\partial \boldsymbol{z}^{(L-1)}}{\partial \boldsymbol{z}^{(L-2)}} \times \cdots \times \frac{\partial \boldsymbol{z}^{(l+2)}}{\partial \boldsymbol{z}^{(l+1)}} \times \frac{\partial \boldsymbol{z}^{(l+1)}}{\partial \boldsymbol{z}^{(l)}}$$

推出：

$$\boldsymbol{\delta}^{(l)} = \boldsymbol{\delta}^{(l+1)} \times \frac{\partial \boldsymbol{z}^{(l+1)}}{\partial \boldsymbol{z}^{(l)}}$$

又由$\boldsymbol{z}^{(l)} = \boldsymbol{W}^{(l)}\boldsymbol{a}^{(l-1)} + \boldsymbol{b}^{(l)}$，$\boldsymbol{a}^{(l)} = \sigma\left(\boldsymbol{z}^{(l)}\right)$可推出：

$$\boldsymbol{z}^{(l+1)} = \boldsymbol{W}^{(l+1)}\sigma\left(\boldsymbol{z}^{(l)}\right) + \boldsymbol{b}^{(l+1)}$$

所以有：

$$\frac{\partial \boldsymbol{z}^{(l+1)}}{\partial \boldsymbol{z}^{(l)}} = \left(\boldsymbol{W}^{(l+1)}\right)^{\mathrm{T}} \odot \sigma'\left(\boldsymbol{z}^{(l)}\right)$$

综合可得反向传播的递推关系式为

$$\begin{cases} \boldsymbol{\delta}^{(l)} = \boldsymbol{\delta}^{(l+1)} \times \left(\boldsymbol{W}^{(l+1)}\right)^{\mathrm{T}} \odot \sigma'\left(\boldsymbol{z}^{(l)}\right) \\ \dfrac{\partial J(\boldsymbol{W},\boldsymbol{b})}{\partial \boldsymbol{W}^{(l)}} = \boldsymbol{\delta}^{(l)} \times \left(\boldsymbol{o}^{(l-1)}\right)^{\mathrm{T}} \\ \dfrac{\partial J(\boldsymbol{W},\boldsymbol{b})}{\partial \boldsymbol{b}^{(l)}} = \boldsymbol{\delta}^{(l)} \end{cases}$$

2. 反向传播的步骤

输入：总层数L、各隐藏层与输出层的神经元个数、激活函数类型、损失函数类型、迭代步长η、最大迭代次数Max、停止迭代阈值ϵ，以及输入的M个训练样本$\{(x_1, y_1), (x_2, y_2), ..., (x_M, y_M)\}$。

输出：各隐藏层/输出层对应的权重系数矩阵$W^{(l)}$和偏置常数$b^{(l)}(l = 1, 2, ..., L)$。

步骤如下。

第 1 步：初始化各隐藏层/输出层对应的权重系数矩阵$W^{(l)}$和偏置常数$b^{(l)}(l = 1, 2, ..., L)$为一组随机值。

第 2 步：for iter from 1 to Max。

（1）for i from 1 to M。

（a）将 DNN 输入$a^{(1)}$设置为x_i。

（b）for l from 2 to L，进行前向传播计算：

$$a^{(l)} = \sigma(z^{(l)}) = \sigma(W^{(l)}o^{(l-1)} + b^{(l)})$$

（c）计算：

$$\delta^{(L)} = (o^{(L)} - y) \odot \sigma'(z^{(L)})$$

（d）for l from $L - 1$ to 2，进行反向传播计算：

$$\delta^{(l)} = \delta^{(l+1)} * (W^{(l+1)})^{\mathrm{T}} \odot \sigma'(z^{(l)})$$

（2）for l from 2 to L，更新第l层的$W^{(l)}$和$b^{(l)}$：

$$\begin{cases} W^{(l)} = W^{(l)} - \eta\delta^{(l)} * (o^{(l-1)})^{\mathrm{T}} \\ b^{(l)} = b^{(l)} - \eta\delta^{(l)} \end{cases}$$

（3）如果$W^{(l)}$和$b^{(l)}$的变化值都小于停止迭代阈值ϵ，则跳出迭代循环到第 3 步。

第 3 步：各隐藏层/输出层对应的权重系数矩阵$W^{(l)}$和偏置常数$b^{(l)}(l = 1, 2, ..., L)$。

15.2.3　实例

上面的理论推导过程看着十分烦琐，可能看完觉得还是一头雾水。没关系，现在我们用一个实际的例子将深度神经网络一层层展开来看，以便对深度神经网络的前向传播和反向传播过程有一个切身的体会。权重矩阵和偏置常数如图 15-9 所示。

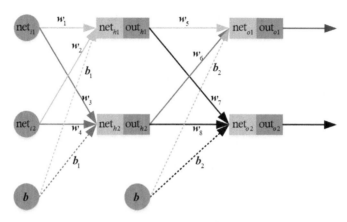

图 15-9　权重矩阵和偏置常数

1.　前向传播

假设样本点特征为 $\boldsymbol{x} = (\mathrm{net}_{i1}, \mathrm{net}_{i2})^{\mathbf{T}} = (0.05, 0.1)^{\mathbf{T}}$，其被判定为类别 1 和类别 2 的概率分别为 0.01 和 0.99，权重矩阵和偏置常数的初始化值如图 15-10 所示。

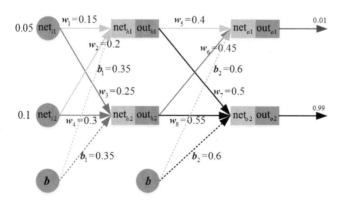

图 15-10　权重矩阵和偏置常数的初始化值

首先是前向传播，隐藏层计算过程如下：

$$\text{net}_{h1} = w_1 \times i_1 + w_2 \times i_2 + b_1$$

$$= 0.15 \times 0.05 + 0.2 \times 0.1 + 0.35$$

$$= 0.3775$$

$$\text{out}_{h1} = \sigma(\text{net}_{h1}) = \frac{1}{1 + e^{-\text{net}_{h1}}} = \frac{1}{1 + e^{-0.3775}} = 0.59327$$

类似地，有：

$$\text{out}_{h2} = 0.59688$$

对输出层，同样有：

$$\text{net}_{o1} = w_5 \times \text{out}_{h1} + w_6 \times \text{out}_{h2} + b_2$$
$$= 0.4 \times 0.59327 + 0.45 \times 0.59688 + 0.6$$
$$= 1.10591$$

$$\text{out}_{o1} = \sigma(\text{net}_{o1}) = \frac{1}{1 + e^{-\text{net}_{o1}}} = \frac{1}{1 + e^{-1.10591}} = 0.75137$$

得到输出节点计算值后，可以计算其和理论值之间的均方误差，为

$$E_{o1} = \frac{1}{2}(\text{target}_{ol} - \text{out}_{o1})^2 = \frac{1}{2}(0.01 - 0.75137)^2 = 0.27481$$

类似地，可以计算第二个输出节点和理论值之间的均方误差为 $E_{o2} = 0.02356$，所以这一轮的总输出均方误差为

$$E_{\text{total}} = E_{o1} + E_{o2} = 0.27481 + 0.02356 = 0.29837$$

2. 反向传播

现在开始利用反向传播更新各个权重和偏置常数，目标是使最后输出的总均方误差最小，采用梯度下降法更新。

从最后的输出层开始，先以 w_5 的更新为例，由梯度下降法可知，其更新公式为

$$w_5^+ = w_5 - \eta \frac{\partial E_{\text{total}}}{\partial w_5}$$

其反向传播示意图如图 15-11 所示。

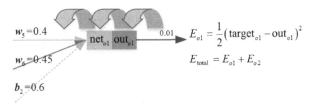

$$E_{o1} = \frac{1}{2}\left(\text{target}_{o1} - \text{out}_{o1}\right)^2$$

$$E_{\text{total}} = E_{o1} + E_{o2}$$

图 15-11　反向传播示意图

可以看到，E_{total}是关于out_{o1}的函数，out_{o1}是关于net_{o1}的函数，net_{o1}又是关于w_5的函数，因此，由函数的链式求导规则可以得到：

$$\frac{\partial E_{\text{total}}}{\partial w_5} = \frac{\partial E_{\text{total}}}{\partial \text{out}_{o1}} \times \frac{\partial \text{out}_{o1}}{\partial \text{net}_{o1}} \times \frac{\partial \text{net}_{o1}}{\partial w_5}$$

现在只需分别求$\frac{\partial E_{\text{total}}}{\partial \text{out}_{o1}}$、$\frac{\partial \text{out}_{o1}}{\partial \text{net}_{o1}}$和$\frac{\partial \text{net}_{o1}}{\partial w_5}$这三项。

因为：

$$E_{\text{total}} = E_{o1} + E_{o2}$$

所以：

$$\frac{\partial E_{\text{total}}}{\partial \text{out}_{o1}} = \frac{\partial E_{o1}}{\partial \text{out}_{o1}} + \frac{\partial E_{o2}}{\partial \text{out}_{o1}}$$

因为：

$$E_{o1} = \frac{1}{2}(\text{target}_{o1} - \text{out}_{o1})^2$$

$$E_{o2} = \frac{1}{2}(\text{target}_{o2} - \text{out}_{o2})^2$$

所以：

$$\frac{\partial E_{\text{total}}}{\partial \text{out}_{o1}} = (\text{target}_{01} - \text{out}_{o1})\times(-1) + 0$$

$$= \text{out}_{o1} - \text{target}_{o1}$$

$$= 0.75137 - 0.01$$

$$= 0.74137$$

因为：

$$\text{out}_{o1} = \sigma(\text{net}_{o1}) = \frac{1}{1 + e^{-\text{net}_{o1}}}$$

所以：

$$\frac{\partial \text{out}_{o1}}{\partial \text{net}_{o1}} = \sigma(\text{net}_{o1}) \times (1 - \sigma(\text{net}_{o1}))$$

$$= 0.75137 \times (1 - 0.75137)$$

$$= 0.18682$$

因为：

$$\text{net}_{o1} = \boldsymbol{w}_5 \times \text{out}_{h1} + \boldsymbol{w}_6 \times \text{out}_{h2} + \boldsymbol{b}_2$$

所以：

$$\frac{\partial \text{net}_{o1}}{\partial \boldsymbol{w}_5} = \text{out}_{h1} = 0.59327$$

综合得：

$$\frac{\partial E_{\text{total}}}{\partial \boldsymbol{w}_5} = \frac{\partial E_{\text{total}}}{\partial \text{out}_{o1}} \times \frac{\partial \text{out}_{o1}}{\partial \text{net}_{o1}} \times \frac{\partial \text{net}_{o1}}{\partial \boldsymbol{w}_5}$$

$$= 0.74137 \times 0.18682 \times 0.59327$$

$$= 0.08217$$

所以有：

$$\boldsymbol{w}_5^+ = \boldsymbol{w}_5 - \eta \frac{\partial E_{\text{total}}}{\partial \boldsymbol{w}_5} = 0.4 - \eta \times 0.08217$$

本例中，假设学习因子取 $\eta = 0.5$，则：

$$\boldsymbol{w}_5^+ = 0.4 - 0.5 \times 0.08217 = 0.35892$$

用类似步骤可计算出输出层其他所有权重参数，结果如下：

$$\boldsymbol{w}_6^+ = 0.40867$$

$$w_7^+ = 0.51130$$

$$w_8^+ = 0.56137$$

输出层更新完成后，开始更新前面的隐藏层参数，以权重w_1为例，其反向传播示意图如图 15-12 所示。

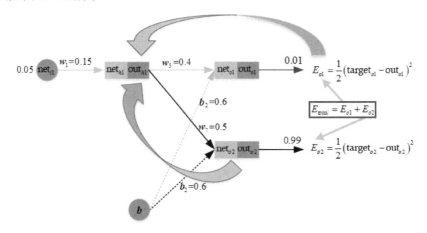

图 15-12　反向传播示意图

由梯度下降法更新公式很容易知道：

$$w_1^+ = w_1 - \eta \times \frac{\partial E_{\text{total}}}{\partial w_1}$$

同样的，根据隐藏层神经元的链式关系先将该神经元的求导链式展开，即

$$\frac{\partial E_{\text{total}}}{\partial w_1} = \frac{\partial E_{\text{total}}}{\partial \text{out}_{h1}} \times \frac{\partial \text{out}_{h1}}{\partial \text{net}_{h1}} \times \frac{\partial \text{net}_{h1}}{\partial w_1}$$

其中，$\frac{\partial \text{out}_{h1}}{\partial \text{net}_{h1}}$和$\frac{\partial \text{net}_{h1}}{\partial w_1}$与前面的输出层类似，分别由

$$\text{out}_{h1} = \sigma(\text{net}_{h1}) = \frac{1}{1 + e^{-\text{net}_{h1}}}$$

推出：

$$\frac{\partial \text{out}_{h1}}{\partial \text{net}_{h1}} = \sigma(\text{net}_{h1}) \times \left(1 - \sigma(\text{net}_{h1})\right)$$

$$= 0.59327 \times (1 - 0.59327)$$

$$= 0.2413$$

由：

$$\text{net}_{h1} = w_1 \times i_1 + w_2 \times i_2 + b_1$$

推出：

$$\frac{\partial \text{net}_{h1}}{\partial w_1} = i_1 = 0.05$$

所以，剩下的就是求 $\frac{\partial E_{\text{total}}}{\partial \text{out}_{h1}}$ 这一项。

由：

$$E_{\text{total}} = E_{o1} + E_{o2}$$

知：

$$\frac{\partial E_{\text{total}}}{\partial \text{out}_{h1}} = \frac{\partial E_{o1}}{\partial \text{out}_{h1}} + \frac{\partial E_{o2}}{\partial \text{out}_{h1}}$$

又由：

$$\text{out}_{h1} = \sigma(\text{net}_{h1}) = \frac{1}{1 + e^{-\text{net}_{h1}}}$$

知：

$$\frac{\partial E_{o1}}{\partial \text{out}_{h1}} = \frac{\partial E_{o1}}{\partial \text{net}_{o1}} \times \frac{\partial \text{net}_{o1}}{\partial \text{out}_{h1}}$$

前面已经求过：

$$\frac{\partial E_{o1}}{\partial \text{net}_{o1}} = \frac{\partial E_{o1}}{\partial \text{out}_{o1}} \times \frac{\partial \text{out}_{o1}}{\partial \text{net}_{o1}} = 0.74137 \times 0.18682 = 0.1385$$

而根据：

$$\text{net}_{o1} = w_5 \times \text{out}_{h1} + w_6 \times \text{out}_{h2} + b_2$$

可知：

$$\frac{\partial \text{net}_{o1}}{\partial \text{out}_{h1}} = w_5 = 0.4$$

所以综合得：

$$\frac{\partial E_{o1}}{\partial \text{out}_{h1}} = 0.1385 \times 0.4 = 0.0554$$

类似可求出：

$$\frac{\partial E_{o2}}{\partial \text{out}_{h1}} = -0.019$$

所以可得：

$$\frac{\partial E_{\text{total}}}{\partial \text{out}_{h1}} = 0.0554 + (-0.019) = 0.03635$$

最后汇总得：

$$\frac{\partial E_{\text{total}}}{\partial w_1} = 0.03635 \times 0.2413 \times 0.05 = 0.00044$$

所以：

$$w_1^+ = w_1 - \eta \times \frac{\partial E_{\text{total}}}{\partial w_1} = 0.15 - 0.5 \times 0.00044 = 0.1498$$

类似可得：

$$w_2^+ = 0.19956$$

$$w_3^+ = 0.24975$$

至此，权重系数 w 通过第一轮反向传播后全部更新完毕，更新偏置常数 b 与之类似，然后重新开始第二轮训练，直至最终结果收敛。

15.2.4　几种常用激活函数

神经网络层将给定输入与当前层的权重相乘，并向该乘积添加偏置，这是一种线性运算。如果只是将多种线性运算进行组合，那么其结果还是线性运算。如果希望模型有非线性划分能力，应该怎么办呢？答案就是引入激活函数，即将每个神经元的线性组合结果送入一个非线性数激活函数中，将输出结果再作为下一层神经元的输入。非线性函数有许多，代表性的激活函数有 Tanh、Sigmoid、ReLU、Leaky ReLU 等，下面介绍几种常用的激活函数及其特点。

1. Sigmoid 函数

Sigmoid 函数的值域为 $[0,1]$，它的表达式如下：

$$g(x) = \sigma(x) = \frac{1}{1+e^{-x}}$$

Sigmoid 函数的导数可以表达为

$$\sigma'(x) = \sigma(x)\big(1-\sigma(x)\big)$$

该激活函数如今并不常用，因为它的梯度太容易饱和，不过 RNN-LSTM 网络如今还会用到它。Sigmoid 函数和它的导数如图 15-13 所示。

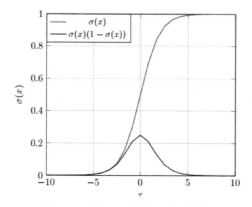

图 15-13　Sigmoid 函数和它的导数

2. Tanh 函数

Tanh 函数的值域为 $[-1, 1]$，它的表达式如下

$$g(x) = \tanh(x) = \frac{1-e^{-2x}}{1+e^{-2x}}$$

Tanh 函数的导函数为

$$\tanh'(x) = 1 - \tanh^2(x)$$

Tanh 函数和它的导数图 15-14 所示。

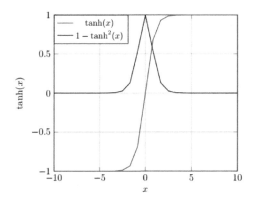

图 15-14　Tanh 函数和它的导数

Tanh 函数因为 ReLU 函数的普及使用而不那么流行了，然而 Tanh 函数仍然用于许多标准的 RNN-LSTM 模型。

3. ReLU 函数

线性修正单元（ReLU）的值域为 $[0,+\infty]$，它的表达式为

$$g(x) = \text{ReLU}(x) = \begin{cases} x, & x \geqslant 0 \\ 0, & x < 0 \end{cases}$$

ReLU 的导数为

$$\text{ReLU}'(x) == \begin{cases} 1, & x \geqslant 0 \\ 0, & x < 0 \end{cases}$$

线性修正单元 ReLU 函数和它的导数如图 15-15 所示。

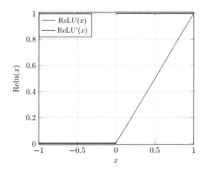

图 15-15　线性修正单元 ReLU 函数和它的导数

目前，ReLU 函数的应用最为广泛，还有一些基于它的变体，比如 leaky-ReLU 函数和 ELU 函数等。

4. leaky-ReLU 函数

leaky-ReLU 函数就是为了解决 ReLU 函数的 0 区间带来的影响所设计的函数，其数学表达为

$$g(x) = \text{learReLU}(x) = \max(kx, x)$$

其中 k 是 leak 常数，一般取 0.01 或 0.02，或者通过学习而来。

leaky-ReLU 函数和它的导数如图 15-16 所示。

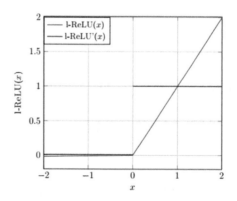

图 15-16 leaky-ReLU 函数和它的导数

5. ELU 函数

ELU 函数也是为了解决 ReLU 函数的 0 区间带来的影响所设计的函数，其数学表达为

$$g(x) = \text{ELU}(x) = \begin{cases} x, & x > 0 \\ \alpha(e^x - 1), & x \leqslant 0 \end{cases}$$

ELU 函数和它的导数如图 15-17 所示。

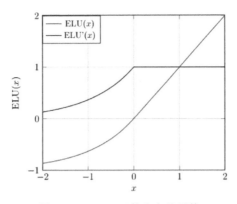

图 15-17　ELU 函数和它的导数

15.2.5　梯度消失与梯度爆炸

前面讲到，Sigmoid 函数的导数可以表达为$\sigma'(x) = \sigma(x)\big(1 - \sigma(x)\big)$，而$\sigma(x)$是一个区间在$(0,1)$的函数，因此$\sigma'(x)$的值肯定是小于 1 的。但在反向传播过程中，权重系数的梯度更新会涉及很多次$\sigma'(x)$的累乘。造成的结果就是反向传播过程中权重的更新值越来越小，最后当网络层级深到一定程度后，这个梯度更新值几乎为 0，从而发生梯度消失的情况。在深层网络和权重初始化值太大时会出现梯度爆炸。

梯度消失的解决方法主要有以下几种。

1. 预训练加微调

此方法来自 Hinton 于 2006 年发表的一篇论文，Hinton 为了解决梯度消失问题，提出采取无监督逐层训练的方法。其基本思想是每次训练一层隐节点，训练时将上一层隐节点的输出作为输入，而本层隐节点的输出作为下一层隐节点的输入，此过程就是逐层"预训练"（pre-training）。在预训练完成后，再对整个网络进行"微调"（fine-tunning）。

Hinton 在训练深度信念网络（Deep Belief Networks）中，使用了这个方法，在各层预训练完成后，再利用 BP 算法对整个网络进行训练。此思想相当于是先寻找局部最优，然后整合起来寻找全局最优，此方法有一定的好处，但是目前应用得不是很多。

2. 梯度剪切

梯度剪切这个方案主要是针对梯度爆炸提出的，其思想是设置一个梯度剪切阈值，然后更新梯度的时候，如果梯度超过这个阈值，那么就将其强制限制在这个范围之内，以防止梯度爆炸。

15.2.6 几种常用的优化算法

除梯度下降法外，深度神经网络模型的训练还可以采用很多其他的优化算法，典型的有普通平均法、指数平均法、梯度下降法、Momentum 算法、NAG 算法、Adagrad 算法、RMSprop 算法、Adam 算法等，下面对这些常用的优化算法进行总结和介绍。

（1）普通平均法

假设现在有 10 天的温度值 $v_1, v_2, \ldots, v_{10}$，要求这 10 天的平均温度值为

$$\bar{v} = \frac{v_1 + v_2 + \cdots + v_{10}}{10}$$

（2）指数平均法

$$v_t = \beta v_{t-1} + (1 - \beta)\theta_t$$

其中，v_t 表示截止到 t 时刻的平均温度，θ_t 代表 t 时刻的实际温度，β 是可调节的超参数因子，将其展开即为

$$\begin{cases} v_{10} = \beta v_9 + (1 - \beta)\theta_{10} \\ v_9 = \beta v_8 + (1 - \beta)\theta_9 \\ v_8 = \beta v_7 + (1 - \beta)\theta_8 \\ \qquad\qquad \vdots \\ v_1 = \beta v_0 + (1 - \beta)\theta_1 \\ v_0 = 0 \end{cases}$$

所以有

$$\begin{aligned} v_{10} &= (1 - \beta)\theta_{10} + \beta v_9 \\ &= (1 - \beta)\theta_{10} + \beta[\beta v_8 + (1 - \beta)\theta_9] \\ &= (1 - \beta)\theta_{10} + \beta(1 - \beta)\theta_9 + \beta^2 v_8 \\ &= (1 - \beta)\theta_{10} + \beta(1 - \beta)\theta_9 + \beta^2(1 - \beta)\theta_8 + \beta^3 v_7 \end{aligned}$$

……

$$= (1-\beta)\theta_{10} + \beta(1-\beta)\theta_9 + \beta^2(1-\beta)\theta_8 + \cdots + \beta^9(1-\beta)\theta_1$$

通过上面的表达式可以看到，v_{10}等于各时刻温度值的加权求和。因为$0 < \beta < 1$，所以上式的本质就是以指数式递减加权的移动平均，越近期的数据其权重越大。很明显，指数平均将参与平均的项进行了差别对待，这在对与时间相关的项取平均上应该是更科学的（即最近发生的事情对现在的影响会比更远时间发生的事情对现在的影响大）。

（3）梯度下降法

梯度下降法的原理和作用在前面的章节中已经详细介绍过，其更新公式为

$$\theta_{t+1} = \theta_t - \eta \times g_t$$

其中g_t为损失函数$J(\theta)$在当前地方的梯度，即

$$g_t = \nabla J(\theta)|_{\theta = \theta_t}$$

如果把优化过程看作一颗小球从高低起伏的山坡上滑下，那么梯度下降法的迭代过程就是每次小球滚动都选择当时小球所在位置山坡的切线方向，小球在下滑的过程中震荡前进，Momentum 算法迭代过程如图 15-18 所示。

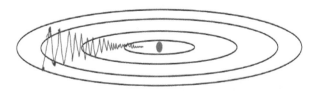

图 15-18　梯度下降法迭代过程

SGD 算法的一个缺点是：其更新方向完全依赖于当前的 batch，因而更新十分不稳定，解决这一问题的一个简单的做法便是引入 momentum。

（4）Momentum 算法

momentum 即动量，它模拟的是物体运动时的惯性，即更新的时候在一定程度上保留之前更新的方向，同时利用当前 batch 的梯度微调最终的更新方向。这样一来，可以在一定程度上增加稳定性，从而学习得更快，并且还有一定摆脱局部最优的能

力，更新公式为

$$\theta_{t+1} = \theta_t - v_t$$

$$v_t = \beta v_{t-1} + \eta \times g_t$$

Momentum 算法的本质就是使用梯度的指数加权平均数v_t去代替该点的梯度值。这样替换之后，每一步更新时，更新值不再只与当前地方的梯度有关，还与之前步骤的梯度有关，好处就是每一步更新的时候波动性变小了（因为历史梯度的作用相当于动量，具有惯性作用，使得每次更新时候的随机性变小了），其效果如图 15-19 所示。

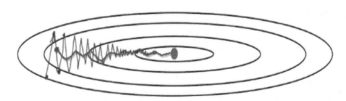

图 15-19 Momentum 算法迭代过程

（5）NAG 算法

Momentum 算法减小了随机梯度下降法的波动性，但其和梯度下降法一样，小球会一直沿着当前斜坡的方向往前走，不考虑后面的情况到底怎样的。NAG（Nesterov Accelerated Gradient）算法就是期望小球更聪明，即它可以预知之后关于坡度的一些情况，这样当它发现快到达山底时就自动减速，准备停下来。

怎样实现这一期望呢？很简单，就是在 Momentum 算法的基础上，把对当前位置求梯度换成对近似的下一个位置求梯度，即

$$\theta_{t+1} = \theta_t - v_t$$

$$v_t = \beta v_{t-1} + \eta \times \nabla J(\theta)|_{\theta = \theta_t - \beta v_{t-1}}$$

NAG 算法通过引入下一个时刻位置的梯度信息，来感知之后的坡度，从而调整我们的更新步伐。具体为：先按照历史累积动量走一次，把新的位置近似认为是下一个时刻的位置，然后求出下一个时刻的位置的梯度，再把原位置的梯度换成下一

个时刻位置的梯度，NAG 算法迭代过程如图 15-20 所示。

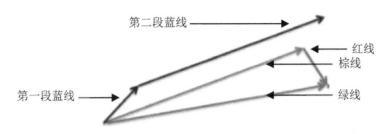

图 15-20　NAG 算法迭代过程

第一段蓝线：当前位置的梯度$\eta \nabla J(\theta)|_{\theta=\theta_t}$。

第二段蓝线：之前积累的动量βv_{t-1}。

棕线：先近似滚动一下，把历史动量滚出来，即βv_{t-1}。

红线：小球近似滚动后，新位置的梯度$\eta \nabla J(\theta)|_{\theta=\theta_t - \beta v_{t-1}}$。

绿线：NAG 算法最终的更新动量为$v_t = \beta v_{t-1} + \eta \nabla J(\theta)|_{\theta=\theta_t - \beta v_{t-1}}$。

（6）Adagrad 算法

相比于随机梯度下降法和 Momentum 算法，NAG 算法可以做到每次学习过程中自动根据损失函数下一步的斜率去调整当前的方向，达到自适应更新的效果。它们三者存在一个共性，就是对模型中的每个参数都使用相同的学习速率，相当于将所有参数的重要性平等对待。Adagrad 算法则希望能够对每个参数自适应不同的学习速率，比如：对稀疏特征，得到较大的学习更新；对非稀疏特征，得到较小的学习更新（因此该优化算法适合处理稀疏特征数据）。怎样才能达到这一效果呢？Adagrad 算法采用的方式是给原来的学习因子增加一个由前面所有轮迭代的梯度值决定的变量，其迭代更新公式如下：

$$\theta_{t+1,i} = \theta_{t,i} - \frac{\eta}{\sqrt{G_{t,i} + \epsilon}} \times \nabla J(\theta)|_{\theta=\theta_{t,i}}$$

其中，i表示的是要学习的第i个变量；ϵ是一个常量，目的是确保分母不为零，一般取$\epsilon = 1 \times 10^{-8}$；$G_{t,i}$表示前$t$步参数$\theta_i$梯度的平方和累加，即

$$G_{t,i} = G_{t-1,i} + \left(\nabla J(\theta)|_{\theta=\theta_{t,i}}\right)^2$$

容易看出，Adagrad 算法其实就是在梯度下降法的基础上增加了一个动态学习因子 $\frac{1}{\sqrt{G_{t,i}+\epsilon}}$，该动态学习因子由前面所有轮迭代的梯度值决定；随着迭代次数的增加，新的学习因子是逐渐递减的（在参数空间更为平缓的方向，会取得更大的进步。因为平缓，所以历史梯度平方和较小，对应学习下降的幅度较小），所以 Adagrad 算法越到后面优化速度越慢。

如上所述，Adagrad 算法的主要优势在于它能够为每个参数自适应不同的学习速率（一般的优化算法都是人工设定固定学习因子，如 $\eta = 0.01$）；但这样带来的缺点就是需要计算各个参数梯度序列的平方和再开方；并且学习速率会不断衰减，最终可能达到一个非常小的值，不利于学习过程。

（7）RMSprop 算法

由于 Adagrad 算法中采用积累梯度的平方做分母，因此会导致学习率过早或过量减少，容易造成训练的早停。针对这一问题，RMSprop 算法使用指数平均衰减的方法来解决，即利用梯度平方的指数平均

$$v_t = \beta \times v_{t-1} + (1 - \beta) \times g_t^2$$

来代替 Adagrad 算法中的梯度平方和累加，迭代更新式如下

$$\theta_{t+1} = \theta_t - \frac{\eta}{\sqrt{v_t + \epsilon}} \times g_t$$

RMSprop 算法改变梯度累积为指数衰减的移动平均，丢弃了遥远的历史，在非凸条件下结果更好。

（8）Adam 算法

Adam（Adaptive Moment Estimation）算法是将 Momentum 算法和 RMSProp 算法融合起来使用的一种算法，其本质是带有动量的 RMSprop 算法。Adam 算的基本原理是利用梯度的一阶矩估计 m_t 和二阶矩估计 n_t 来动态调整每个参数的学习率，即

$$m_t = \alpha \times m_{t-1} + (1 - \alpha) \times g_t$$

$$n_t = \beta \times n_{t-1} + (1 - \beta) \times g_t^2$$

为了使其为期望的无偏估计，将其校正为

$$\widehat{m}_t = \frac{m_t}{1 - \alpha}$$

$$n_t = \frac{n_t}{1 - \beta}$$

最后的迭代更新公式为

$$\theta_{t+1} = \theta_t - \eta \times \frac{\widehat{m}_t}{\sqrt{n_t + \epsilon}}$$

对梯度求矩估计对内存没有额外的要求，因此 Adam 算法对内存的要求较小。由于结合了 Momentum 算法和 RMSprop 算法的优点，因此 Adam 算法擅长处理稀疏梯度和非平稳目标。另外，其还比较适合大数据和高维空间，并且可用于大多数非凸优化问题，因而 Adam 算法成为深度学习优化算法的常用选择。

15.3　神经网络应用实例

MNIST 是机器学习领域中的一个经典问题。每一个 MNIST 数据单元均由两部分组成：一张包含手写数字的图片和一个对应的标签。我们把这些图片设为 "xs"，把这些标签设为 "ys"。数据集被分成两部分：60000 行的训练数据集（mnist.train）和 10000 行的测试数据集（mnist.test）。训练数据集和测试数据集都包含 xs 和 ys，比如训练数据集的图片是 mnist.train.images，训练数据集的标签是 mnist.train.labels。

我们把这个数组展开成一个向量，长度是 28×28=784。如何展开这个数组（数字间的顺序）不重要，只要保持各个图片采用相同的方式展开即可，从这个角度看，MNIST 数据集中的图片就是 784 维向量空间里面的点，如图 15-21 所示。

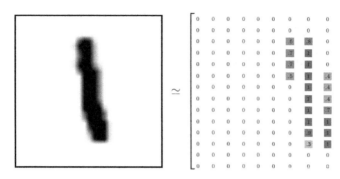

图 15-21　数字图片展成像素形式后的效果

下面我们用 TensorFlow 实现一个含有两个隐藏层的神经网络来对这一数据集进行分类。

程序如下：

```python
import numpy as np
import tensorflow as tf
from tensorflow.examples.tutorials.mnist import input_data

# 定义初始化权重函数
def init_weights(shape):
    return tf.Variable(tf.random_normal(shape, stddev=0.01))

# 定义神经网络模型
def model(X, w_h, w_h2, w_o, p_keep_input, p_keep_hidden):
    # 隐藏层1
    X = tf.nn.dropout(X, p_keep_input)      # 使用dropout
    h = tf.nn.relu(tf.matmul(X, w_h))       # 使用ReLU函数

    # 隐藏层2
    h = tf.nn.dropout(h, p_keep_hidden)
    h2 = tf.nn.relu(tf.matmul(h, w_h2))

    # 输出层
    h2 = tf.nn.dropout(h2, p_keep_hidden)
    out = tf.matmul(h2, w_o)

    return out

# 导入数据
```

```
mnist = input_data.read_data_sets("MNIST_data/", one_hot=True)
trX, trY, teX, teY = mnist.train.images, mnist.train.labels,
    mnist.test.images, mnist.test.labels


X = tf.placeholder("float", [None, 784])
Y = tf.placeholder("float", [None, 10])

# 初始化权重向量，这里输入维度为 784，第一个隐藏层神经元数目取 625，第二个隐藏层
# 神经元数目取 10
w_h = init_weights([784, 625])
w_h2 = init_weights([625, 625])
w_o = init_weights([625, 10])


p_keep_input = tf.placeholder("float")
p_keep_hidden = tf.placeholder("float")

# 调用模型进行前向计算
py_x = model(X, w_h, w_h2, w_o, p_keep_input, p_keep_hidden)

# 使用交叉熵损失
cost = tf.reduce_mean(tf.nn.softmax_cross_entropy_with_logits
    (logits=py_x, labels=Y))

# 使用 RMSPropOptimizer 优化算法
train_op = tf.train.RMSPropOptimizer(0.001, 0.9).minimize(cost)

# 预测输出
predict_op = tf.argmax(py_x, 1)

# 反向传播进行训练
with tf.Session() as sess:
    # 初始化
    tf.global_variables_initializer().run()

    # 开始训练
    for i in range(100):
        for start, end in zip(range(0, len(trX), 128), range(128,
            len(trX)+1, 128)):
            sess.run(train_op, feed_dict={X: trX[start:end], Y:
                trY[start:end], p_keep_input: 0.8, p_keep_hidden: 0.5})
        print(i, np.mean(np.argmax(teY, axis=1) ==
                    sess.run(predict_op, feed_dict={X: teX,
                        p_keep_input: 1.0, p_keep_hidden: 1.0})))
```

训练 100 次后，准确率为 0.9842。可以看到，含有两个隐藏层的神经网络模型，在运用了 Dropout 和 ReLU 函数后，对手写数字识别的识别率达到了 0.98 以上，效果已经比较理想了。

15.4　小结

本章主要介绍深度神经网络模型及其相关原理，其中很多东西都是深度学习中通用的，比如前向传播和反向传播过程，同样也适用于卷积神经网络 CNN 和循环神经网络 RNN，只不过对于后两者，会有一些新的东西需要加上一起考虑。另外，像本章所讲的激活函数和优化算法，同样不只是适用于本章所学的 DNN 模型。所以，本章的目的并不是给读者讲解 DNN 的内容，而是希望读者对以 DNN 为代表的深度学习模型的通用基础有一个比较好的理解和把握，只有这样，在以后面对各种层出不穷的改进模型时，才能很快理解并很容易看出它的本质。